普通高等教育“新工科”系列规划教材
暨智能制造领域人才培养“十三五”规划教材

# 车工训练


**主　编**　李　忠　苏财茂

**副主编**　莫德云　莫远东　王小卉

华中科技大学出版社
中国·武汉

## 内 容 简 介

本书围绕金工实习中普通车工、钳工的经典实践训练项目，结合教学经验和教改实践经验编写而成。全书共分为七章，以车工和钳工为主线，介绍了车床结构，车削加工的基本知识，车间安全管理要素，轴类零件、套类零件、圆锥面零件、成形面零件、螺纹的车削和测量方法，钳工的操作规范等。

本书适合作为机械类、近机械类、非机械类各专业机械技能实训指导用书。

**图书在版编目(CIP)数据**

车工训练/李忠，苏财茂主编. —武汉：华中科技大学出版社，2019.9
普通高等教育“新工科”系列规划教材暨智能制造领域人才培养“十三五”规划教材
ISBN 978-7-5680-5274-0

Ⅰ.①车… Ⅱ.①李… ②苏… Ⅲ.①车削-高等学校-教材 Ⅳ.①TG510.6

中国版本图书馆 CIP 数据核字(2019)第 184063 号

**车工训练** 李 忠 苏财茂 主编
Chegong Xunlian

策划编辑：张少奇
责任编辑：吴 晗
封面设计：原色设计
责任监印：周治超
出版发行：华中科技大学出版社(中国·武汉) 电话：(027)81321913
武汉市东湖新技术开发区华工科技园 邮编：430223
录 排：华中科技大学惠友文印中心
印 刷：武汉华工鑫宏印务有限公司
开 本：787mm×1092mm 1/16
印 张：9.75
字 数：248 千字
版 次：2019 年 9 月第 1 版第 1 次印刷
定 价：30.00 元

# 前　　言

本书是根据高等院校人才培养目标、教育部制定的机械类专业教学基本要求和最新国家标准，充分吸取我国高校近年来的教学改革经验，围绕金工实习中普通车工、钳工经典的实践训练项目，结合教学经验和教改实践经验进行编写的，力求达到“实用性、科学性、先进性相结合”的目标。

以车工和钳工为主线，介绍了车床结构，车削加工的基本知识，车间安全管理要素，轴类零件、套类零件、圆锥面零件、成形面零件、螺纹的车削和测量方法，钳工的操作规范等内容。

本书在内容选择上，结合机械类专业教学大纲要求，系统梳理课程结构以及涉及的教育理论，实践操作项目针对性强，工艺分析思路清晰。本书在编写中注意突出基本理论和规范加工方法等教学内容，尽量简化理论推导，简化计算方法，重点强调应用实践，加强提出问题、分析问题和解决问题的能力培养。为了便于学生认识和理解机械结构和加工过程，书中部分内容采用了立体图和工程图相结合的插图，更加形象直观、易学易懂。本书有比较强的通用性，适合作为机械类、近机械类、非机械类各专业机械技能实训指导用书。

本书由李忠、苏财茂任主编，莫德云、莫远东、王小卉任副主编。具体编写分工如下：李忠编写第 1、3、6 章，莫远东编写第 2 章，苏财茂编写第 4 章，莫德云编写第 5 章，王小卉编写第 7 章。李忠负责全书的统稿、定稿工作。

本书的出版得到了广东省本科高校高等教育教学改革项目、广东省机电基础实验教学示范中心项目的资助。由于编者水平有限，书中难免存在疏漏和不当之处，殷切希望广大读者在使用本书过程中予以批评指正。

编　者<br>2019 年 6 月

# 目　　录

# 第1章　初级车工

## 1.1　车工专业基本知识

### 1.1.1　车床基本知识

车床类机床主要用于加工各种回转表面和回转体的端面，有些车床还能加工螺纹面。在机械零件加工中，回转表面的加工如内外圆柱面及回转成形面的加工等占有很大比例。所以，车床在机械制造中应用非常广泛。通常在金属切削机床中所占的比重最大，约占机床总数的30％。

卧式车床是常用的车床之一，其工艺范围很广，能进行多种表面加工，如车内外圆柱面、车圆锥面、车环槽及成形曲面、车端面、车螺纹面、钻孔、扩孔、铰孔、滚花等，如图1-1所示。

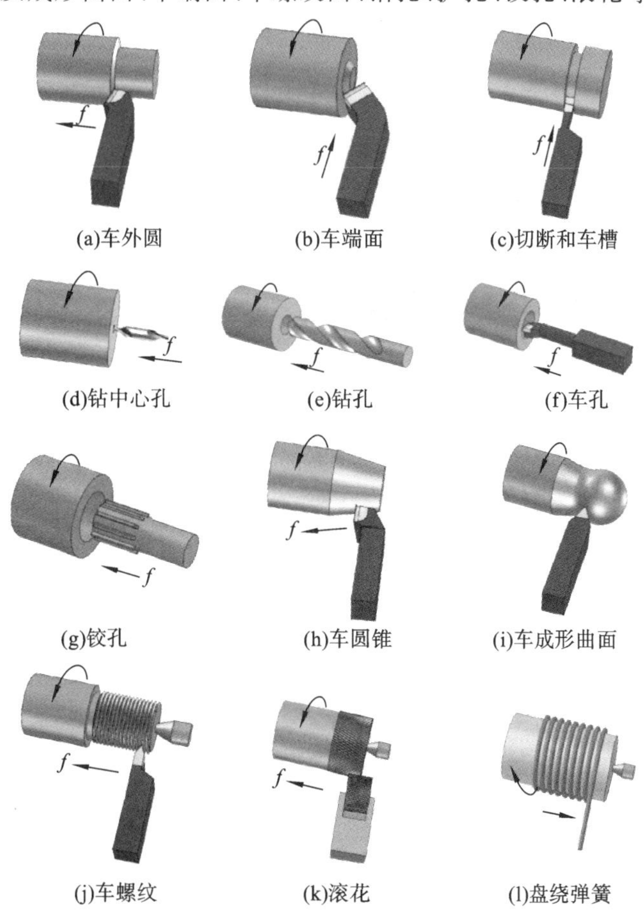


图1-1　卧式车床的典型加工

### 1.1.2 车床的种类

车削加工时，应根据不同回转需要，选用不同类型的车床。一般，车床按其结构不同可分成：仪表车床，落地及卧式车床，立式车床，回轮、转塔车床，曲轴及凸轮轴车床，仿形及多刀车床，轮、轴、锭、辊及铲齿车床，马鞍车床及单轴自动车床，多轴自动、半自动车床和数控车床等。此外还有专门化、专用车床等。部分常用车床如图 1-2 至图 1-7 所示。

图 1-2 转塔车床

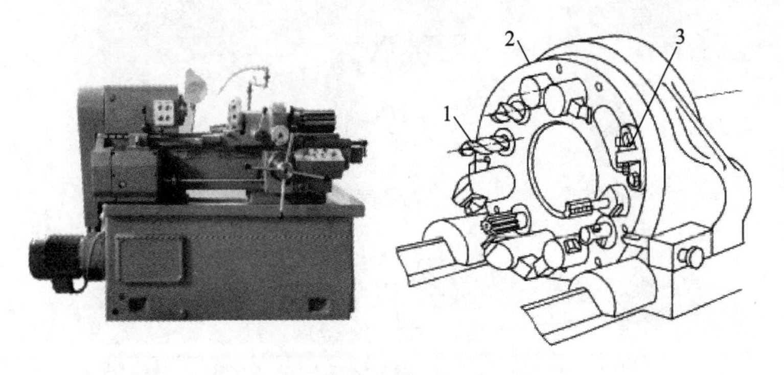


图 1-3 回轮车床

1—刀具；2—回轮刀架；3—横向定程机构

### 1.1.3 车床的结构

下面以图 1-8 所示的 C6140A 型卧式车床为例，讲解车床的结构。

**1. 主轴箱**

主轴箱 1 固定在车身的左上端，内部装有主轴及变速传动机构，其功用是支承主轴，并把动力经变速传动机构传递给主轴，使主轴通过卡盘 2 等夹具带动工件转动，以实现主运动。

**2. 进给箱**

进给箱 11 固定在车身左端前侧，内部装有进给运动的变换机构，用于改变机动进给量的大小或者螺纹加工螺距（导程）的大小。

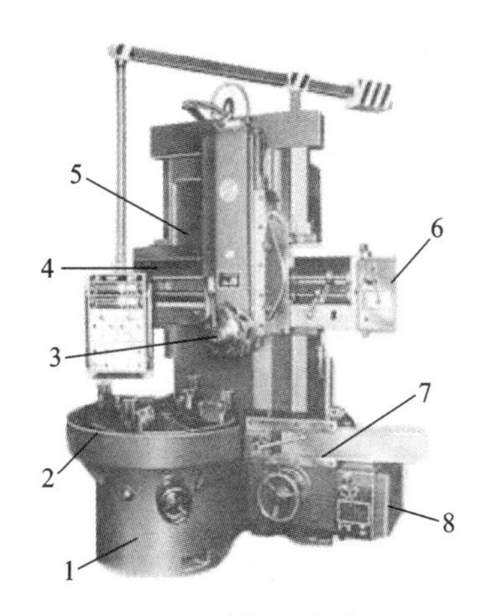


图 1-4　单柱立式车床

1—底座；2—工作台；3—垂直刀架；4—横梁；5—立柱；
6—垂直刀架进给箱；7—侧刀架；8—侧刀架进给

图 1-5　单轴转塔自动车床

图 1-6　数控车床

图 1-7　加工中心

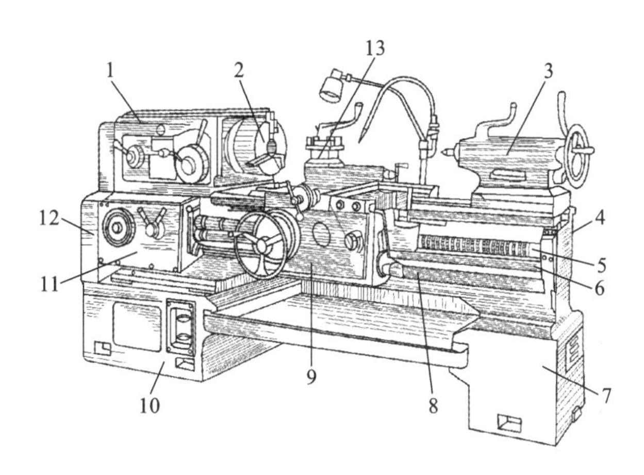


图 1-8　C6140A 型卧式车床示意图

1—主轴箱；2—三爪卡盘；3—尾座；4—床身；5—丝杠；6—光杠；7—右床腿；
8—正反车手柄(启动杆)；9—溜板箱；10—左床腿；11—进给箱；12—挂轮箱；13—刀架

**3. 溜板箱**

溜板箱 9 位于车身的前侧，随车鞍一起移动，主要是把进给箱传递来的运动传递给刀架 13，实现机动进给或车削螺纹。

**4. 床身**

床身 4 是车床的基础部件，用它支承其他部件，使其他部件进给或车削螺纹。

**5. 刀架**

刀架 13 位于溜板箱 9 的上方，主要用于装夹刀具并在车鞍带动下在导轨上移动，实现纵向、横向运动。

**6. 尾座**

尾座 3 安装在车身右上端，可沿纵向导轨调整位置，主要功能是安装顶尖支承工件或安装刀具进行钻孔、扩孔、铰孔等孔加工。

**7. 丝杠与光杠**

丝杠与光杠用以连接进给箱与溜板箱，并把进给箱的运动和动力传递给溜板箱，使溜板箱获得纵向直线运动。丝杠 5 是专门用来车削各种螺纹而设置的，在进行工件的其他表面车削时，只用光杠 6，不用丝杠 5。

C6140A 车床传动流程如图 1-9 所示。

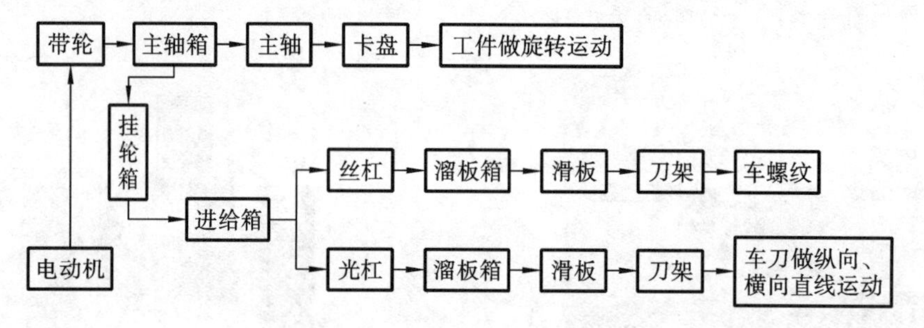


**图 1-9　C6140A 车床传动关系流程图**

## 1.1.4　车床的常用型号

为了便于管理和使用，需要给每种机床确定一个型号。每台机床的型号必须反映机床的类别、结构特征和主要技术规格。我国机床型号按 GB/T 15375—2008《金属切削机床型号编制方法》实行编制。

机床型号是机床产品的代号，由汉语拼音字母和阿拉伯数字组成，用以表示机床的类别、使用和结构的特征，以及主要规格。例如 CM6140A 型卧式车床，型号中的代号及数字的含义如图 1-10 所示。

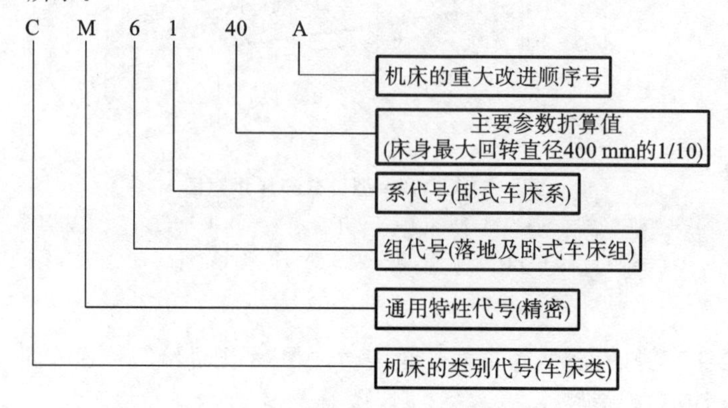


**图 1-10　车床型号及其含义示例**

**1. 机床的类别代号**

机床类别的代号，用其类别汉字的大写汉语拼音的首字母表示。如“车床”用“C”表示，读“车”。机床的类别代号如表1-1所示。

**表1-1 机床的类别代号**

| 类别 | 车床 | 钻床 | 镗床 | 磨床 | | | 齿轮加工机床 | 螺纹加工机床 | 铣床 | 刨插床 | 拉床 | 锯床 | 其他机床 |
|---|---|---|---|---|---|---|---|---|---|---|---|---|---|
| 代号 | C | Z | T | M | 2M | 3M | Y | S | X | B | L | G | Q |
| 读音 | 车 | 钻 | 镗 | 磨 | 二磨 | 三磨 | 牙 | 丝 | 铣 | 刨 | 拉 | 割 | 其 |

**2. 机床通用特性代号**

机床通用特性代号用大写汉语拼音字母表示。它代表机床具有的特定性能，如“高精度”用“G”表示，“万能”用“W”表示。在机床型号中，特性代号排在机床类别代号的后面。机床通用特性代号如表1-2所示。

**表1-2 机床通用特性代号**

| 通用特性 | 高精度 | 精密 | 自动 | 半自动 | 数控 | 加工中心（自动换刀） | 仿形 | 轻型 | 加重型 | 柔性加工单元 | 数显 | 高速 |
|---|---|---|---|---|---|---|---|---|---|---|---|---|
| 代号 | G | M | Z | B | K | H | F | Q | C | R | X | S |
| 读音 | 高 | 密 | 自 | 半 | 控 | 换 | 仿 | 轻 | 重 | 柔 | 显 | 速 |

**3. 机床的组、系代号**

机床的组、系用两位阿拉伯数字表示。第一个数字代表组，第二个数字代表系。每类机床按用途、性能、结构分成若干组。如车床类分为10个组，用数字0～9表示，其中“5”代表立式车床组，“6”代表落地及卧式车床组。落地及卧式车床组中有6个系，其中“1”代表卧式车床，“2”代表马鞍车床。

**4. 主参数代号**

机床型号中的主参数用折算值（主要数乘以折算系数）表示，主参数代号反映机床的主要技术规格。主参数的尺寸单位为毫米（mm）。如CM6140A车床，主参数的折算值为40，折算系数为1/10，即主参数（床身上最大回转直径）为400 mm。

**5. 机床的重大改进顺序号**

当机床的结构、性能进行了重大改进和提高时，按其设计改进的先后顺序选用A、B、C等汉语拼音字母（“I”“O”除外），加在机床型号的末尾，以区别于原机床型号。如CM6140A表示经第一次重大改进的床身上最大回转直径为400 mm的卧式车床。

## 1.1.5 车床的润滑和保养知识

**1. 车床的润滑**

1）车床润滑的分类

为了使车床保持正常运转和减少磨损，需经常对车床的所有摩擦部分进行润滑。车床常用的润滑方式有以下几种。

(1)浇油润滑。

车床裸露的滑动表面,如床身导轨面,中、小滑板导轨面等,擦干净后用油壶浇油润滑。

(2)溅油润滑。

车床齿轮箱内的零件一般是利用齿轮的转动使润滑油飞溅到各处进行润滑。

(3)油绳润滑。

将毛线浸在油槽内,利用毛细管作用把油引到所需要润滑的部位,如图 1-11(a)所示,如进给箱就是利用油绳进行润滑的。

(4)弹子油杯润滑。

尾座及中、小滑板摇手柄转动轴承处,一般用弹子油杯润滑,其操作是用油嘴把弹子按下,滴入润滑油,如图 1-11(b)所示。

(5)黄油(油脂)杯润滑。

交换齿轮组的中间齿轮一般用黄油杯润滑。润滑时,先在黄油杯中装满工业润滑脂,然后旋转油杯盖将润滑油挤入轴承套内,如图 1-11(c)所示。

(6)油泵循环润滑。

这种润滑方式是依靠车床内的油泵供应充足的油量来润滑的。

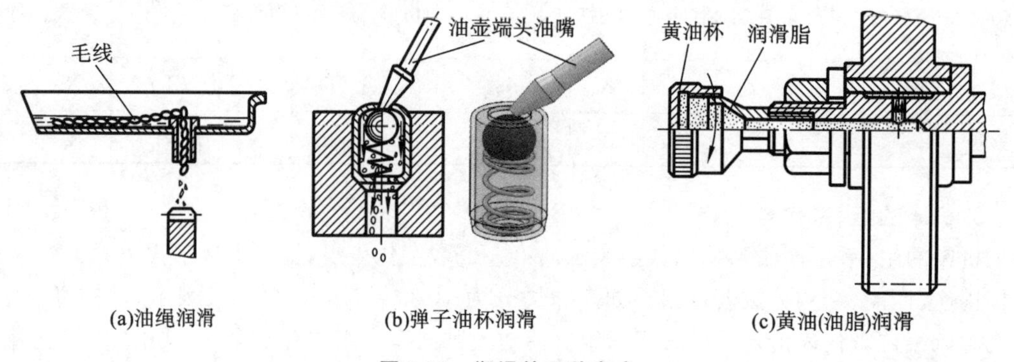


(a)油绳润滑　(b)弹子油杯润滑　(c)黄油(油脂)润滑

图 1-11　润滑的几种方式

2)C6140GA 型卧式车床润滑系统

如图 1-12 所示是 C6140A 型卧式车床的润滑系统位置示意图。润滑部位用数字标出,除了图中所注的“2”处的润滑部位用 2 号钙基润滑脂进行润滑外,其余部位都使用 L-AN46 全损耗系统用油。换油时,先将废油放净后并用干净煤油将箱体内部及油绳彻底洗净,然后透过过滤网注入对应的润滑用油,且油面不得低于油标中心线。

如图 1-12 所示中“46”表示 L-AN46 全损耗系统用油。“2”表示 2 号钙基润滑脂,“46/50”表示油类/两班制换(添)油天数。

刀架和中滑板丝杠、尾座套筒和丝杠、螺母的润滑可用油枪每班加油一次。由于长丝杠和光杠的转速较高,润滑条件较差,必须注意每班加油,润滑油可从轴承座上面的方腔中加入,如图 1-13 所示。

**2. 卧式车床的一级保养知识**

车床保养的好坏,直接影响零件的加工质量和生产效率。为了保证车床的工作精度和延长使用寿命,需对车床进行合理的保养。车床保养的主要内容是清洁、润滑及进行必要的调整。

当车床运转 500 h 以后,需进行一级保养。保养工作以操作工人为主,维修工人配合为

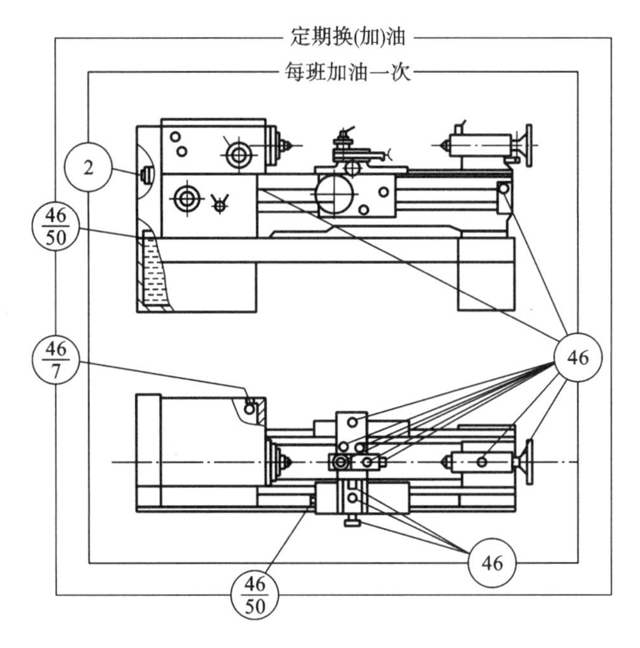


图 1-12　C6140A 型卧式车床润滑系统位置示意图

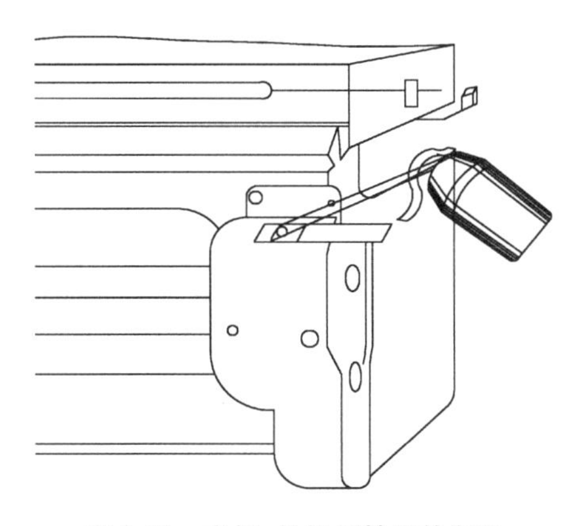

图 1-13　光杠、丝杠后轴承的润滑

辅进行。

务必切断电源后再进行保养工作,保养的具体要求如下。

1)外保养

①清洗机床床身及各罩盖,要求保持清洁,无锈蚀、无油污;

②清洗丝杠、光杠和操纵杆;

③检查并补齐螺钉、手柄等,清洗机床附件。

2)主轴箱保养

①清洗滤油器和油箱,使其无杂物;

②检查主轴,并检查螺母有无松动,紧固螺钉应锁牢;

③调整摩擦片间隙及制动器。

3)滑板保养

①清洗刀架,调整中、小滑板镶条间隙;

②清洗并调整中、小滑板丝杠螺母间隙。

4)交换齿轮箱保养

①清洗齿轮、轴套并注入新油脂;

②调整齿轮啮合间隙;

③检查轴套有无晃动现象。

5)尾座保养

清洗尾座,保持清洁。

6)润滑系统保养

清洗冷却泵、过滤器、盛液盘。

# 1.2 车刀的基本知识

## 1.2.1 车刀切削部分材料的性能要求

车刀在切削过程中,承受着很大的切削力和冲击力,并且在很高的切削温度下工作,连续经受强烈的摩擦。因此,车刀切削部分材料(以下称车刀材料),必须具备以下的基本性能。

**1. 高硬度**

车刀材料的硬度必须高于工件材料的硬度。常温硬度一般要求在60 HRC以上。

**2. 足够的强度和韧度**

切削过程中由于种种原因会产生振动,使刀具承受压力、冲击和振动。刀具材料必须具备能承受这些负荷的强度和韧度,才能防止脆性断裂和崩刃。

**3. 高耐磨性**

车刀的耐磨性是指车刀材料抵抗磨损的能力。一般刀具材料的硬度越高,耐磨性越好。

**4. 高耐热性**

高耐热性是指车刀材料在很高的切削温度下,仍能保持高的硬度、耐磨性、强度和韧度的性能。这是车刀材料极为重要的性能。

此外,车刀还必须具备良好的导热性和刃磨性能等。

## 1.2.2 常用的车刀材料

刀具材料有碳素工具钢、合金工具钢、高速钢、硬质合金等四大类,但常用的车刀材料是高速钢和硬质合金两大类。

**1. 高速钢**

高速钢是一种含钨、铬、钒较多的合金工具钢。常用的高速钢的化学成分及各成分的质量分数为:$w$(W)5%~20%,$w$(Cr)3%~5%,$w$(Mo)0.3%~6%,$w$(V)1%~5%。高速钢热处理后的硬度为63~66 HRC。热硬性好,在600 ℃左右时仍能基本保持切削性能。它的切削速度可比碳素工具钢高出2~3倍,因此称为高速钢。虽然高速钢的硬度、耐热性、耐磨性及允许的切削速度远不及硬质合金,但由于高速钢的强度和韧度均较好,磨出的切削刃比较锋利，制造、刃磨简单，质量稳定。因此，到目前为止，高速钢仍是制造小型车刀（自动车床、仪表车床用刀具）、麻花钻、梯形螺纹精车刀和形状复杂的成形刀具的主要材料。

常用的高速钢牌号是 W18Cr4V（每个化学元素后面的数字，系指材料中含该元素的质量分数），它的化学成分及各成分的质量分数为：$w$(W)18%左右，$w$(Cr)4%左右，$w$(V)1%左右，含 W(C)0.7%～0.8%。

**2. 硬质合金**

硬质合金是以难熔金属的碳化物（常用的有碳化钨（WC）、碳化钛（TiC））作硬质相，以金属钴（Co）作黏结相，用粉末冶金法，在高压下压制成形后再高温烧结而成。硬质合金的硬度很高（89～91HRA，相当于 70～75HRC），能耐 850～1000 ℃的高温。所以硬质合金刀具的切削速度为高速钢刀具的 4～10 倍，可用来加工工具钢和高速钢刀具所不能加工的材料（如淬火钢等）。目前已在各种刀具上广泛使用硬质合金，大大提高了劳动生产率。但硬质合金的抗弯强度较低，常温时性能较脆，怕冲击和振动，不容易制成刃形复杂的刀具。

目前硬质合金一般可分为四类：钨钴类（以 YG 表示），钨钛钴类（以 YT 表示），含钛钽（铌）合金类（以 YA、YW 表示），碳化钛基镍钼合金类（以 YN 表示）。

常用硬质合金的牌号及其性能与用途见表 1-3。

**表 1-3　常用硬质合金的牌号及其性能与用途**

| 类别 | 牌号 | 性能 | 用途 |
| --- | --- | --- | --- |
| 钨钴类 | YG3 | 耐磨性能仅次于 YG3X，允许采用较高的切削速度，但对冲击和振动较敏感 | 适用于铸铁、有色金属及其合金连续切削时的精车、半精车、精车螺纹与扩孔 |
|  | YG6 | 耐磨性较高，但低于 YG3 合金，对冲击和振动没有 YG3 敏感，能采用较 YG8 高的切削速度 | 适用于铸铁、有色金属及其合金与非金属材料连续切削时的粗加工间断切削时的半精加工、精加工，粗加工螺纹，孔的粗扩与精扩 |
|  | YG8 | 强度较高，抗冲击、抗振性能较 YG6 好，耐磨性和允许的切削速度较低 | 适用于铸铁、有色金属及其合金、非金属材料不平整断面和间断切削时的粗加工，一般孔和深孔的钻、扩加工 |
|  | YG3X | 是细晶粒合金，在钨钴类中它的耐磨性最好，但冲击韧度较低 | 适用于铸铁、有色金属及其合金的精加工，也可适用于合金钢、淬火钢的精加工 |
|  | YG6X | 是细晶粒钨钴类合金，其耐磨性较 YG6 好，而强度近于 YG6 | 加工冷硬合金铸铁与耐热合金，可获得良好效果，也适用于普通铸铁的半精加工 |
| 钨钛钴类 | YT5 | 是钨钛钴合金中强度最高，抗冲击和抗振性最好的一种，不易崩刃，但耐磨性较差 | 适用于碳钢与合金钢（锻件、冲压及铸件），不平整断面和间断切削的粗加工与钻孔 |
|  | TY14 | 强度高，抗冲击和抗振性能好，但较 YT5 合金稍差，而耐磨性和允许的切削速度较高 | 适用于碳钢与合金钢连续切削时的粗加工、间断切削时的半精加工与精加工，铸孔的扩钻与粗扩 |

注：硬质合金牌号中，Y 表示硬质合金，T 表示碳化钛，G 表示钴，C 表示粗颗粒碳化钨合金，X 表示细颗粒碳化钨合金，后面的数字表示质量分数（%）；A 表示含 TaC(NbC)的钨钴类合金，W 表示多用途合金，N 表示不含钴的用镍作黏结剂的合金。

1)钨钴类硬质合金

钨钴类硬质合金由碳化钨(WC)和钴(Co)组成。根据含钴量的不同,常用的有 YG3、YG3X、YG6、YG6X、YG8 等。它们常温时的硬度为 89～92HRA,耐热温度为 800～900 ℃。钨钴类硬质合金刀具跟钨钛钴类硬质合金刀具相比,韧度较高,导热性能较好,因此适用于加工铸铁和有色金属等脆性材料。由于这类硬质合金与钢的黏结温度较低,所以不适用于加工钢类。但在切削难加工材料或振动较大(如断续切削塑性材料)的特殊情况时,由于切削速度不高,而切削刃的韧度是主要矛盾时,采用钨钴类硬质合金刀具合适。YG 类硬质合金中含钴量越多,合金的韧度越高,越能承受冲击,但钴的增加会使硬度和耐热性下降。因此,YG8 用于粗加工。YG6 用于半精加工,YG3 用于精加工。

2)钨钛钴类硬质合金

钨钛钴类硬质合金由碳化钨(WC)、碳化钛(TiC)和钴(Co)组成。根据含碳化钛量的不同,常用的有 YT5、YT14、YT15、YT30 等。它们常温时的硬度为 82～92HRA,耐热温度为 900～1000 ℃。钨钛钴类硬质合金跟钨钴类硬质合金相比,由于增加了碳化钛而使耐磨性增加,提高了它跟钢的黏结温度(790 ℃)。因此适用于加工钢类和其他韧度较高的塑性材料。但它的抗弯强度较低,性能较脆,而且导热性能差。当加工铸铁等脆性材料时,容易崩刃。YT 类硬质合金中含碳化钛多、含钴少,则硬度高、耐磨性好,但脆性也随着增大,如 YT30 适用于精加工,相反,含钴多含碳化钛少的,如 YT5 只能适用于粗加工。

3)含钽或含铌硬质合金

这类硬质合金是在钨钴类、钨钛钴类硬质合金中加入碳化钽(TaC)或碳化铌(NbC)而组成的。加了碳化钽(或碳化铌)后,提高了合金的耐磨性和抗弯强度,韧度高,而且晶粒细化,抗氧化性能也比较好。它比 YG 类合金耐热性高,所以综合性能好,既能加工钢又能加工铸铁,因此又称“多用途硬质合金”。但主要用于加工难切削的金属如耐热钢、高锰钢、不锈钢以及可锻铸铁、球墨铸铁、合金铸铁等。常用牌号有 YA6、YW1、YW2 三种。

4)碳化钛基镍钼硬质合金

这是以碳化钛(TiC)为基本成分,以镍(Ni)、钼(Mo)为黏结剂的合金。它的硬度达到陶瓷材料的水平(90～95HRA),耐磨性好,抗弯强度接近于 YT 类合金。可耐 1100～1300 ℃的高温,切削速度可比一般硬质合金高 2～4 倍。我国试制成的 YN10 碳化钛基合金,抗弯强度为 1100～1250 MPa。硬度为 92～95HRA,耐磨性好。适用于对各种钢材,包括不锈钢、淬火钢的精加工,尤其是在精加工较大较长的和表面质量及精度要求较高的工件时,效果更显著。常用硬质合金的性能及用途如表 1-4 所示。

**表 1-4 常用硬质合金的性能及用途**

| 类别 | 牌号 | 性能 | 用途 |
| --- | --- | --- | --- |
| 钨钛钴类 | YT15 | 耐磨性能优于 YT5,但冲击韧度较 YT5 低 | 适用于碳钢与合金钢连续切削时的粗加工、半精加工、精加工,间断切削时的精加工、旋风切螺纹,孔的粗扩与精扩 |
| | YT30 | 耐磨性和允许的切削速度较 YT15 合金高,但强度、抗冲击和抗振动性能较差,对冲击和振动敏感,焊接与刃磨工艺性能较差 | 适用于碳钢、合金钢的精加工,如精车、精镗、精扩等,也可加工淬硬钢 |

续表

| 类别 | 牌号 | 性能 | 用途 |
| --- | --- | --- | --- |
| 含钽或含铌合金类 | YA6 | 是细晶粒钨钴类合金，但由于加入少量稀有元素，耐磨性和强度都有提高 | 适用于硬铸铁、有色金属及其合金的半精加工，也适用于高锰钢、淬火钢、合金钢的半精加工及精加工 |
| | YW1 | 耐热性能较好，能承受一定的冲击负荷，是一种通用性较好的合金 | 适用于耐热钢、高锰钢、不锈钢等难加工材料及普通钢和铸铁的加工 |
| | YW2 | 耐磨性稍次于YW1，但强度较高，能承受较大的冲击负荷 | 适用于耐热钢、高锰钢、不锈钢及高级合金钢等特殊难加工钢材的粗加工、半精加工，也可加工普通钢材和铸铁 |
| 碳化钛基镍钼合金类 | YN10 | 耐磨性和允许的切削速度近于YT30，抗弯强度比YT30高 | 可代替YT30 |

生产实践证明，合理选用和正确刃磨车刀，对保证产品质量、提高生产效率有着极重要的意义。因此掌握车刀的几何角度、合理地刃磨车刀、正确地选择和使用车刀，是学习车工技术的重要内容之一。

## 1.2.3 常用车刀及切削过程

### 1. 车刀种类及用途

车削加工的内容不同，所采用的车刀种类也不同。车刀的种类有90°车刀、45°车刀、切断刀、车孔刀、成形刀、车螺纹刀、硬质合金焊接车刀、机械夹固式车刀、可转位车刀等，如图1-14所示。

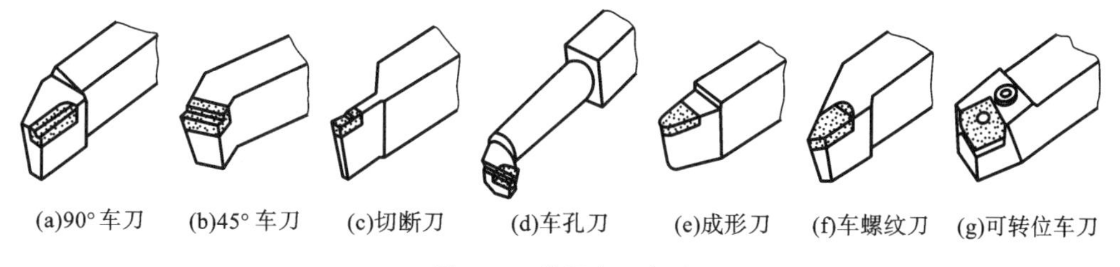


图1-14 常用车刀类型

1)90°车刀(偏刀)

90°车刀用来车削工件的外圆、台阶和端面。

2)45°车刀(弯头车刀)

45°车刀用来车削工件的外圆、端面和倒角。

3)切断刀

切断刀用来切断工件或在工件上切出沟槽。

4)车孔刀

车孔刀用来车削工件的内孔。

5)成形刀

成形刀用来车削工件台阶处的圆角和圆槽或车削成形面工件。

6)车螺纹刀

车螺纹刀用来车削螺纹。

7)硬质合金焊接车刀

硬质合金焊接车刀是在碳钢刀杆上按刀具几何角度的要求开出刀槽,用焊料将硬质合金刀片焊接在刀槽内,并按所选择的几何参数刃磨后使用的车刀。

8)机械夹固式车刀

机械夹固式车刀是指采用普通刀片,用机械夹固的方法将刀片夹持在刀杆上使用的车刀。

9)可转位车刀

可转位车刀是指使用可转位刀片的机械夹固式车刀。即一条切削刃用崩或钝后可迅速转位换成相邻的新切削刃,继续工作,直到刀片上所有切削刃均已用崩或钝,刀片才报废回收,更换新刀片后,车刀又可继续工作,大大缩短了换刀和刃磨车刀等时间,提高刀杆利用率。

选用不同形状(如正三边形、三边形、正方形、正五边形等)和角度的刀片可组成外圆车刀、端面车刀、切断刀、车孔刀、车螺纹刀等。

**2. 切削过程的运动**

在切削加工中,为了切去多余的金属,必须使工件和刀具做相对的工作运动。按照在切削过程中的作用,工作运动可分为主运动和进给运动(如图 1-15)。

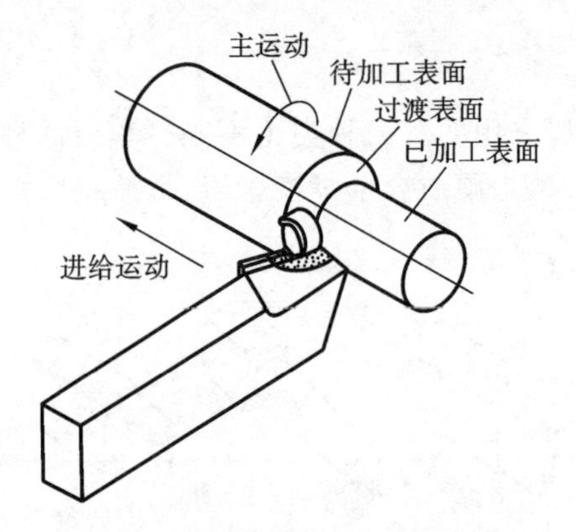


**图 1-15　车削时的运动及产生的表面**

1)主运动

主运动是指形成机床切削速度或消耗主要动力的工作运动。

2)进给运动

进给运动是指使工件的多余材料不断被去除的工作运动。

车削时,工件的旋转运动是主运动。通常,主运动的速度较高,消耗的切削功率较大。车刀沿着所要形成的工件表面的纵向或横向移动是进给运动。

**3. 切削的三个表面**

车刀在切削工件时,会在工件上形成三个表面,即已加工表面、过渡表面和待加工表面。如图 1-16 所示为几种车削加工时,工件上形成的三个表面。

1)已加工表面

已加工表面是指工件上经刀具切削后产生的表面。

2)待加工表面

待加工表面是指工件上有待切削的表面。

3)过渡表面

过渡表面是指工件上由切削刃形成的表面,它在下一切削行程中由下一切削刃切除。

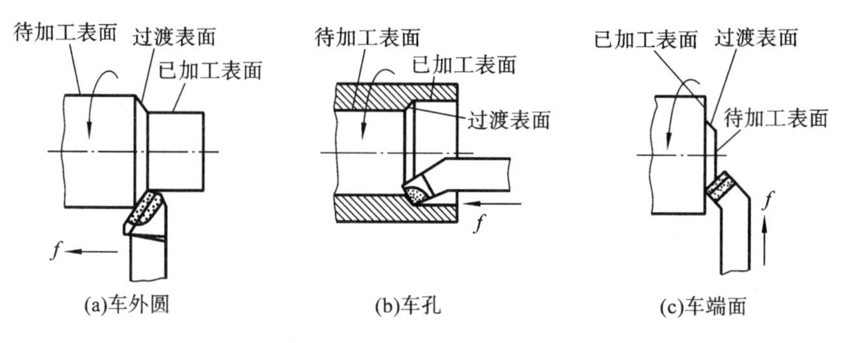


图 1-16 工件上的三个表面

## 1.2.4 车刀的几何角度及其与切削性能的关系

刀具角度是确定刀具几何形状与切削性能的重要参数,切削刀具的种类很多,但就其单个刀齿而言,都可看成由外圆车刀演变而来,因此,外圆车刀可以看作是各类刀具切削部分的基形。

**1. 车刀的组成**

如图 1-17 所示为外圆车刀,由刀柄和刀头(或刀片)两部分组成。刀柄是车刀的夹持部分,刀头是车刀的切削部分,是由若干面和切削刃组成的。

1)前刀面($A_\gamma$)

前刀面是指切屑流出经过的刀面。

2)主后刀面($A_\alpha$)

主后刀面是指与工件上过渡表面相对的刀面。

3)副后刀面($A'_\alpha$)

副后刀面是指与工件上已加工表面相对的刀面。

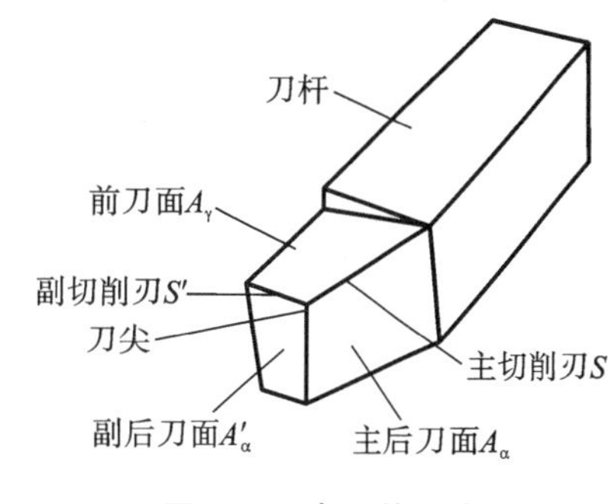


图 1-17 车刀的组成

4)主切削刃(S)

主切削刃是指前刀面与主后刀面的相交线,承担主要的切削任务。

5)副切削刃($S'$)

副切削刃是指前刀面与副后刀面的相交线,配合主切削刃最终形成已加工表面。

6)刀尖

刀尖是指主切削刃与副切削刃的连接部分,刀尖的一般形式如图 1-18 所示。

7)修光刃

副切削刃前段近刀尖处的一段平直刀刃叫修光刃,装夹车刀时必须使修光刃与进给方向平行且修光刃的长度大于进给量，才能起到修光工件表面的作用。

**2. 确定车刀角度的辅助平面**

为了便于确定和测量车刀的几何角度，常要假设三个辅助平面作基准，如图 1-19 所示。

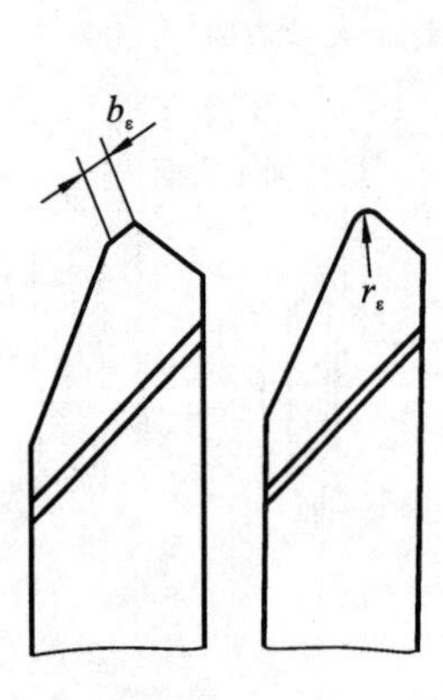


图 1-18　刀尖

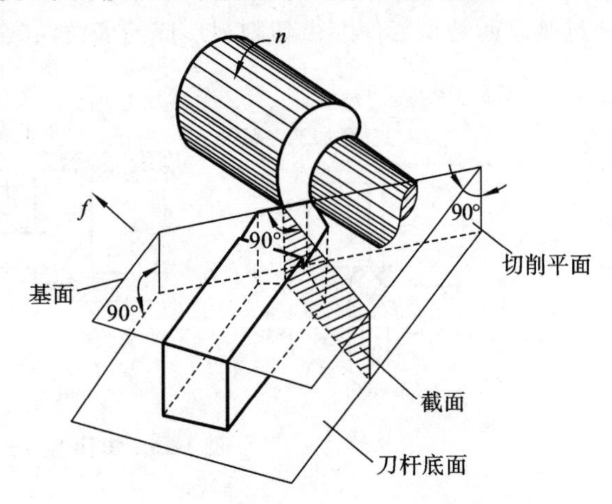


图 1-19　确定车刀角度的辅助面

1)基面 $P_r$

基面 $P_r$ 是指过切削刃上某一选定点，垂直于该点切削速度方向的平面。

2)切削平面 $P_s$

切削平面 $P_s$ 是指通过切削刃且垂直于基面的平面。

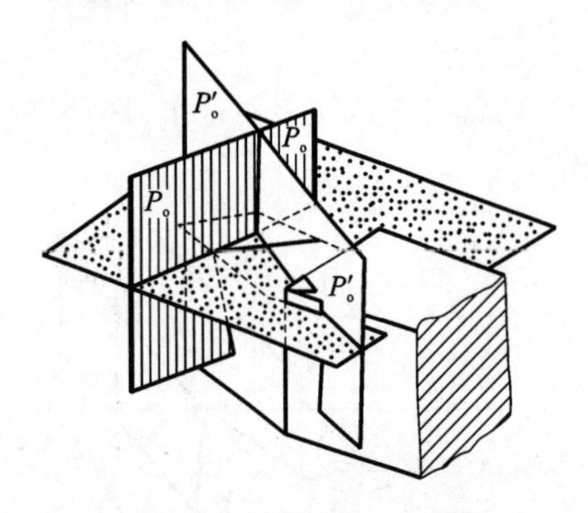


图 1-20　主截面和副截面

3)截面

截面有主截面 $P_o$ 和副截面 $P'_o$ 之分，如图 1-20所示。过车刀主切削刃上某一选定点，垂直于过该点的切削平面与基面的平面称为主截面，基面和截面互相垂直，构成一个空间直角坐标系。副截面是指过车刀副切削刃上某一选定点，同时垂直于该点的切削平面和基面的平面。

**3. 车刀几何角度**

车刀切削部分的几何角度如图 1-21 所示。

1)在截面内测量的角度

(1)前角 $\gamma_o$：前刀面与基面之间的夹角。

(2)后角 $\alpha_o$：主后刀面与切削平面之间的夹角。

(3)楔角 $\beta_o$：前刀面与后刀面之间的夹角，由图 1-21 可以看出：

$$\beta_o = 90° - (\gamma_o + \alpha_o) \tag{1-1}$$

(4)副后角 $\alpha'_o$：副后刀面与切削平面之间的夹角，在副截面上测量。

2)在基面内测量的角度

(1)主偏角 $\kappa_r$：主切削刃在基面上的投影与进给方向的夹角。

(2)副偏角 $\kappa'_r$：副切削刃在基面上的投影与背离进给方向的夹角。

(3)刀尖角 $\varepsilon_r$：主切削刃与副切削刃在基面内的投影间的夹角叫刀尖角，由图 1-21 可以看出：

$$\varepsilon_r = 180° - (\kappa_r + \kappa'_r) \tag{1-2}$$

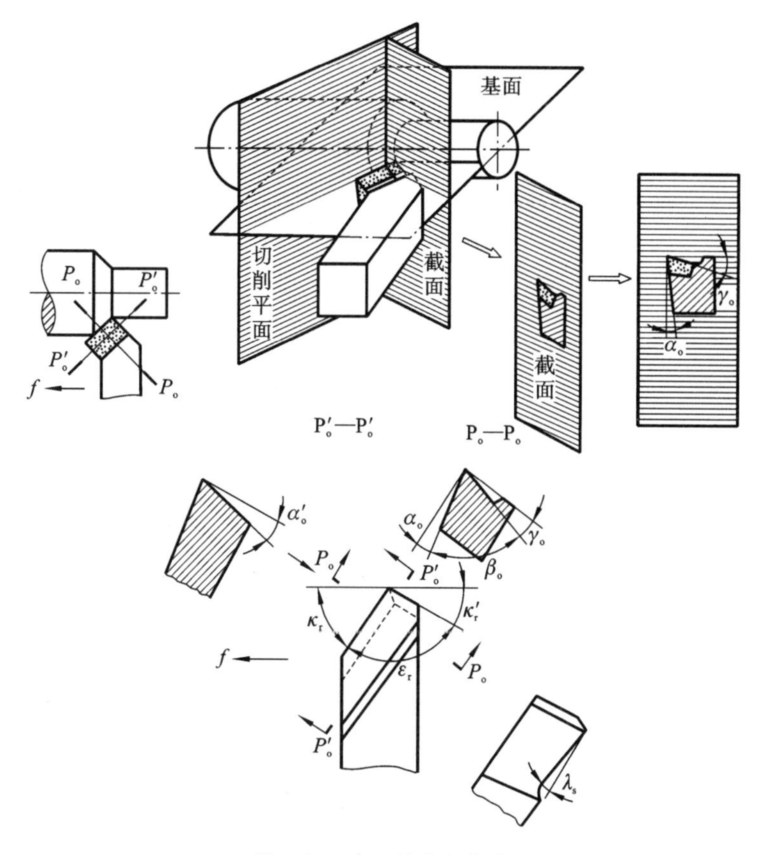


图 1-21　车刀的几何角度

3)在切削平面内角度的测量

刃倾角 $\lambda_s$:主切削刃与基面之间的夹角。

**4. 车刀角度的作用及选择**

1)前角的作用及选择

(1)前角的作用。

前角是车刀最重要的角度之一,其大小影响刀具的强度及锐利程度。增大前角,可使刀口锋利,减小切削变形和切削力,使切削轻快。但前角过大,楔角 $\beta_o$ 减小,降低了切削刃和刀头的强度,使刀头散热条件变差,切削时刀头容易崩刃。

(2)前角选择的原则。

①切削钢等塑性材料时,切屑变形大,切削力集中在离切削刃较远处,因此,可选取较大的前角,以减小切屑变形;切削铸铁等脆性材料时,得到崩碎切屑,切削刃处受力较大,因此,应选取较小前角,以增加切削刃强度;切削强度、硬度高的材料时,为使刀具有足够的强度和散热面积,应选取较小前角,甚至是负前角。

②强度和韧度高的刀具材料,切削刃承受载荷和冲击的能力大,因此,可选取较大的前角;如在相同的切削条件下,高速钢刀具可采用较大前角,而硬质合金刀具则只能采用较小的前角。

③粗加工时以切除工件余量为主,且锻件、铸件毛坯表面有硬皮,形状往往不规则,刀具受力大,为保证刀具的强度和冲击韧度,刀具的前角应选择小一些;精加工时余量明显减小,

切削以提高工件表面质量为主，刀具的前角应选择大一些。

因此，前角的数值应根据工件材料的性质、刀具材料和加工性质要求来确定。具体数值可参考表 1-5。

表 1-5　车刀前角的参考值

| 工件材料 | | 刀具材料 | |
|---|---|---|---|
| | | 高速钢 | 硬质合金 |
| | | 前角($\gamma_o$)值 | |
| 灰铸铁及可锻铸铁 | 硬度≤220 HBW | 20°～25° | 15°～20° |
| | 硬度>220 HBW | 10° | 8° |
| 铝及铝合金 | | 25°～30° | 25°～30° |
| 纯铜及铜合金 | | 25°～30° | 25°～30° |
| 铜合金 | 精加工 | 10°～15° | 10°～15° |
| | 精加工 | 5°～10° | 5°～10° |
| 结构钢 | $\sigma_b$≤800 MPa | 20°～25° | 15°～20° |
| | $\sigma_b$=800～1000 MPa | 15°～20° | 10°～15° |
| 铸、锻钢件或断续切削灰铸铁 | | 10°～15° | 5°～10° |

2)后角的作用及选择

(1)后角的作用。

后角可减少刀具后刀面与工件加工表面之间的磨损，它配合前角调整切削刃的锐利程度和强度。

(2)后角选择的原则。

①粗加工时，切削余量大，对刀具切削刃的强度要求高，因此，应选取较小的后角；精加工时，为保证工件表面质量，应选取较大的后角。

②加工塑性材料时，为减小刀具后面与工件表面的摩擦，应选取较大的后角；加工脆性材料时，为提高切削刃的强度，应选取较小的后角。

③以刀具尺寸直接控制工件尺寸精度的刀具(如铰刀)，为减小因刀具磨损后重新刃磨，而使刀具尺寸明显变化的现象，应选取较小的后角。

3)主偏角的作用和选择

(1)主偏角的作用。

主偏角影响刀尖部分的强度与散热条件，影响切削分力的大小。加大主偏角，刀尖角减小，刀尖部分强度与散热条件变差，刀具寿命降低；减小主偏角，背向抗力减小，进给抗力增大。

(2)主偏角选择的原则。

①粗加工时，主偏角应选大一些，以减振、防崩刃；精加工时，主偏角可选小一些，以减小表面粗糙度。

②工件材料强度、硬度高时，主偏角应取小一些，以改善散热条件，提高刀具的寿命。

③主偏角的大小也应该根据工件的形状选择。如车削台阶轴时，应取大于或等于 90°；从工件中间切入时，主偏角一般取 45°～60°。

4)副偏角的作用和选择

(1)副偏角的作用。

副偏角可减小副切削刃与已加工表面之间的摩擦，影响刀尖部分的强度和散热条件，影响已加工表面的粗糙度。

(2)副偏角选择的原则。

①在加工系统刚度允许的条件下，副偏角通常取较小值，一般 $\kappa_r'=5°\sim10°$，最大不超过 15°。

②精加工时，为了减小已加工表面粗糙度，副偏角通常取更小值。必要时可磨出 $\kappa_r'=0°$ 的修光刃。

5)刃倾角的作用及选择

(1)刃倾角的作用。

①影响排屑方向。当刃倾角 $\lambda_s=0°$时，切屑垂直于切削刃流出；当 $\lambda_s$ 为负值时，切屑向已加工表面流出；当 $\lambda_s$ 为正值时，切屑向待加工表面流出，如图 1-22 所示。

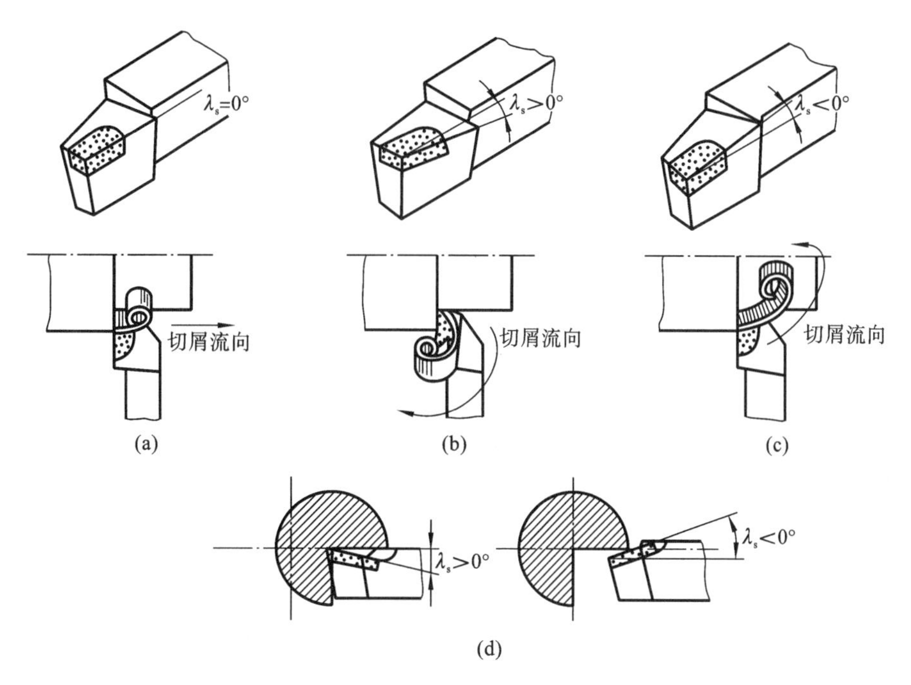


图 1-22　刃倾角对排屑方向的影响

②影响刀尖部分的强度。正值的刃倾角可提高工件表面加工质量，但刀尖强度较差，不利于承受冲击负荷，容易损坏。

③影响切削分力的大小，正值刃倾角可使背向抗力减小而进给抗力加大；负值刃倾角可使背向抗力加大而进给抗力减小。

(2)刃倾角的选择原则。

①粗车一般钢材和铸铁时，刃倾角应取负值。

②精车一般钢材和铸铁时，为了保证切屑流向待加工表面，刃倾角应取较小的正值，即

$\lambda_s=0°\sim+5°$。

③有冲击负荷或断续切削时，为了保证足够的刀尖强度，刃倾角应取较大的负值，即 $\lambda_s=-15°\sim-5°$。

## 1.2.5 车刀的刃磨

正确刃磨车刀是车工必须掌握的基本功之一。在学习合理选择车刀材料和几何角度知识的基础上，还应掌握车刀的实际刃磨，否则合理的几何角度仍然不能在生产实践中发挥作用。车刀的刃磨一般有机械刃磨和手工刃磨两种。机械刃磨效率高、质量好、操作方便，广泛应用于有条件的工厂。手工刃磨灵活，对设备要求低，目前仍普遍采用，是车工应掌握的基本技能。

**1. 砂轮的选择**

目前工厂中常用的磨刀砂轮材料有两种：一种是氧化铝砂轮；另一种是绿色碳化硅砂轮。刃磨时必须根据刀具材料来决定砂轮材料。氧化铝砂轮韧度高，比较锋利，但砂粒硬度稍低，所以用来刃磨高速钢车刀和硬质合金车刀的刀柄部分。绿色碳化硅砂轮的砂粒硬度高，切削性能好，但较脆，所以用来刃磨硬质合金车刀的刀头部分。一般粗磨时用颗粒粗的平形砂轮，精磨时用颗粒细的杯形砂轮。

**2. 刃磨的一般步骤**

现以车削钢料的 90°主偏角车刀（刀片材料为 YT15）为例，介绍手工刃磨的步骤。

1）磨前准备

先把车刀前刀面、后刀面上的焊渣磨去，并磨平车刀的底平面。磨削时采用粗粒度（F24～F36）的氧化铝砂轮。

2）磨后角

粗磨主后刀面和副后刀面的刀柄部分，其后角应比刀片后角大 2°～3°，以便刃磨刀片的后角。磨削时采用粗粒度（F24～F36）的氧化铝砂轮。

3）粗磨刀片的主后刀面、副后刀面和前刀面

粗磨出的主后角、副后角应比所要求的后角大 2°左右。刃磨方法如图 1-23 所示。刃磨时采用粗粒度（F36～F60）的绿色碳化硅砂轮。

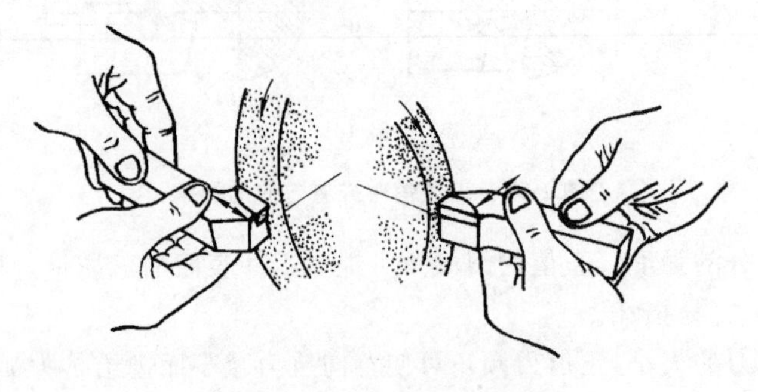

图 1-23 粗磨主后角、副后角

4）磨断屑槽

断屑槽一般有两种形状：弧形和台阶形。如刃磨圆弧形断屑槽，必需先把砂轮的外圆及平面的交角处用修砂轮的金刚石笔（或用硬砂条）修整成相应的圆弧。如刃磨台阶形断屑

槽，砂轮的交角就必须修整出清角（尖锐）。刃磨时，刀尖可向下磨或向上磨（见图1-24）。

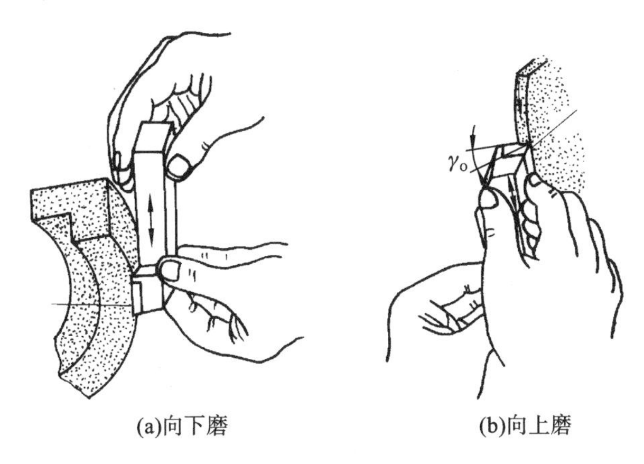


(a)向下磨　　(b)向上磨

**图1-24　磨断屑槽方法**

刃磨断屑槽是刃磨车刀时最难掌握的，要注意以下几点。

（1）磨断屑槽的砂轮交角处应经常保持尖锐或很小的圆角。当砂轮上出现较大的圆角时，应及时用金刚石笔修整。

（2）刃磨时的起点位置应跟刀尖、主切削刃离开一小段距离。不能一开始直接刃磨到主切削刃和刀尖上，从而使刀尖和刃口磨坍。

（3）刃磨时，不能用力过大。车刀应沿刀杆方向上下缓慢移动。磨断屑槽可以在平形砂轮和杯形砂轮上进行。对于尺寸较大的断屑槽可分粗磨和精磨两次磨削，尺寸较小的断屑槽可以一次磨削成形。精磨断屑槽，有条件的车间可在金刚石砂轮上进行。

5）精磨主后角和副后角

精磨主后角和副后角的刃磨方法如图1-25所示。刃磨时，将车刀底平面靠在调整好角度的搁板上，并使切削刃轻轻靠在砂轮的端面上进行。刃磨时，车刀应左右缓慢移动，使砂轮磨损均匀，车刀刃口平直。精磨时采用杯形、细粒度（F180～F200）的绿色碳化硅或金刚石砂轮。

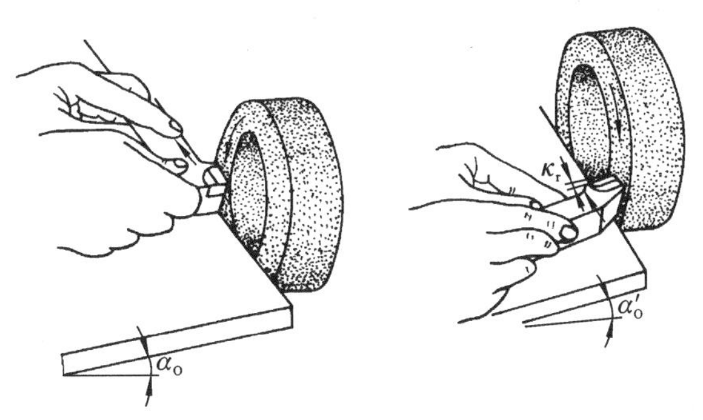


**图1-25　精磨主后角和副后角**

6）磨负倒棱

磨负倒棱的刃磨方法如图1-26所示。刃磨时，用力要轻，车刀要沿主切削刃的后端向刀尖方向摆动。磨削方法可以采用直磨法和横磨法。为了保证切削刃的质量，最好采用直磨法。负倒棱的宽度一般为（0.5～0.8）$f$，负倒棱前角 $\gamma_o$ 为 $1°$～$5°$。采用的砂轮与精磨后角的相同。

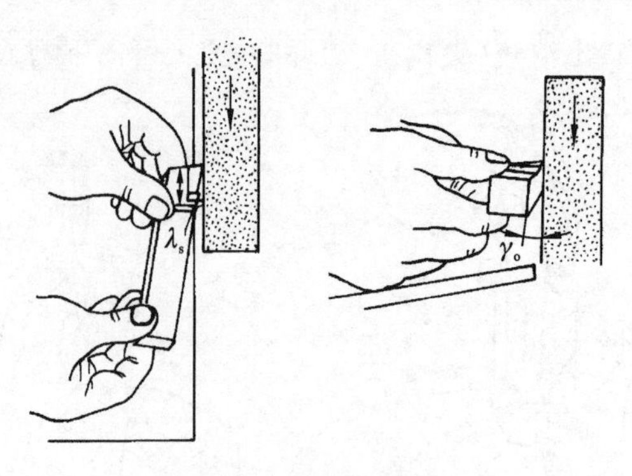


图 1-26 磨负倒棱

7)磨过渡刃

过渡刃有直线形和圆弧形两种。刃磨方法如图 1-27 所示。对于刃磨车削较硬材料的车刀时,也可以在过渡刃上磨出负倒棱。对于大进给量车刀,可用相同的方法在副切削刃上磨出修光刃。采用的砂轮跟精磨后角的相同。

**3. 车刀的手工研磨**

刃磨后的切削刃有时还不够光洁。如果用放大镜检查,可发现刃口上凹凸不平,呈锯齿形。使用这样的车刀加工工件,会直接影响工件的表面粗糙度,而且也会降低车刀的使用寿命。对于硬质合金车刀,在切削过程中还容易崩刃。所以对于手工刃磨后的车刀还必须进行研磨。用磨石研磨车刀时,手持磨石要平稳。磨石要贴平需要研磨的表面平稳移动。推时用力,回来时不用力(见图 1-28)。研磨后的车刀,应消除刃磨的残留痕迹,刃面表面粗糙度 $Ra$ 应达到 0.32～0.16 μm。

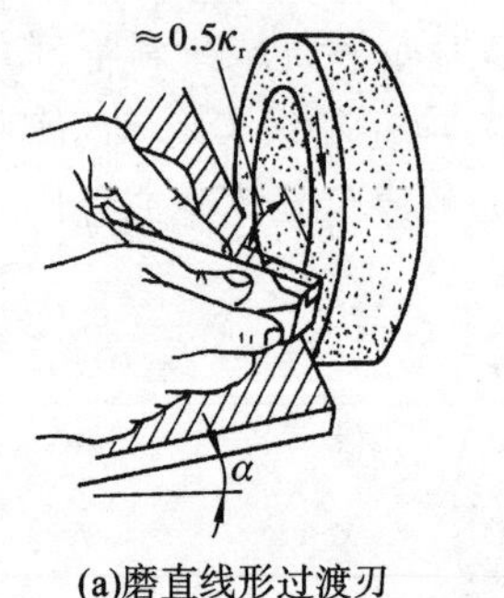


(a)磨直线形过渡刃

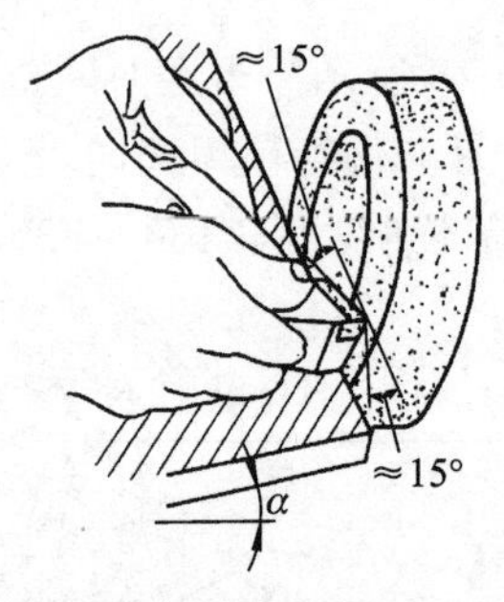


(b)磨圆弧形过渡刃

图 1-27 磨过渡刃

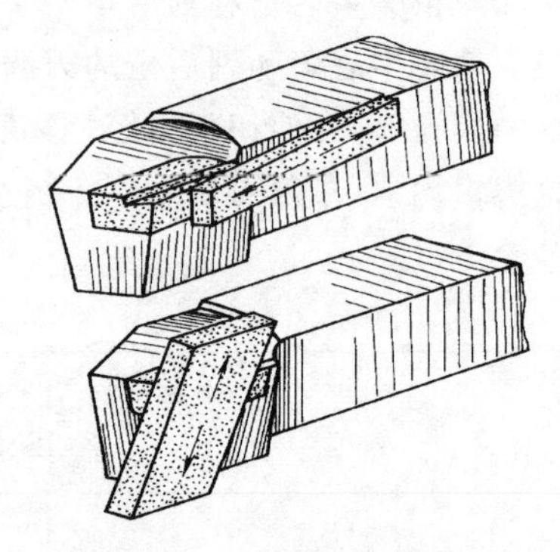

图 1-28 用磨石研磨车刀

**4. 车刀角度的测量**

车刀磨好后,必须测量其角度是否合乎要求。车刀的角度一般可用样板测量,如图 1-29(a)所示。先用样板测量车刀的后角 $\alpha_o$,然后测量楔角 $\beta_o$。如果这两个角度都合乎要求,那么前角 $\gamma_o$也就正确了。对于角度要求准确的车刀,可以用车刀量角器进行测量,如图1-29(b)所示。

**5. 磨刀时的注意事项和安全知识**

1)注意事项

(1)新装的砂轮必须经过严格的检查。新砂轮未装上前,先用硬木轻轻敲击,试听是否有碎裂声。装夹时必须保证装夹牢靠,运转平稳,磨削表面不应有过大的跳动。砂轮旋转速

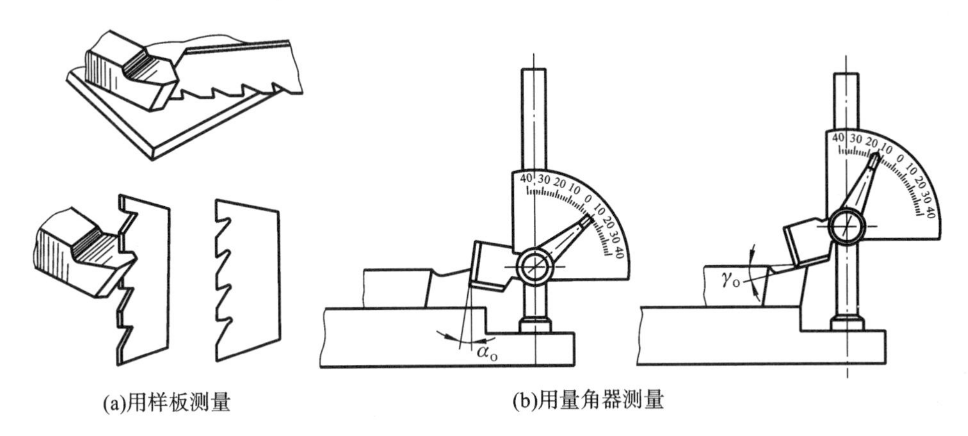


(a)用样板测量　　(b)用量角器测量

图 1-29　用样板和量角器测量车刀的角度

度应根据砂轮允许的线速度选择,过高会爆裂伤人,过低又会影响刃磨质量。

(2)砂轮磨削表面必须经常修整,使砂轮的外圆及端面没有明显的跳动。平形砂轮一般可用砂轮刀(见图 1-30)在砂轮上来回修整,杯形细粒度砂轮可用金刚石笔或硬砂条修整。

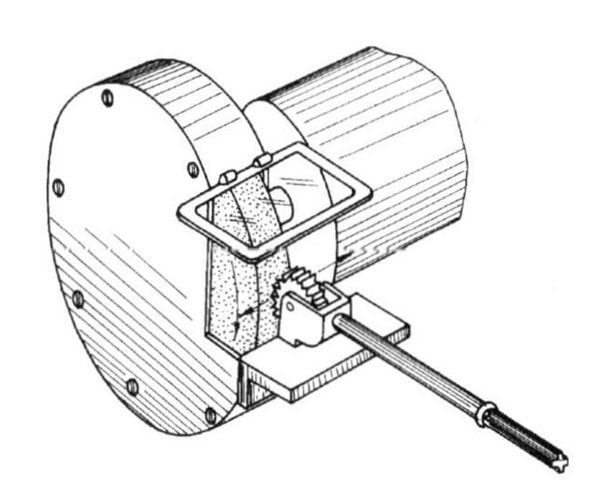

图 1-30　用砂轮刀修整砂轮

(3)必须根据车刀材料来选择砂轮种类,否则将达不到良好的刃磨效果。

(4)刃磨硬质合金车刀时,不可把刀头部分放入水中冷却(允许把刀柄部分放入水中冷却),以防止刀片因突然冷却而碎裂。刃磨高速钢车刀时,不能过热,应随时用水冷却。

(5)刃磨时,砂轮旋转方向必须由刃口向刀体方向转动,以免造成切削刃出现锯齿形缺陷。

(6)在平形砂轮上磨刀时,尽量避免使用砂轮的侧面;在杯形砂轮上磨刀时,不要使用砂轮的外圆或内圆。

(7)刃磨时,手握车刀要平稳,压力不能太大,要不断做左右移动,一方面使刀具受热均匀,防止硬质合金刀片产生裂纹和高速钢车刀退火;另一方面不致因固定磨某一处,而使砂轮表面出现凹槽。

(8)砂轮机的角度导板必须平直,转动的角度要正确。

(9)磨刀结束后应随手关闭砂轮机电源。

2)安全知识

(1)磨刀时,操作者应尽量避免站在砂轮的正面,而应站在砂轮的侧面。这样可防止砂粒飞入眼内或万一砂轮碎裂飞出击伤。磨刀时最好戴防护眼镜。如果砂粒飞入眼中,不能用手去擦,应立即去保健室清除。

(2)磨刀时不能用力过猛,以免由于打滑而磨伤手。

(3)砂轮必须装有防护罩。

(4)磨刀用的砂轮,不准磨其他物件。

(5)砂轮托架跟砂轮之间的间隙不能太大(一般为 1～2 mm),否则容易使车刀嵌入而挤碎砂轮，从而发生重大事故。

# 1.3 车削加工的基本知识

## 1.3.1 切削用量的选择

切削用量是指在切削加工过程中的切削速度、进给量、背吃刀量的总称。合理地选用切削用量能有效地提高生产效率。

**1. 背吃刀量($a_p$)**

背吃刀量是在通过切削刃基点并垂直于工作平面的方向上测量的吃刀量，对车削而言是指工件上已加工表面和待加工表面间的垂直距离，如图 1-31 所示。

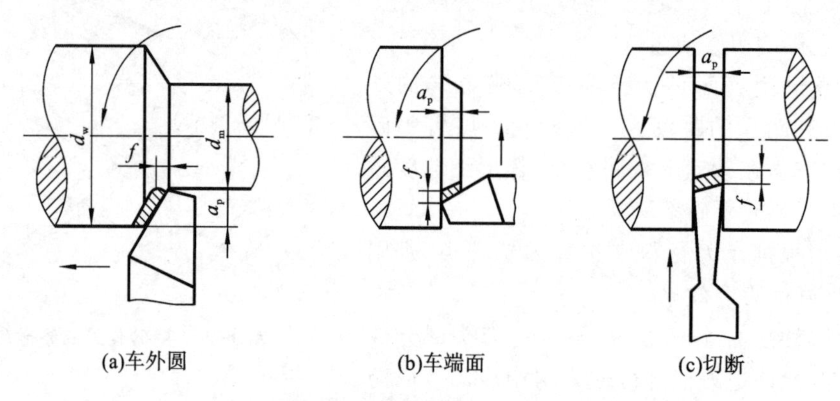


**图 1-31 背吃刀量和进给量**

背吃刀量可理解为每次进给时车刀入工件的深度(单位 mm)。计算公式为

$$a_p = \frac{d_w - d_m}{2} \tag{1-3}$$

式中：$a_p$ 为背吃刀量(mm)；

$d_w$ 为工件待加工表面的直径(mm)；

$d_m$ 为工件已加工表面的直径(mm)。

**例 1-1** 已知工件直径为 100 mm，现一次进给车至直径为 94 mm，求背吃刀量。

**解** 根据式(1-3)，有

$$a_p = \frac{d_w - d_m}{2} = (100\ \text{mm} - 94\ \text{mm})/2 = 3\ \text{mm}$$

**2. 进给量($f$)**

进给量是指刀具在进给运动方向上相对工件的位移量，可用刀具或工件每转或每行程的位移量来表达和度量。对车削是指工件每转一转，车刀沿进给方向移动的距离，如图 1-31 所示。它是衡量进给运动大小的参数(单位：mm/r)。进给量有纵进给量和横进给量两种，沿车床车身导轨方向称为纵进给量，垂直于车床车身导轨方向称为横进给量。

**3. 切削速度($v_c$)**

切削速度是指切削刃选定点相对于工件主运动的瞬时速度，也可以理解为车刀在 1 min 内车削工件表面的理论展开直线长度(假设切屑无变形或收缩)，是衡量主运动大小的参数

(单位:m/min)。

切削速度的计算公式为

$$v_c = \pi Dn/1000 \tag{1-4}$$

式中:$v_c$ 为切削速度(m/min);

$D$ 为工件待加工表面直径(mm);

$n$ 为车床主轴的转速(r/min)。

切削时,工件做旋转运动,不同直径处的各点切削速度不同。在计算时,应以最大的切削速度为准。如车外圆时应以工件待加工表面直径代入式(1-4)计算。

**例 1-2**　车削直径为 100 mm 的工件外圆,车床主轴转速为 300 r/min,求切削速度。

**解**　根据式(1-4),有

$$v_c = \pi Dn/1000 = 3.14 \times 100\ \text{mm} \times 300\ (\text{r/min})/1000 = 94.2\ \text{m/min}$$

在实际生产中,往往是已知工件直径,并根据工件材料、刀具材料和加工性质等因素选定切削速度。再将切削速度换算成车床主轴转速,以便调整机床,此时可把式(1-4)变形为

$$n = 1000v_c/\pi D \tag{1-5}$$

或

$$n \approx 318v_c/D \tag{1-6}$$

**例 1-3**　车削直径为 260 mm 的工件外圆,选用的切削速度为 90 m/min,求车床主轴转速 $n$。

**解**　根据式(1-5),有

$$n = 1000v_c/\pi D = (1000 \times 90\ \text{m/min})/(3.14 \times 260\ \text{mm}) = 110\ \text{r/min}$$

## 1.3.2　切削液的选择

**1. 切削液的种类**

车削时常用的切削液有以下两大类。

1)乳化液

乳化液是把乳化油用 90%～98%(质量分数)的水稀释而成。这类切削液比热容较大,黏度小,流动性好,可以吸收大量的热量。使用这类切削液主要是为了冷却刀具和工件,延长刀具寿命,减少热变形。但因其成分大量是水,所以润滑和防锈性能较差。

2)切削油

切削油由矿物油和少量添加剂组成,其主要成分是矿物油,少数采用动物油和植物油。这类切削液的比热容较小,黏度较大,流动性差,主要起润滑作用。

**2. 切削液选用原则**

1)根据加工性质选用

(1)粗加工时,加工余量和切削用量较大,产生大量的切削热,会使刀具磨损加快,应选用以冷却为主的乳化液。

(2)精加工时,主要为了保证工件的精度和表面粗糙度,延长刀具的使用寿命,应选用切削油或高浓度的乳化液。

(3)钻削、铰削和深孔加工时,刀具在半封闭状态下工作,排屑困难,切削热不能迅速传播,容易使切削刃烧伤并增加工件表面粗糙度值,应选用黏度较小的乳化液和切削油,并应

加大切削液的流量和压力，一方面进行冷却、润滑，另一方面把切屑冲洗出来。

2)根据工件材料选用

(1)钢件粗加工一般用乳化液，精加工一般用切削油。

(2)铸铁、铜及铝等脆性材料，由于切屑末会堵塞冷却系统，容易使机床磨损，所以一般不加切削液。但精加工时为了减小表面粗糙度值，可采用黏度较小的煤油或7%～10%质量分数的乳化液。

(3)切削有色金属和铜合金时，不宜采用含硫的切削液，以免腐蚀工件；切削镁合金时不能用切削液，以免燃烧起火，必要时，使用压缩空气。

**3. 注意事项**

使用切削液还必须注意以下几点。

(1)乳化液必须用水稀释(一般加90%～98%质量分数的水)后才能使用；切削液必须浇注在切屑形成区和刀头上。

(2)硬质合金刀具因耐热性好，一般不加切削液，必要时也可采用低浓度的乳化液，但切削液必须从开始切削就连续充分浇注，如果断续使用，硬质合金片会因骤冷而产生裂纹。

## 1.3.3 积屑瘤

在切削过程中，金属会出现一系列的物理现象，如切削变形、切削热以及加工表面质量等，它们都是以切屑的形成为基础的。而生产实践中出现的积屑瘤、卷屑和断屑等问题，都同切削过程中的变形规律有关。

用中等切削速度切削钢料或其他塑性金属，有时在车刀前刀面上牢固地粘着一小块金属，这就是积屑瘤，也称刀瘤。

**1. 积屑瘤的形成**

如图1-32所示的切削过程中，由于挤压变形和强烈的摩擦，使切屑与前刀面之间产生很大的压力(2000～3000 N/mm$^2$)和很高的温度。当温度(300 ℃左右)和压力条件适当时，摩擦力大于切屑内部的结合力，切屑底层的一部分金属就“冷焊”在前刀面靠近切削刃处，形成“积屑瘤”。

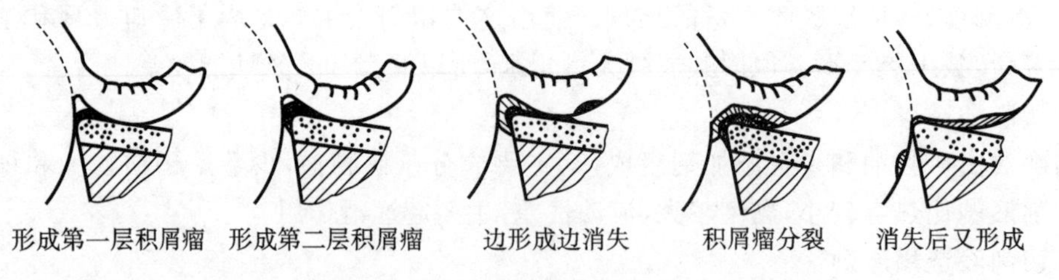


图1-32 积屑瘤的形成和消失

**2. 积屑瘤对切削加工的影响**

1)保护刀具

积屑瘤像一个刀口圆弧半径较大的块(见图1-33)，它的硬度较高，大约为工件材料硬度的2～3.5倍，可代替切削刃进行切削。因此，切削刃和前刀面都得到积屑瘤的保护，减少了刀具的磨损。有积屑瘤的车刀，实际前角可增大至30°～35°，可以减少切屑的变形，降低切削力。

2)影响工件表面质量和尺寸精度

积屑瘤形成后,并不总是稳定的。它时大时小,时生时灭。在切削过程中,部分积屑瘤被切屑带走,另一部分嵌入工件表面内,使工件表面形成硬点和毛刺,表面粗糙度值增大。

当积屑瘤增大到切削刃之外时,改变了背吃刀量,因此影响了工件的尺寸精度,如图1-34所示。

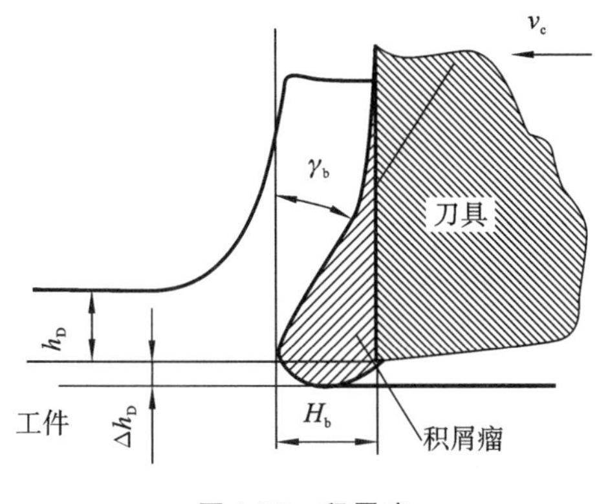


图 1-33　积屑瘤

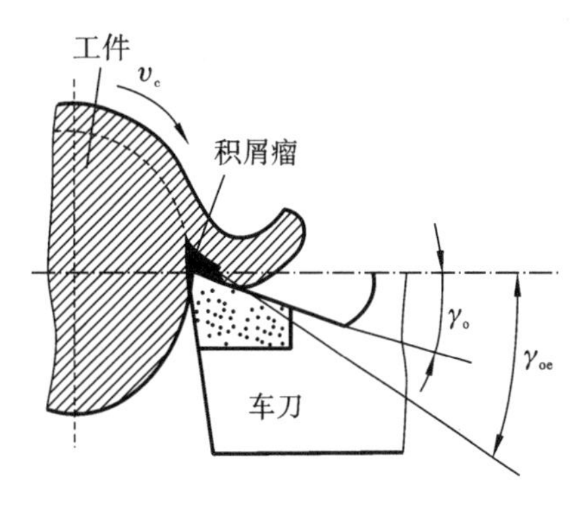


图 1-34　积屑瘤对加工的影响

粗加工时,一般允许积屑瘤存在;精加工时,由于工件的表面粗糙度值要求较小,尺寸精度要求较高,因此必须避免产生积屑瘤。

**3. 切削速度对积屑瘤产生的影响**

影响积屑瘤产生的因素很多,有切削速度、工件材料、刀具速度、切削液、刀具前刀面的表面粗糙度值等。在加工塑性材料时,切削速度的影响最明显。

切削速度较低($v_c$<5 m/min)时,切屑流动较慢,切削温度较低,切屑与前刀面接触不紧密,形成点接触,摩擦因数小,不会产生积屑瘤。

中等切削速度(15～30 m/min)时,切削温度约为 300 ℃,切屑底层金属塑性增大,切屑与前刀面接触增大,因而摩擦因数最大,最易产生积屑瘤。

切削速度达到 70 m/min 以上时,切削温度很高,切屑底层金属变软,摩擦因数明显下降,积屑瘤亦不会产生。

## 1.3.4　切削力的基本概念

切削加工过程中,工件与刀具之间的作用力称为切削力。切削力是设计机床、夹具和刀具的重要依据之一。

**1. 切削力的分类和分解**

1)切削力的分类

切削力是切削加工中使切削层金属变形断裂同步形成切屑和已加工表面所需的总作用力。它同时作用在刀具和工件上,大小相等,方向相反。切削力的主要分类如下:

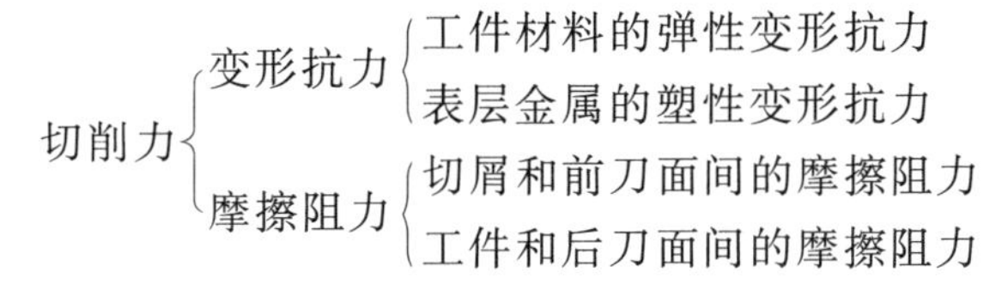

如图 1-35(a)所示 $F_{nr}$和 $F_{fr}$分别为作用于前刀面上的正压力和摩擦力，它们的合力为 $F_r$，$F_{na}$和 $F_{fa}$分别为作用于后刀面上的正压力和摩擦力，它们的合力为 $F_a$；总切削力 $F$ 则为 $F_r$和 $F_a$的合力。

2）切削力的分解

如图 1-35(b)所示，合力 $F$ 的大小和方向都不容易测量，为了便于测量和应用，通常把合力 $F$ 分解成 $F_C$和 $F_D$，又把 $F_D$分解成 $F_f$和 $F_P$，就把合力 $F$(总切削力)分解成三个互相垂直的分力 $F_C$、$F_f$和 $F_P$。

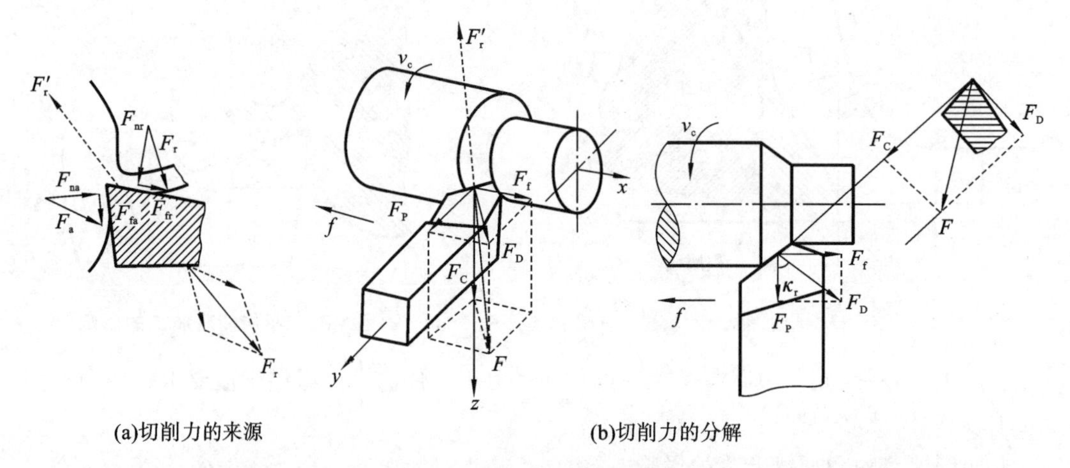


图 1-35　切削力的来源与分解

(1)切削力 $F_C$：作用于切削速度方向的分力，在切削加工中其所消耗的功最大，所以它是计算机床功率，刀柄、刀片强度以及夹具设计，选择切削用量的主要依据。由于 $F_C$使刀柄产生弯曲，因此，装夹车刀伸出长度应尽量短些。$F_C$的反向作用力使工件抬起，车削细长轴时，车刀略需装高于中心，当工件向上抬起时由副后刀面支承，可减小振动。

(2)进给力 $F_f$：是总切削力沿进给方向的分力，又称进给抗力、纵向切削力。车外圆时 $F_f$作用在进给方向，是考核进给机构强度的主要依据。纵向切削力 $F_f$使车刀在水平面内转动。因此，装夹车刀时至少要用两只螺钉拧紧固定，在用一夹一顶装夹方式车削轴类零件时，考虑纵向切削力 $F_f$使工件产生纵向移位，往往采用在车床主轴锥孔内装支承定位块，防止工件在纵向切削力影响下位移。

(3)背向力 $F_P$：总切削力沿工作平面垂直方向分力，又称切深抗力，横向切削力。如图 1-36 所示，可以看出在车外圆时背向力 $F_P$使工件在水平面内弯曲，它会影响工件的形状精度，而且容易引起振动。因此，车削细长轴时，车刀应选择较大的主偏角 $\kappa_r$，可以减小背向力 $F_P$。

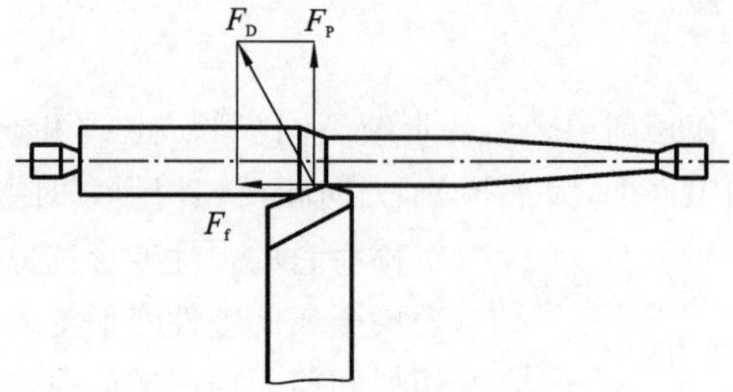


图 1-36　$F_D$ 在水平和竖直方向的分力

**2. 影响切削力的因素**

(1)工件材料。工件材料性能对切削力影响最大的是强度、硬度和塑性。切削力是由材料的剪切屈服强度、塑性变形等因素来影响的。材料的剪切屈服强度与切削力成正相关关系，即材料的剪切屈服强度越高，切削力越大。切削力还受到材料塑性、韧度的影响，材料塑性越好，韧度越高，切削力越大。因此，切削中碳钢比切削铸铁的切削力大得多。

(2)切削用量。背吃刀量增加一倍，切削力增加一倍，进给量增加一倍，其切削力增幅约70%～80%。在切削塑性金属时，切削速度增大，切削力往往可达到负增长，这是因为切削区温度升高，软化切削层，另外切削金属内部剪切来不及充分滑动移变形即被切下。可见影响切削力最大的是背吃刀量 $a_p$，其次是进给量 $f$，最小的切削速度 $v_c$。切削脆性材料时，由于形成崩碎切屑，切屑层金属内部的塑性变形极小，切屑与车刀前后面之间的摩擦较小，故切削速度 $v_c$的增减对切削力 $F_c$的影响很小。

(3)刀具角度。刀具角度对切削力的影响以前角为最大，随着前角 $\gamma_o$的增大，切削力 $F_C$、进给力 $F_f$、背向力 $F_P$三项分力呈下降趋势，车削轴类零件时加大前角 $\gamma_o$对提高车削精度是有利的。主偏角 $\kappa_r$对切削力 $F_C$影响不大，但随着 $\kappa_r$的增大，进给力 $F_f$增加，背向力 $F_P$减小。当 $\kappa_r=90°$时，理论上 $F_P=0$，因此，车削细长轴时，取 $\kappa_r\geqslant 90°$最好。刃倾角 $\lambda_s$ 对切削力 $F_C$的影响不大，但在一定范围内加大刃倾角 $\lambda_s$ 和加大主偏角 $\kappa_r$具有同样的效果，即 $F_f$增加，$F_P$减小。加大刀尖圆弧半径，将使弧切削刃工作长度增加，使切削力增加，$F_P$的值增加。

## 1.3.5 减小表面粗糙度值的方法

表面粗糙度对零件的耐磨性、耐腐蚀性、疲劳强度和配合精度都有很大的影响。表面粗糙度值大的零件耐磨性差。容易腐蚀，还容易造成应力集中，降低工件的疲劳强度。表面粗糙度值大的零件装配后，还会影响配合精度，降低机器的工作精度。

**1. 影响工件表面粗糙度的因素**

1)残留面积

工件上的已加工表面是由刀具主、副切削刃切削后形成的。两条切削刃在已加工表面上留下的痕迹如图1-37所示。这些在加工表面上未被切去部分的截面积，称为残留面积。残留面积越大，高度越高，表面粗糙度值越大。

从图1-37中可以看出，进给量 $f$、刀具主偏角 $\kappa_r$、副偏角 $\kappa_r'$和刀尖圆弧半径 $\lambda_s$ 都影响残留面积的高度 $H$。此外，切削刃的直线度和完整性也会反映在工件已加工表面上。切削时切削刃还会将残留面积挤歪，因此实际的残留面积高度在比理论值大些。

2)切削速度

用中等切削速度切削塑性金属产生的积屑既不规则又不稳定，不规则部分代替切削刃切削，会留下深浅不一的痕迹，一部分脱落的积屑瘤还可能嵌入工件已加工表面，形成硬点和毛刺，使表面粗糙度值增大。

3)振动

刀具、工件或机床部件产生周期性的振动会使已加工表面出现周期性的波纹，使表面粗糙度值明显增大。

**2. 减小工件表面粗糙度值的方法**

1)减小主偏角和副偏角或磨修光刃

减小主偏角和副偏角或磨修光刃都可以在切削时降低残留面积的高度，因此可以降低

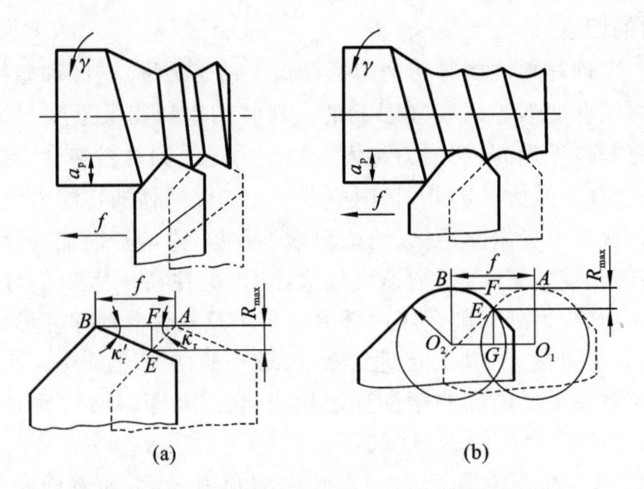


图 1-37　两条切削刃在已加工表面上留下的痕迹

工件的表面粗糙度值。

2)改变切削速度

积屑瘤是在中等切削速度切削塑性金属时形成的,因此改变切削速度可以抑制积屑瘤的产生。用高速钢车刀时,应降低切削速度(<5 m/min),并加注切削液;用硬质合金车刀时,应增大切削速度(避开最易产生积屑瘤的中速 15～30 m/min)。

3)及时重磨或更换刀具

车刀磨损后,会增加切削力和切削变形,造成切削过程不稳,从而影响表面粗糙度。此外,如果刀具严重磨损,磨钝的切削刃还会在工件的表面上挤压出亮斑或亮点,使工件表面粗糙度值增大,这时应及时重磨或更换刀具,并采用正值刃倾角的车刀,使切屑流向工件待加工表面,防止切屑拉毛工件表面。

4)减小振动

切削时产生振动会使工件表面出现周期性横向或纵向振纹。防止和消除振动可以从以下几个方面入手。

(1)机床方面。调整主轴间隙,提高轴承精度;调整滑板镶条,使间隙小于 0.04 mm,并使之移动平稳轻便。

(2)刀具方面。合理选择刀具几何参数,经常保持切削刃光洁和锋利,增加刀具的安装刚度。

(3)工件方面。增加工件的安装刚度。装夹时不宜悬伸太长,细长轴应用中心架或跟刀架安装。

(4)切削用量方面。选择较小的背吃刀量和进给量,改变或降低切削速度。

(5)隔离振源。如冲床、锻床等。

# 1.4　机械实训车间安全

## 1.4.1　概论

坚持安全生产原则是保障生产工人和机床设备的安全,防止工伤和设备事故的根本保证，也是搞好工厂经营管理的重要内容之一。它直接影响到人身安全、产品质量和经济效益，影响设备和工、夹、量具的使用寿命及生产工人技术的正常发挥。学生在学习和掌握操作的同时，必须养成良好的安全生产习惯。对于在长期生产实践活动中得到的经验性安全规则，必须严格执行。

## 1.4.2　预防对人体伤害的安全措施

安全生产的任务是保护劳动者在生产经营活动中的安全和健康，促进经济建设的发展。在各种机械设备操作中，均有意外发生的可能，无论发生的原因是什么，都要以人为本，人员的安全是重之重，实习生要严格执行安全操作，做到以下几点：

①上机操作时应穿工作服。女生应戴工作帽，将长发塞入帽子里。夏天禁止穿裙子、短裤和凉鞋。

②车间内，禁止互相追逐、玩耍及乱掷工具、产品等。

③未经指导教师许可、不了解机床性能时不准开动机床。

④凡使用动力旋转设备时，严禁戴手套操作。

⑤在操作机床前，应站在绝缘的物体上再接触机床。

⑥每次开动设备前，首先应检查设备上有无遗留物品、量具等，排除一切障碍物，危险区要小心谨慎，共同性的作业必须互相呼应和联系。

⑦清除铁屑时，应用刷子或专用钩。

⑧机床开动后不要用手去接触工作中的刀具、工件或其他运转部分，工件运转时，操作者不能正对工件站立，身不靠车床，脚不踏油盘，也不要将身体靠在机床上。

⑨切削中途欲停车，不准用开倒车来代替刹车，退车和停车要平稳，操作时不能随意离开机床。

⑩禁止在车床运行时测量工件的尺寸或进行探试机床、添加润滑液等。

⑪机床开动后禁止用手去抓要切断的工件或用手清除切屑。

⑫操作时发现异常现象要立即停车并向实习指导教师报告。

⑬工件装夹时一定要牢固。装夹好所用的工具后要离开机床。

⑭根据被加工材料性质，改变刀具角度或增加断屑装置，选用合适的进给量，将带状切屑断成小段卷状或块状切屑后加以清除，使用工具及时清除机床上和工作场所的铁屑，防止伤手、脚，切忌用手去扒或用嘴吹铁屑。

⑮勿用手当刹车试图停止在旋转的工件或主轴，应让旋转自然停止。

## 1.4.3　普通车床的安全操作规程

**1. 开车前**

(1)检查机床各手柄是否处于正常位置。

(2)检查传动带、齿轮安全罩是否装好。

(3)进行加油润滑。

**2. 安装工件**

(1)工件要夹正，夹牢。

(2)工件安装、拆卸完毕,随手取下卡盘、扳手。

(3)安装、拆卸大工件时,应该用木板保护床面。

(4)顶针轴不能伸出全长的1/3以上,一般轻工件不得伸出1/2以上。

(5)装夹偏心物时,要加平衡块,并且每班应检查螺帽的紧固程度。

(6)加工长料时,车头后面不得露出太长,否则应装上托架并有明显标志。

**3. 安装刀具**

(1)刀具要垫好、放正、夹牢。

(2)装卸刀具和切削加工时,切记先锁紧方刀架。

(3)装好工件和刀具后,进行极限位置检查。

**4. 车床启动后**

(1)不能改变主轴转速。

(2)不能度量工件尺寸。

(3)不能用手触摸旋转着的工件,不能用手触摸切屑。

(4)切削时要戴好防护眼镜。

(5)切削时要精力集中,不许离开机床。

(6)加工过程中,使用尾架钻孔、铰孔时,不能挂在拖板上起刀,使用中心架时要注意校正工件的同心度。

(7)使用纵横走刀时,小刀架上盖至少要与小刀架下座平齐,中途停车必须先停走刀后才能停车。

(8)加工铸铁件时,不要在机床导轨面上直接加油。

**5. 实训结束**

(1)工具、夹具、量具、附件妥善放好,将走刀箱移至机床尾座一侧,擦净机床,清理场地,关闭电源。

(2)逐项填写设备使用卡。

(3)擦拭机床时要防止刀尖、切屑等物划伤手,并防止溜板箱、刀架、卡盘、尾架等相碰撞。

**6. 若发生事故**

(1)立即停车,关闭电源。

(2)保护好现场。

(3)及时向有关人员汇报,以便分析原因,总结经验教训。

特别强调:不准戴手套操作设备,不准两人同时操作一台设备,留长发的人员必须戴工作帽方可操作设备。

## 习　　题

1. 安全文明生产简答题

(1)坚持安全文明生产的意义是什么?

(2)文明生产对量具的使用保养有哪些要求?

(3)简述使用切削液时应注意的事项。

(4)为坚持文明生产,每班工作完毕后应做哪些工作?

2.车床简答题

(1)试述车床从电动机启动到工件旋转的机械传动过程。

(2)试述车床从电动机启动到完成机动进给的机械传动过程。

(3)若需要床鞍向左移动 300 mm,应操纵哪个手轮？转过多少刻度？

(4)摇动哪个手柄可使车刀横向进给 1.25 mm？是顺时针摇还是逆时针摇？摇多少格？

(5)车削正圆锥体(即小头在右),需要转动刀架的哪个部分？是顺时针转还是逆时针转？

3.车床的润滑和维护保养简答题

(1)为什么要对车床进行润滑？

(2)对车床进行日常保养的意义是什么？

(3)车床日常保养有哪些要求？

(4)车床主轴箱一级保养有哪些内容？

4.车刀简答题

(1)对车刀切削部分的材料有哪些要求？

(2)硬质合金可转位车刀有哪些优点？

(3)高速钢材料车刀有哪些优缺点？

(4)硬质合金材料车刀有哪些优缺点？

(5)合理选择切削用量有什么意义？

(6)试述粗车时选择切削用量的一般原则。

(7)试述精车时选择切削用量的一般原则。

(8)车刀前角的作用有哪些？如何选择其大小？

(9)车刀后角的作用有哪些？如何选择其大小？

(10)车刀刃倾角的作用有哪些？如何选择？

5.计算题

(1)一次进给将 $\phi60$ mm 的坯料车成 $\phi52$ mm,求切削深度。

(2)车削直径为 $\phi50$ mm 的轴,已知车床轴的转数为 600 r/min,求适当的切削速度。

(3)一次进给将 $\phi70$ mm 的轴车至 $\phi60$ mm,若选用 66 m/min 的切削速度,试求切削深度和车床主轴的转速。

(4)90°车刀的楔角为 65°,前角为 18°,求其后角。

(5)主偏角为 75°的车刀,当它的刀尖角为 97°时求其副偏角。

(6)一次进给,将直径 $\phi60$ mm 的轴车至 $\phi52$ mm,已知主轴转数为 600 r/min,试求切削深度和切削速度。

(7)车刀楔角为 65°,刀尖角为 90°,后角为 8°,求该车刀的前角和副偏角。

6.切削液简答题

(1)切削液有什么作用？

(2)乳化液有哪些主要的优、缺点？主要起什么作用？

(3)切削油有哪些主要的优、缺点？各起什么作用？

(4)试述使用切削液时应注意的事项。

# 第2章　轴类零件的加工及测量

## 2.1　一般轴类零件的车削工艺知识

### 2.1.1　轴类零件的特点

轴是各种机器中最常见的零件之一。通常把截面形状为圆形、长度大于直径三倍以上的杆件称为轴类零件。轴类零件一般由圆柱表面、台阶、端面、退刀槽、倒角和圆弧等部分组成。

圆柱表面一般用于支承传动工件(齿轮、带轮等)和传递扭矩。

台阶和端面一般用来确定安装在轴上的工件的轴向位置。

退刀槽的作用是使磨削外圆或车螺纹时退刀方便,并使工件在装配时有一个正确的轴向位置。

倒角的作用一方面是防止锋利的工件边缘划伤工人,另一方面是便于在轴上安装其他零件。

圆弧槽的作用是提高轴的强度,使轴在受交变应力作用时,不致因应力集中而断裂,此外使轴在淬火过程中不容易产生裂纹。

### 2.1.2　轴类零件的技术要求

轴类零件技术要求是根据它的功用和工作条件制定的。

**1. 尺寸精度**

尺寸精度指直径和长度尺寸的精度,如图 2-1 中的 $\phi$36h7、$\phi$25g6 等。在图中标注尺寸公差的必须按给定的公差来加工,不标注的按未注公差尺寸加工。

**2. 几何形状精度**

几何形状精度主要是指轴颈的圆度、圆柱度等。

**3. 位置精度**

位置精度是指配合轴颈对基准轴线的同轴度、径向圆跳动及端面对旋转轴线的垂直度等。如图 2-1 中 $\phi$36h7 的轴线与 2-$\phi$25g6 的轴线的同轴度公差为 0.01 mm。$\phi$30 mm 台阶面对 2-$\phi$25g6 的轴线的端面调动公差为 0.02 mm。

**4. 表面粗糙度**

零件上任何一个表面,都必须有表面粗糙度要求,同一种形状的表面,根据不同的工作条件,可以提出不同等级的表面粗糙度要求。

**5. 材料及热处理要求**

一般精度轴类零件的材料通常为 45 钢。常进行正火或调质、淬火或表面淬火等热处理，以获得一定强度、硬度、韧度及耐磨度等。

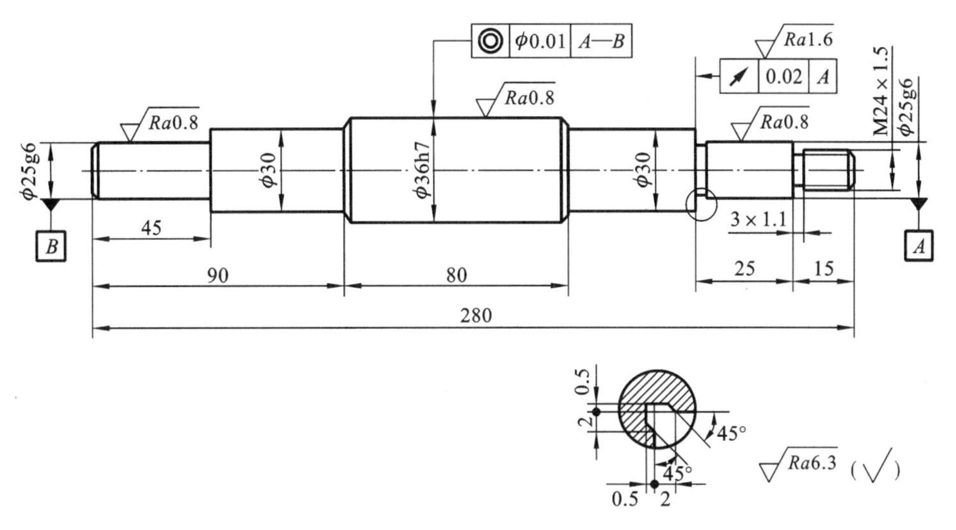


图 2-1　轴零件图

# 2.2　轴类零件的装夹

车削加工前，必须把工件装夹在夹具上，经找正和夹紧，使它在整个车削过程中始终保持正确的位置。工件的装夹和速度都直接影响加工的质量和劳动生产效率。在车削轴类零件时，根据工件的形状、大小和加工数量的不同，常用以下几种装夹方法。

## 2.2.1　在四爪单动卡盘(俗称四爪卡盘)上装夹

四爪单动卡盘有四个不相关的卡爪，其结构如图 2-2 所示。每个爪的后面有一瓣内螺纹与装在卡盘体上丝杠啮合，丝杠的一端有一方孔，用来安插扳手方榫。用扳手转动其中一丝杠时，与它啮合的爪就能单独移动，以适应工件大小的需要。

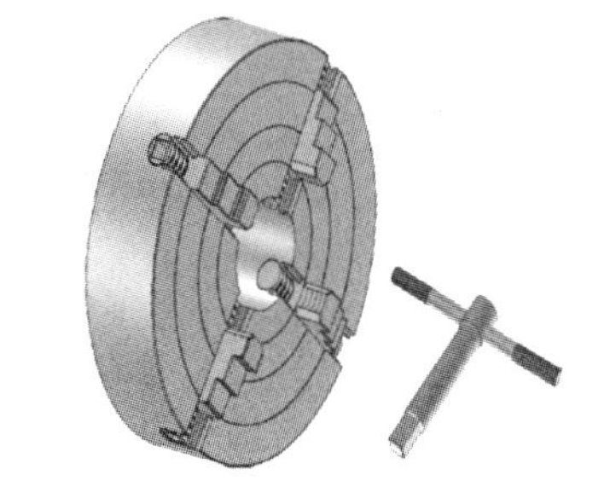

图 2-2　四爪单动卡盘

**1. 工件的装夹与找正**

装夹工件时，四个爪的径向位置可根据卡盘端面上的多圈圆弧线来初步判断是否基本正确，然后用划线盘找正。找正时，先使划针稍离开工件外圆表面，然后慢慢转动主轴，观察针尖与工件表面之间的间隙大小来判断工件在卡盘上夹持的位置，它的调整量大约是间隙差异量的一半。按照这样的步骤经过几次调整，一直进行到划针尖和工件表面的间隙均匀为止(见图 2-3)。

**2. 车削前没找正会产生的弊端**

(1)车削时工件单面切削，导致车刀容易磨损，且车床产生振动。

(2)余量相同的工件，会增加车削次数，浪费有效的工时。

(3)加工余量小的工件，很可能会造成工件车不圆而报废。

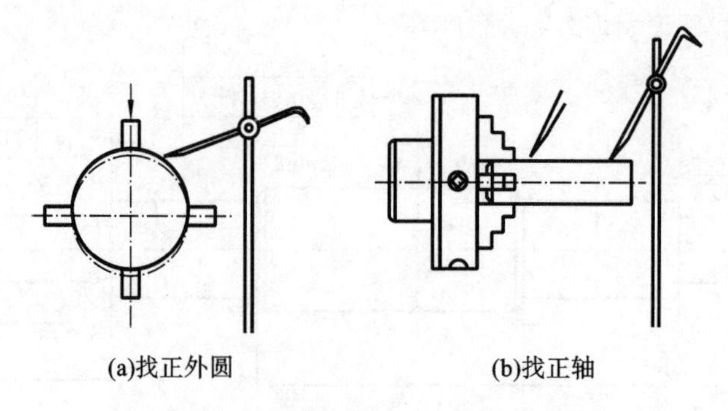

(a)找正外圆　　(b)找正轴

图 2-3　在四爪单动卡盘上找正工件

(4)调头要换刀车削的工件,必然会产生同轴度误差而影响工件质量。

**3. 在四爪单动卡盘上找正工件时的注意事项**

(1)当工件有的外圆或平面不需要加工时,为了保证外形正确,必须找正不加工部分。对加工部分,只要保证有一定的加工余量即可。

(2)当工件的各部位加工余量不均匀时,应着重找正余量少的部分,否则容易产生废品。

(3)找正工件时,不能同时松开相邻的两只卡爪,以防工件掉下。

(4)找正工件时,主轴应处于空挡位置,否则给卡盘转动带来困难。

(5)工件找正后,四个卡爪的紧固力要基本一致,否则车削时工件容易发生移位。

## 2.2.2　在三爪自定心卡盘上装夹

三爪自定心卡盘是车床的常用工具,其结构形状如图 2-4 所示。

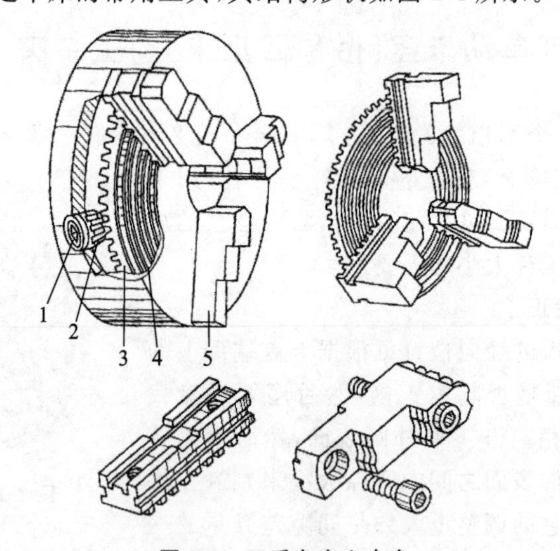


图 2-4　三爪自定心卡盘

1—方孔;2—小锥齿轮;3—大锥齿轮;4—平面螺纹;5—卡爪

当卡盘扳手插入小锥齿轮 2 的方孔 1 中转动时,小锥齿轮 2 就带动大锥齿轮 3 转动,大锥齿轮 3 的背面是一平面螺纹 4,三个卡爪 5 背面的螺纹与平面螺纹啮合,因此当平面螺纹转动时就能带动三个卡爪同时做向心或离心移动。三爪自定心卡盘的三个卡爪是同步运动的,能自动定心,工件装夹后一般不需找正。但当装夹较长工件时,远离卡爪那一端的中心就可能和车床主轴轴线不一致，所以同样要用划线盘或目测找正。另外当卡盘使用时间较长时，卡爪磨损也会失去装夹精度，所以更应对工件找正。

三爪自定心卡盘一般有正爪和反爪两副卡爪或一副正反都可使用的卡爪。由于三个卡爪背面的平面螺纹起始距离不同，安装时须将卡爪上的号码与卡盘上的号码对应，并按顺序安装。

**1. 卡盘的连接方式**

由于工件的形状不同，需要用三爪自定心卡盘或四爪单动卡盘装夹，因此必须学会卡盘装卸。卡盘与主轴的连接方式通常有两种，一种是螺纹连接方式（如C620型车床），另一种是短圆锥连接盘连接方式（如C6140型车床）。

**2. 卡盘的安装**

卡盘的安装方法如图2-5所示。

（1）安装卡盘时，首先将连接部分擦干净，注油，确保卡盘安装的准确性。

（2）把车床主轴转速调整到最低速度。卡盘旋上主轴后，应使卡盘法兰的平面和主轴平面贴紧。

（3）把卡盘旋入主轴螺纹，当连接盘端面即将与主轴端面接触面时，将卡盘扳手插入卡盘方孔中向反转方向用力撞击，使卡盘旋紧后再装上保险装置。

**3. 卡盘的拆卸**

拆卸卡盘时，用扳手松开螺母，将圆盘按反方向转一个角度，使卡盘上螺栓处于螺栓孔中，即可把卡盘从主轴上卸下，操作方法如图2-6所示。

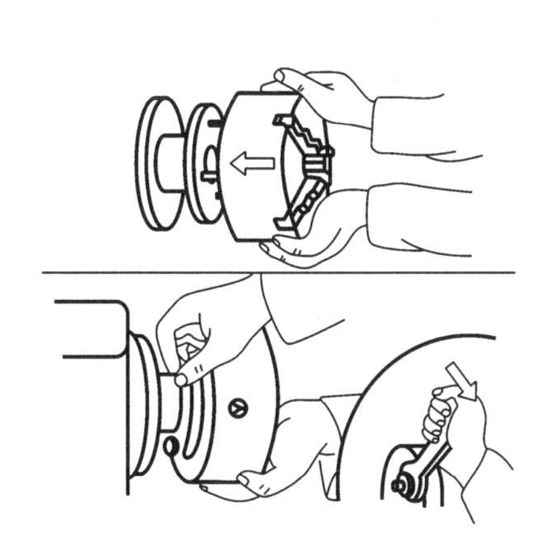

图2-5　卡盘的安装

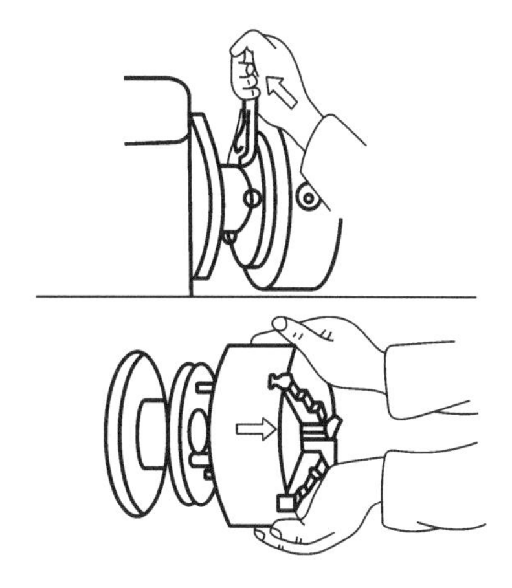

图2-6　卡盘的拆卸

**4. 装卸卡盘时应注意的事项**

（1）在主轴上装卸卡盘时，应在主轴孔内插一铁棒，并垫好床面护板，以防砸坏床面。

（2）安装3个卡爪时，应按逆时针方向顺序进行，并防止平面螺纹的螺扣转过头。

（3）安装卡盘时，不准开车，以防危险。

## 2.2.3　用两顶尖装夹

对于长度较长或必须经过多次装夹才能加工好的轴类工件，或工序较多，在车削后还要铣削和磨削的工件，为了保证每次装夹时的装夹精度（如同轴度、径向圆跳动等），可用两顶尖装夹，如图 2-7 所示。

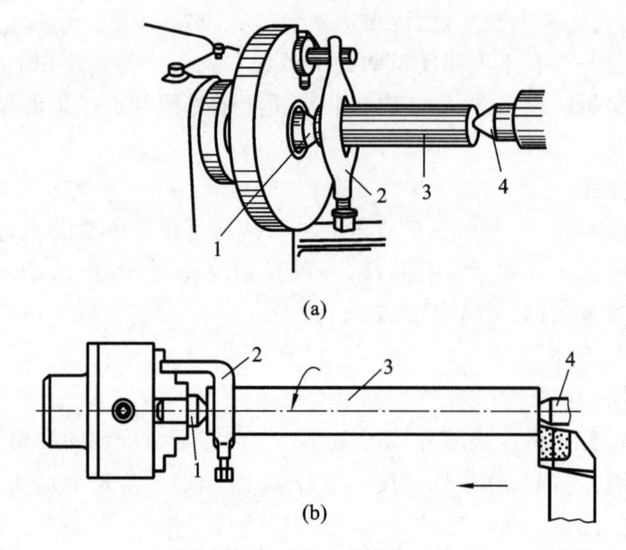


**图 2-7　在两顶尖间装夹工件**

1—前顶尖；2—夹头；3—工件；4—后顶尖

**1. 顶尖**

顶尖的作用是定中心，承受工件的重量和切削力。顶尖分前顶尖和后顶尖两类。

1)前顶尖

插在主轴锥孔内与主轴一起旋转的顶尖称为前顶尖。前顶尖随工件一起转动，与中心孔无相对运动且不发生摩擦，如图 2-8(a)所示。有时为了准确和方便，也可以在三爪自定心卡盘上夹一段圆钢，车成 60°锥面来代替前顶尖，如图 2-8(b)所示。

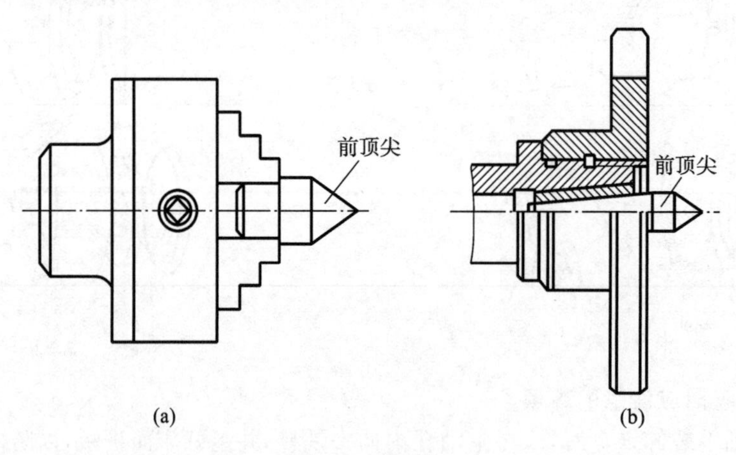


**图 2-8　前顶尖**

2)后顶尖

装入尾座套筒锥孔的顶尖称为后顶尖。后顶尖可分为固定顶尖(见图 2-9(a))和活动顶尖(见图 2-9(b))两种。

固定顶尖定心准确，装夹刚度好，但使用时由于顶尖不转动，因此中心孔与顶尖产生滑动摩擦，发热较大，过热时容易使中心孔或顶尖“烧坏”。所以适合低速车削精度要求较高的工件。

活动顶尖把顶尖与工件中心孔的滑动摩擦改成顶尖内部轴承的滚动摩擦，能承受很高

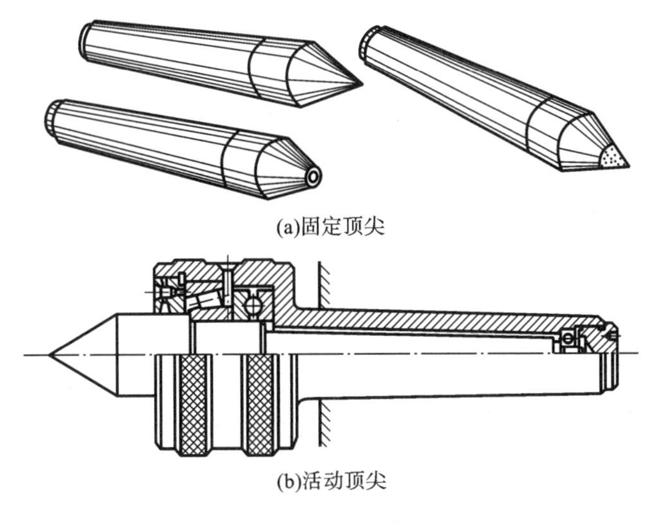

(a)固定顶尖

(b)活动顶尖

图 2-9　后顶尖

的旋转速度，克服了固定顶尖的缺点，因此，可以进行高速切削，目前应用很广。但活动顶尖存在一定的装配累积误差，以及当滚动轴承磨损后，会使顶尖产生径向圆跳动，从而降低加工精度。

**2. 两顶尖装夹的优缺点**

优点：定位精度高，可以多次重复使用而定位精度不变，定位基准和设计基准、测量基准重合，符合基准统一的原则，装夹方便，加工精度高，能保证加工质量。缺点：顶尖面积小，承受切削力小，对提高切削用量带来困难，因此粗车轴类零件时采用一夹一顶的装夹方法，精车时采用两顶尖装夹。

**3. 在两顶尖间安装工件时的注意事项**

(1)前后顶尖轴线应与主轴旋转轴线一致，否则车出来的工件不是圆柱体而是圆锥体，如图 2-10 所示。

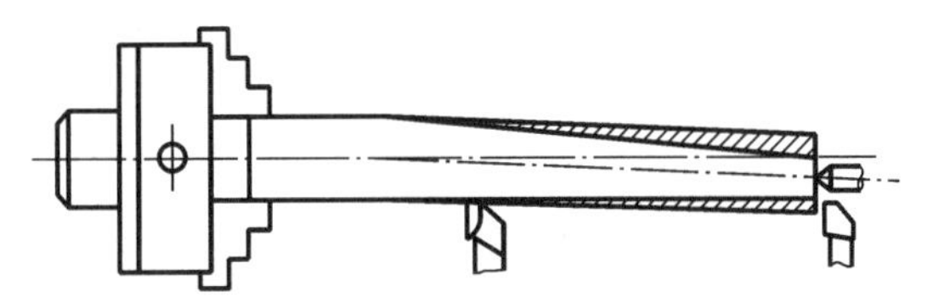

图 2-10　前后顶尖轴线与主轴轴线不一致

(2)尾座套筒在不影响车刀切削的前提下，尽量伸出短些，以提高刚度，减少振动。

(3)中心孔的形状应正确，表面粗糙度值小，安装前应清除中心孔的切屑等异物。

(4)两顶尖与工件中心孔之间配合必须松紧适宜，不能太松或太紧。如果顶得过松，工件无法正确定中心，车削时就容易振动。如果顶得过紧，细长工件就会产生弯曲变形。

## 2.2.4　一夹一顶装夹工件

采用一端用卡盘夹住，另一端用后顶尖顶住的装夹方法，可防止工件由于切削力而产生轴向移位，装夹时必须在主轴锥孔内装一个限位支承(见图 2-11(a))，或用工件的台阶限位(见图 2-11(b))。这种装夹方法较安全方便，能承受较大的进给力，装夹刚度高，轴向定位准确,应用比较广泛。

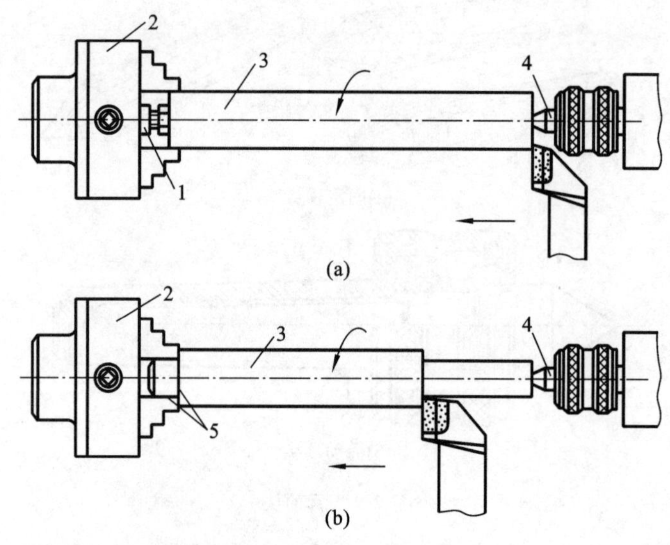


**图 2-11　一夹一顶装夹工件(限位装置限位与用工件台阶限位)**

1—限位支承;2—卡盘;3—工件;4—后顶尖;5—台阶

## 2.2.5　钻中心孔

用两顶尖装夹工件,或用一夹一顶装夹工件,都需要在工件的端面上钻出中心孔。根据国家标准 GB/T 145—2001 的规定选准中心孔的型式和尺寸。其型式分四种,即 A 型、B 型、C 型和 R 型。其中 A 型适合不带保护锥的中心钻,B 型适合带保护锥的中心钻,R 型适合弧形中心钻,如图 2-12 所示。

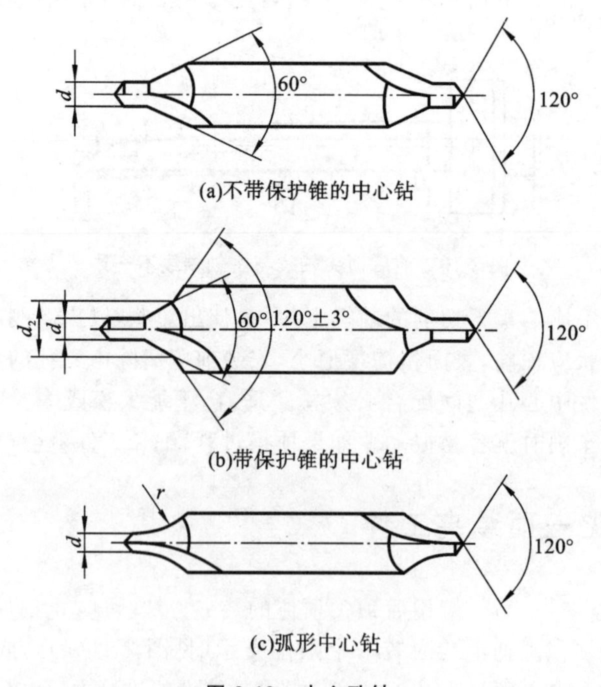


**图 2-12　中心孔钻**

### 1. 中心孔的组成与作用

中心孔是轴类零件的定位基准，各类中心孔的组成如表 2-1 所示。

**表 2-1　中心孔的组成**

| 类型 | A 型 | B 型 | C 型 | R 型 |
|---|---|---|---|---|
| 结构图 | 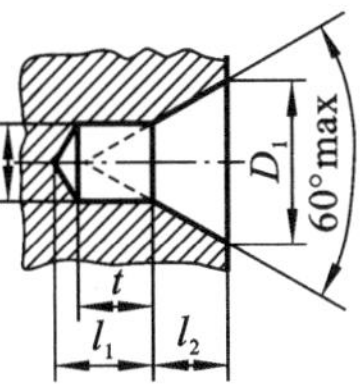 | 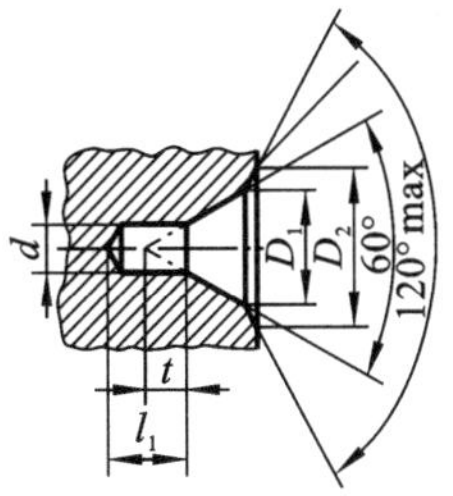 | 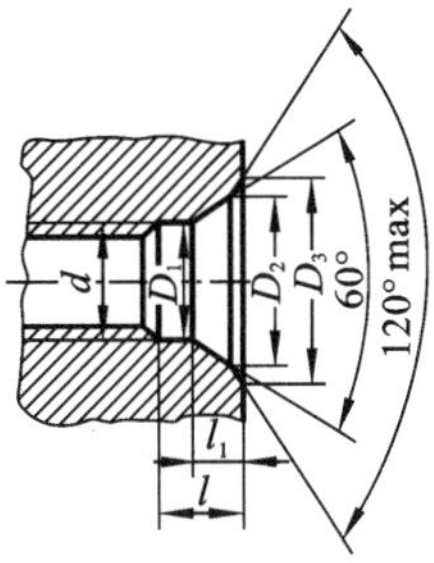 | 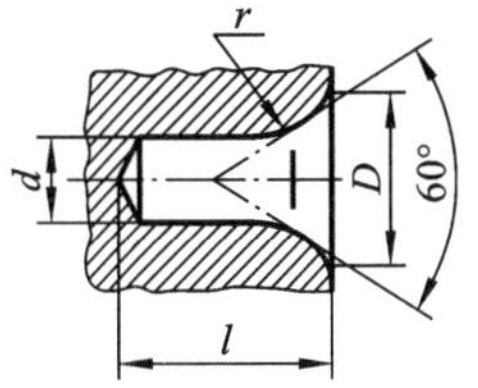 |

1)A 型

A 型中心孔由圆锥孔和圆柱孔两部分组成。圆锥孔的圆锥角一般为 60°(重型工件用 90°)，它与顶尖锥面配合，起定心作用并承受工件的重量和切削力。圆柱孔可储存润滑油，并可防止顶尖头触及工件，保证顶尖锥面和中心锥面配合贴切，达到正确定中心的目的。精度要求一般的轴类工件，常用 A 型中心孔定位。

2)B 型

B 型中心孔是在 A 型中心孔的端部再增加一个 120°的圆锥孔，以保护 60°锥面不致碰伤，并使工件端面容易加工。精度要求较高，工件较多的轴类工件，一般都使用 B 型中心孔。

3)C 型

C 型中心孔是在 B 型中心孔的 60°圆锥孔后面增加一短圆柱孔，为了保证攻螺纹时不碰伤 60°锥面后面同时应有一内螺纹。

4)R 型

R 型中心孔是将 A 型中心孔的 60°圆锥孔改成圆弧面，使之与顶尖锥面的配合变成线接触，在轴类工件装夹时，能自动纠正少量的位置偏差。适用于精度要求高的轴类零件，如圆拉刀的中心孔。

### 2. 中心孔的尺寸

各种类型中心孔的尺寸如表 2-2 至表 2-5 所示。

**表 2-2　A 型中心孔的尺寸**

| $d$ | $D$ | $l_2$ | $t$ 参考尺寸 | $d$ | $D$ | $l_2$ | $t$ 参考尺寸 |
|---|---|---|---|---|---|---|---|
| (0.50) | 1.06 | 0.48 | 0.5 | 2.50 | 5.30 | 2.42 | 2.2 |
| (0.63) | 1.32 | 0.60 | 0.6 | 3.15 | 6.70 | 3.07 | 2.8 |
| (0.80) | 1.70 | 0.78 | 0.7 | 4.00 | 8.50 | 3.90 | 3.5 |
| (1.00) | 2.12 | 0.97 | 0.9 | (5.00) | 10.60 | 4.85 | 4.4 |
| (1.25) | 2.65 | 1.21 | 1.1 | 6.30 | 13.20 | 5.98 | 5.5 |
| 1.60 | 2.35 | 1.52 | 1.4 | (8.00) | 17.00 | 7.79 | 7.0 |
| 2.00 | 4.25 | 1.95 | 1.8 | 10.00 | 21.20 | 9.70 | 8.7 |

表 2-3　B 型中心孔的尺寸

| $d$ | $D_1$ | $D_2$ | $l_2$ | $t$ 参考尺寸 | $d$ | $D_1$ | $D_2$ | $l_2$ | $t$ 参考尺寸 |
|---|---|---|---|---|---|---|---|---|---|
| 1.00 | 2.12 | 3.15 | 1.27 | 0.9 | 4.00 | 8.50 | 12.50 | 5.05 | 3.5 |
| (1.25) | 2.65 | 4.00 | 1.60 | 1.1 | (5.00) | 10.60 | 16.00 | 6.41 | 4.4 |
| 1.60 | 3.35 | 5.00 | 1.99 | 1.4 | 6.30 | 13.20 | 18.00 | 7.36 | 5.5 |
| 2.00 | 4.25 | 6.30 | 2.54 | 1.8 | (8.00) | 17.00 | 22.40 | 9.36 | 7.0 |
| 2.50 | 5.30 | 8.00 | 3.20 | 2.2 | 10.00 | 21.20 | 28.00 | 11.66 | 8.7 |
| 3.15 | 6.70 | 10.00 | 4.03 | 2.8 | | | | | |

表 2-4　C 型中心孔的尺寸

| $d$ | $D_1$ | $D_3$ | $D_2$ | $l_2$ | $t$ 参考尺寸 | $d$ | $D_1$ | $D_3$ | $D_2$ | $l_2$ | $t$ 参考尺寸 |
|---|---|---|---|---|---|---|---|---|---|---|---|
| M3 | 3.2 | 5.3 | 5.8 | 2.6 | 1.8 | M10 | 10.5 | 14.9 | 16.3 | 7.5 | 3.8 |
| M4 | 4.3 | 6.7 | 7.4 | 3.2 | 2.1 | M12 | 13.0 | 18.1 | 19.8 | 9.5 | 4.4 |
| M5 | 5.3 | 8.1 | 8.8 | 4.0 | 2.4 | M16 | 17.0 | 23.0 | 25.3 | 12.0 | 5.2 |
| M6 | 6.4 | 9.6 | 10.5 | 5.0 | 2.8 | M20 | 21.0 | 28.4 | 31.3 | 15.0 | 6.4 |
| M8 | 8.4 | 12.2 | 13.2 | 6.0 | 3.3 | M24 | 25.0 | 34.2 | 38.0 | 18.0 | 8.0 |

表 2-5　R 型中心孔的尺寸

| $d$ | $D$ | $l_{min}$ | $r$ | | $d$ | $D$ | $l_{min}$ | $r$ | |
|---|---|---|---|---|---|---|---|---|---|
| | | | max | min | | | | max | min |
| 1.00 | 2.12 | 2.3 | 3.15 | 2.50 | 4.00 | 8.50 | 8.9 | 12.50 | 10.00 |
| (1.25) | 2.65 | 2.8 | 4.00 | 3.15 | (5.00) | 10.60 | 11.2 | 16.00 | 12.50 |
| 1.60 | 3.35 | 3.5 | 5.00 | 4.00 | 6.30 | 13.20 | 14.0 | 20.00 | 16.00 |
| 2.00 | 4.25 | 4.4 | 6.30 | 5.00 | (8.00) | 17.00 | 17.9 | 25.00 | 20.00 |
| 2.50 | 5.30 | 5.5 | 8.00 | 6.30 | 10.00 | 21.00 | 22.5 | 31.50 | 25.00 |
| 3.15 | 6.70 | 7.0 | 10.00 | 8.00 | | | | | |

注：括号内的尺寸尽量不采用。

**3. 钻中心孔的方法**

直径 6 mm 以下的中心孔通常用中心钻直接钻出。在较短的工件上钻中心孔（见图 2-13）时，工件尽可能伸出短些，找正后，先车平工件截面，不得留有凸台，然后钻中心孔。当钻至规定尺寸时，让中心钻停留数秒，使中心孔圆整光滑。在钻削中心孔时，应经常退出中心钻，加切削液，使中心孔内保持清洁。

在工件直径大而长的轴上钻中心孔时，可采用卡盘夹持一端，另一端用中心架支承（见图 2-14）。

**4. 中心钻折断的原因及预防措施**

钻中心时孔时，由于中心钻的圆柱部分直径较小，当切削力过大时容易折断。常见的折

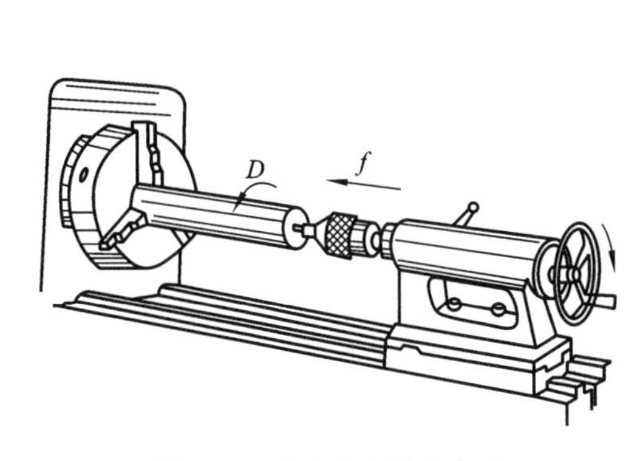


图 2-13　在卡盘上钻中心孔

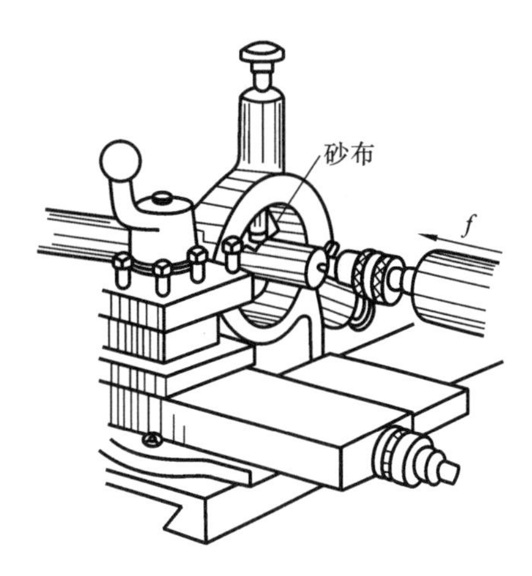


图 2-14　用中心架支承钻中心孔

断原因和预防方法如表 2-6 所示。

表 2-6　中心钻的折断原因及预防方法

| 序号 | 折断原因 | 预防方法 |
|---|---|---|
| 1 | 中心钻轴线与工件旋转轴线不一致，使中心钻受附加力而折断。这是由车床尾座偏移，或钻夹头锥柄与尾座套筒配合不准确而引起偏位造成的 | 钻孔前应严格找正中心钻轴线位置 |
| 2 | 端面中心处留有凸头，使中心钻不能准确地定心而折断 | 钻中心孔的端面必须车平 |
| 3 | 切削用量选择不当，转速太慢而进给太快，使中心折断 | 由于中心钻的圆柱直径很小，所以应选用较高的转速，手动进给时应慢些 |
| 4 | 中心钻磨损后强行钻入工件，使中心钻折断 | 中心钻磨损后应及时修磨和调换 |
| 5 | 钻孔时，切削堵塞在中心孔内而挤坏中心孔 | 钻中心孔时，应浇注充分的切削液，并及时清除铁屑 |

## 2.3　车削轴类零件的常用车刀

在车削过程中，由于零件的形状、大小和加工要求不同，采用的车刀也不相同。车刀的种类很多，用途各异，下面介绍几种常用车刀（见图 2-15）。

**1. 外圆车刀**

外圆车刀又称尖刀，主要用于车削外圆、端面和倒角。它一般分为以下三种。

1）直头尖刀

直头尖刀的主偏角与副偏角基本对称，一般在 45°左右，前角可在 5°～30°之间选用，后角一般为 6°～12°。

2）45°弯头车刀

45°弯头车刀主要用于车削不带台阶的光轴，它可以车外圆、端面和倒角，使用比较方

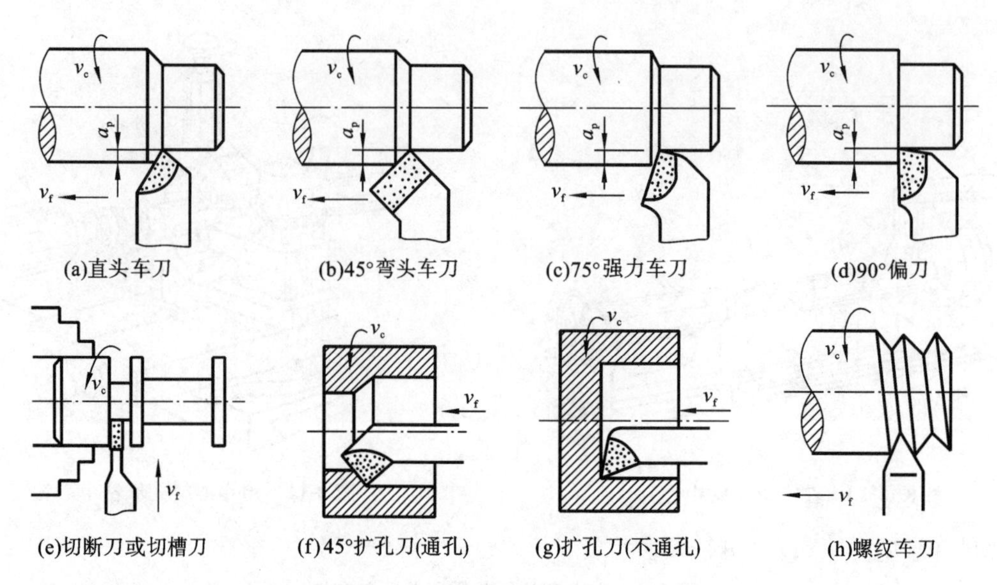


图 2-15 常用车刀的种类和用途

便，刀头和刀尖部分强度高。

3)75°强力车刀

75°强力车刀的主偏角为75°，适用于粗车加工余量大、表面粗糙、有硬皮或形状不规则的零件，它能承受较大的冲击力，刀头强度高，耐用度高。

**2. 偏刀**

偏刀的主偏角为90°，用来车削工件的端面和台阶，有时也用来车外圆，特别是用来车削细长工件的外圆，可以避免把工件顶弯。偏刀分为左偏刀和右偏刀两种，常用的是右偏刀，它的刀刃向左。

**3. 切断刀和切槽刀**

切断刀的刀头较长，其刀刃亦狭长，这是为了减少工件材料消耗和切断时能切到中心的缘故。因此，切断刀的刀头长度必须大于工件的半径。切槽刀与切断刀基本相似，只不过其形状应与槽间距一致。

**4. 扩孔刀**

扩孔刀又称镗孔刀，用来加工内孔。它可以分为通孔刀和不通孔刀两种。通孔刀的主偏角小于90°，一般在45°～75°之间，副偏角为20°～45°，扩孔刀的后角应比外圆车刀稍大，一般为10°～20°。不通孔刀的主偏角应大于90°，刀尖在刀杆的最前端，为了使内孔底面车平，刀尖与刀杆外端距离应小于内孔的半径。

**5. 螺纹车刀**

螺纹按牙型有三角形、方形和梯形等，相应使用三角形螺纹车刀、方形螺纹车刀和梯形螺纹车刀等。螺纹的种类很多，其中以三角形螺纹应用最广。采用三角形螺纹车刀车削公制螺纹时，其刀尖角必须为60°，前角为0°。

**6. 轴类零件加工车刀**

轴类零件的车削一般可分为粗车和精车两个阶段，分别用粗车刀和精车刀。

1)粗车刀

粗车刀主要是用来切削大量且多余部分，使工件直径接近需要的尺寸。粗车时表面光度不重要，因此车刀尖可研磨成尖锐的刀锋，但是刀锋通常要有微小的圆度以避免断裂。

2)精车刀

此刀刃可用油石砺光，以便车出非常圆滑的表面光度。

## 2.3.1　车刀角度的主要作用

车刀切削部分共有6个角度：前角($\gamma_o$)、后角($\alpha_o$)、副后角($\alpha_o'$)、主偏角($\kappa_r$)、副偏角($\kappa_r'$)和刃倾角($\lambda_s$)。还有两个派生角度：契角($\beta_o$)和刀尖角($\varepsilon_r$)。

**1. 前角($\gamma_o$)**

前角的大小影响刃口的锋利、强度、切削变形和切削力。前角大，刀刃锋利，从而减小切削变形，使切削省力，切屑排出顺利。前角小，切削刃强度大，耐冲击。

**2. 后角($\alpha_o$)**

后角主要用来减小车刀后刀面与工件的摩擦。

**3. 主偏角($\kappa_r$)**

主偏角的作用是改变主切削刃和刀头的受力和散热。

**4. 副偏角($\kappa_r'$)**

副偏角的作用是减少副切削刃与工件已加工表面的摩擦。

**5. 刃倾角($\lambda_s$)**

刃倾角控制排屑方向，其为负值时，增加刀头强度和保护刀尖。

## 2.3.2　车刀角度的初步选择

**1. 前角($\gamma_o$)**

(1)工件材料软，塑性材料，选择大前角。工件材料硬，脆性材料，选择小前角。

(2)粗加工，选择小前角；精加工，选择大前角。

(3)车刀材料的强度、韧度较低，选择小前角；反之，选择大前角。

**2. 后角($\alpha_o$)**

(1)粗加工，选择小后角；精加工，选择大后角。

(2)工件材料软，选择大后角；工件材料硬，选择小后角。

(3)副后角与主后角一般情况下相等。

**3. 主偏角($\kappa_r$)**

加工台阶轴时，主偏角等于或大于90°；中间切入时，主偏角取45°～60°。

**4. 副偏角($\kappa_r'$)**

副偏角一般取6°～8°，中间切入时取45°～60°。

**5. 刃倾角($\lambda_s$)**

一般车削时，刃倾角取0°；粗车时，刃倾角取负值；精车时，刃倾角取正值。

## 2.3.3　车刀的安装

车削前必须把选好的车刀正确安装在方刀架上，车刀安装的好坏，对操作顺利与否与加工质量高低都有很大关系。图 2-16 所示为车刀的正确与错误安装方式，安装车刀时应注意下列几点。

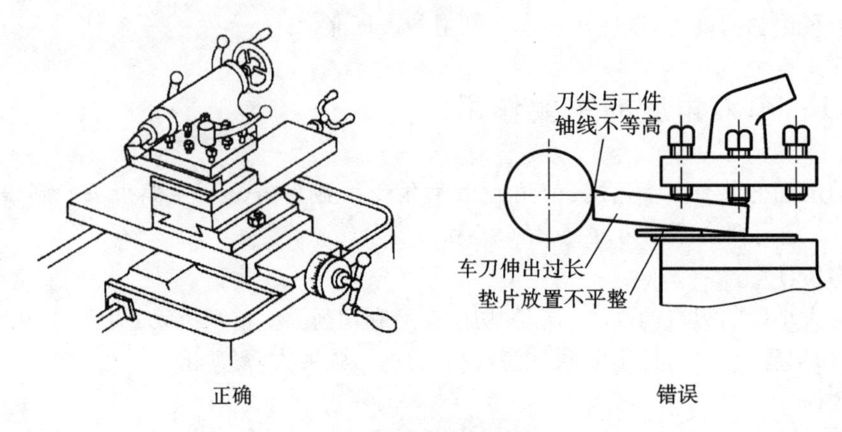


图 2-16　车刀的安装

(1)车刀刀尖应与工件轴线等高。

如果车刀装得太高，则车刀的主后刀面会与工件产生强烈的摩擦；如果装得太低，切削就不顺利，甚至工件会被抬起来，使工件从卡盘上掉下来，或把车刀折断。为了使车刀对准工件轴线，可按床尾架顶尖的高低进行调整。一般用的对准方法有以下三种。

①目测法。移动床鞍和中滑板，使刀尖靠近工件，目测刀尖与工件中心的高度差。

②顶尖对准法。使车刀刀尖靠近尾座顶尖中心，根据刀尖与顶尖中心的高度差调整刀尖高度。

③测量刀尖高度法。根据车床主轴中心高度，用钢直尺将正确的刀尖高度量出。另一种方法是用游标卡尺量出垫片和刀尖的高度。

(2)车刀不能伸出太长。

因刀伸得太长，切削起来容易发生振动，使车出来的工件表面粗糙，甚至会把车刀折断。但也不宜伸出太短，太短会使车削不方便，容易发生刀架与卡盘碰撞。一般伸出长度不超过刀杆高度的 1.5 倍。

(3)每把车刀安装在刀架上时，不可能刚好对准工件轴线，一般会低，因此可用一些厚薄不同的垫片来调整车刀的高低。

垫片必须平整，其宽度应与刀杆一样，长度应与刀杆被夹持部分一样，同时应尽可能用少数垫片来代替多数薄垫片的使用，将刀的高低位置调整合适，垫片用得过多会造成车刀在车削时接触刚度变差而影响加工质量。

(4)车刀刀杆应与车床主轴轴线垂直。

(5)车刀位置装正后，应交替拧紧刀架螺丝。

# 2.4　轴类零件的车削要点

## 2.4.1　切削用量的选择

为了保证加工质量和提高生产率，零件加工应分阶段进行，中等精度的零件，一般按先粗车再精车的方案进行。

**1. 粗车切削用量的选择**

粗车的目的是尽快地从毛坯上切去大部分的加工余量，使工件接近要求的形状和尺寸。粗车以提高生产率为主。在生产中加大背吃刀量，对提高生产率最有利；其次适当加大进给量，而采用中等或中等偏低的切削速度也可提高生产率。使用高速钢车刀对钢件进行粗车的切削用量推荐如下：背吃刀量 $a_p$＝0.8～1.5 mm，进给量 $f$＝0.2～0.3 mm/r，切削速度 $v_c$ 取 30～50 m/min。

粗车铸、锻件毛坯时，因工件表面有硬皮，为保护刀尖，应先车端面或倒角，第一次切深应大于硬皮厚度。若工件夹持的长度较短或表面凹凸不平，切削用量则不宜过大。粗车应留有 0.5～1 mm 作为精车余量。粗车后的精度为 IT14～IT11，表面粗糙度值 $Ra$＝12.5～6.3 μm。

**2. 精车切削用量的选择**

精车的目的是保证零件尺寸精度和表面粗糙度的要求，生产效率应在此前提下尽可能提高。

一般精车的精度为 IT8～IT7，表面粗糙度值 $Ra$＝3.2～0.8 μm，所以精车是以提高工件的加工质量为主。切削用量应选用较小的背吃刀量 $a_p$＝0.1～0.3 mm 和较小的进给量 $f$＝0.05～0.2 mm/r，切削速度可取大些。

减小表面粗糙度的主要措施如下：

①合理选用切削用量。选用较小的背吃刀量 $a_p$ 和进给量 $f$，可减小残留面积，使 $Ra$ 值减小。

②适当减小副偏角 $\kappa_r'$，或刀尖磨有小圆弧，以减小残留面积，使 $Ra$ 值减小。

③适当加大前角 $\gamma_o$，将刀刃磨得更为锋利。

④用油后加机油打磨车刀的前、后刀面，使其 $Ra$＝0.2～0.1 μm，可有效减小工件的表面粗糙度。

⑤合理使用切削液，也有助于减小加工表面粗糙度。

⑥低速精车使用乳化液或机油。若用低速精车铸铁应使用煤油，高速精车钢件和较高切速精车铸铁件，一般不使用切削液。

## 2.4.2　车削台阶时台阶长度的控制

车削台阶的方法与车削外圆基本相同，但在车削时应兼顾外圆直径和台阶长度两个方向的尺寸要求，还必须保证台阶平面与工件轴线的垂直度要求。

车高度在 5 mm 以下的台阶时，可用主偏角为 90°的偏刀在车外圆时同时车出（见图2-17(a)）。车高度在 5 mm 以上的台阶时，应分层进行切削，如图 2-17(b)所示。

**1. 台阶长度尺寸的控制方法**

(1)台阶长度尺寸要求较低时可直接用大拖板刻度盘控制。

(2)台阶长度可用钢直尺或样板确定位置，如图 2-18 所示。车削时先用刀尖车出比台阶长度略短的刻痕作为加工界限，台阶的准确长度可用游标卡尺或深度游标卡尺测量。

(3)台阶长度尺寸要求较高且长度较短时，可用小滑板刻度盘控制其长度。

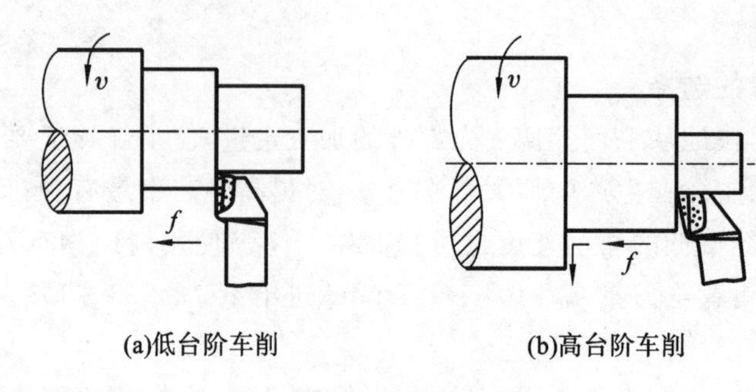


(a)低台阶车削　　(b)高台阶车削

图 2-17　台阶的车削

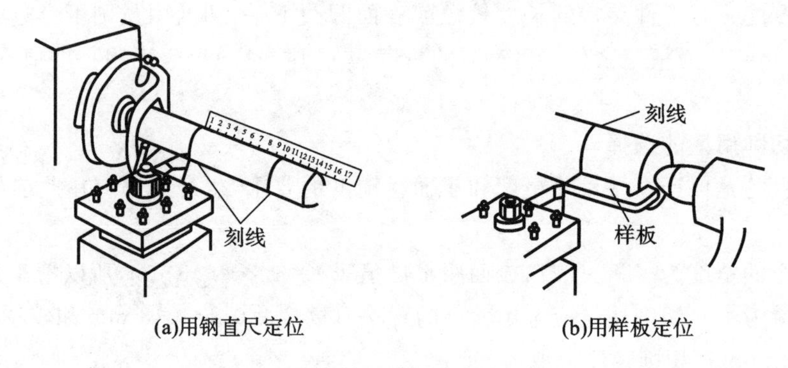


(a)用钢直尺定位　　(b)用样板定位

图 2-18　台阶长度尺寸的控制方法

**2. 车台阶的质量分析**

(1)台阶长度不正确,不垂直,不清晰。原因是操作粗心,测量失误,自动走刀控制不当,刀尖不锋利,车刀刃磨或安装不正确。

(2)表面粗糙度差。原因是车刀不锋利,手动走刀不均匀或太快,自动走刀切削用量选择不当。

# 2.5　车削外沟槽

在数控车床上加工端面沟槽,具有较大的技术难度,特别是加工较深的端面沟槽,切槽刀容易产生振动和折断,工件也容易产生振纹等现象,很难保证工件的尺寸精度和表面质量,这就要求有合理的刀具几何形状和加工工艺,本节主要是对外圆沟槽、45°外沟槽、外圆端面沟槽和圆弧沟槽等深端面沟槽的加工进行技术分析。

## 2.5.1　车外圆沟槽

宽度不大的外沟槽,可用刀头宽度等于槽宽的车槽刀直接车出,如图 2-19(a)所示。车削较宽的沟槽,可以分几次车削成形,如图 2-19(b)所示。

## 2.5.2　车 45°外沟槽

把小滑板转过 45°,用小滑板进给车削成形。为了避免刀尖 $a$ 处干涉(相碰),应将该处

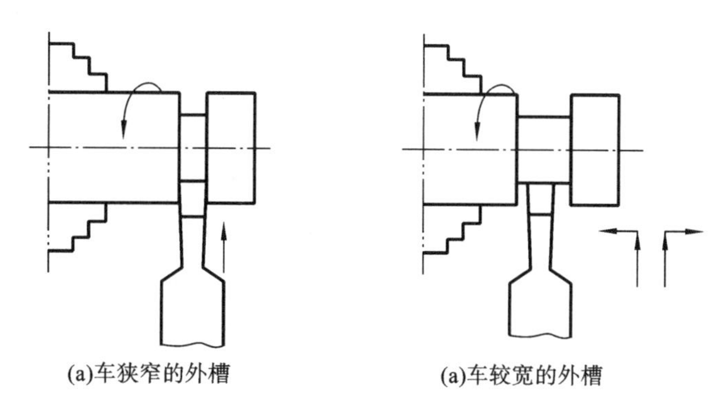


**图 2-19　车外圆沟槽**

的副后面磨成相应的圆弧 $R$，如图 2-20 所示。

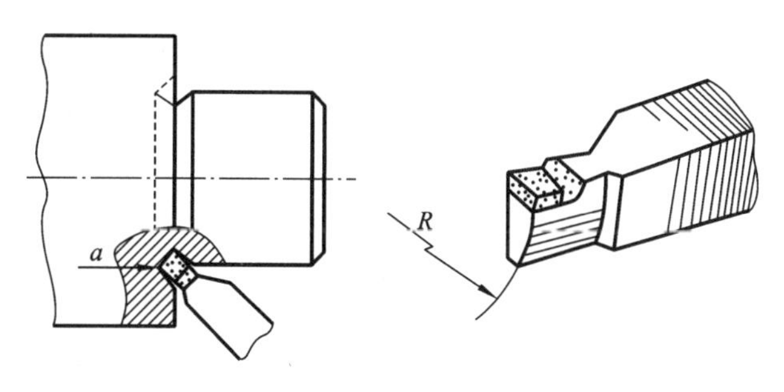


**图 2-20　车削 45°外沟槽**

### 2.5.3　车外圆端面沟槽

车削时，一般先用车槽刀车外圆沟槽，再用外圆端面沟槽车刀车削端面。刀尖 $a$ 处应磨成相应圆弧 $R$，如图 2-21 所示。

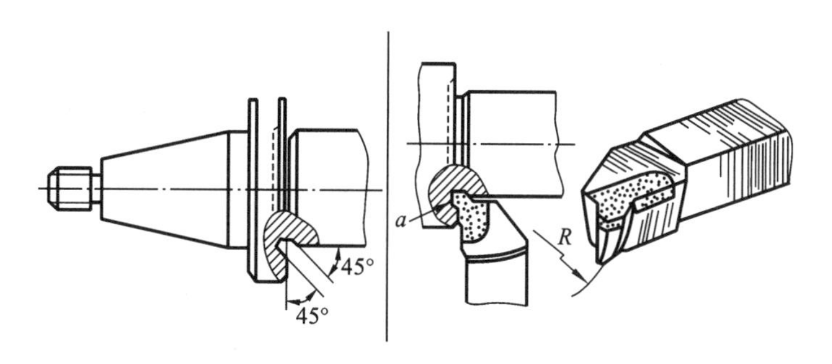


**图 2-21　车外圆端面沟槽**

### 2.5.4　车圆弧沟槽

车刀可根据沟槽圆弧 $R$ 相应磨成圆弧刀头，在切削端面一段圆弧切削刃下也必须磨有相应的圆弧 $R$，如图 2-22 所示。

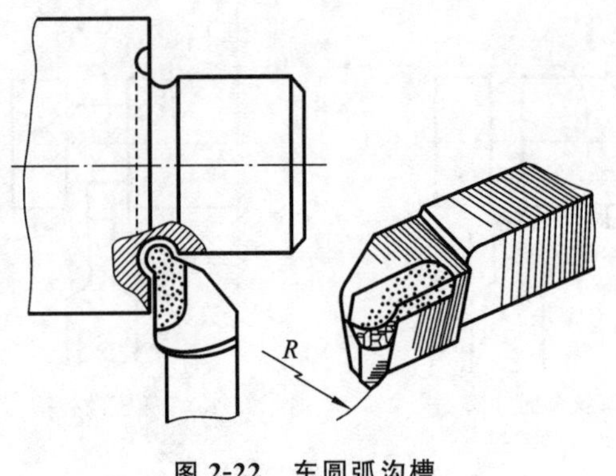


图 2-22 车圆弧沟槽

# 2.6 一般轴类零件的测量方法

## 2.6.1 测量轴类零件常用的量具

量具是测量零件的尺寸、角度、形状精度和相互位置精度等所用的工具。由于零件有各种不同形状和不同精度的要求，因此量具也有各种不同类型、规格和测量精度。

## 2.6.2 测量一般轴类零件常用测量方法

### 1. 钢直尺

钢直尺是最基本也是最简单的量具，主要用于测量工件的毛坯尺寸或精度要求不高的尺寸。常用的规格有：150 mm、300 mm、600 mm、10000 mm。

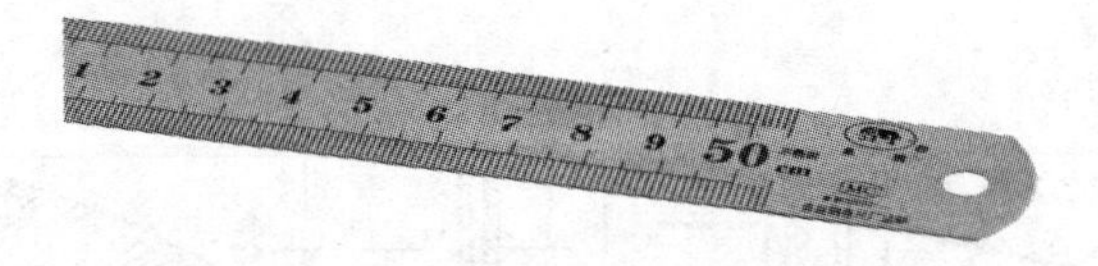

图 2-23 钢直尺

### 2. 游标卡尺

游标卡尺是车床应用最多的通用量具，它可以直接测量出工件的内径、外径、长度、深度等，常用的规格有 0～125 mm、0～150 mm、0～200 mm、0～300 mm、0～500 mm、0～1000 mm。常用的三用游标卡尺如图 2-24 所示。

使用三用游标卡尺时，移动游标 4，调节上下量爪间距大小进行测量。下量爪 1 用来测量工件外径或长度。上量爪 2 用来测量孔径或槽宽。深度尺 6 用来测量工件的深度。游标卡尺读数精度有 0.02 mm 或 0.05 mm 两个等级，测量前先检查并校对零位。

游标卡尺的读数精度是利用尺身和游标刻线间的距离来确定的。如读数值为 0.02 mm 的游标卡尺的读数原理为：尺身的每格刻线宽度为 1 mm，使尺身上 49 格刻线的宽度与游标卡尺上的 50 格刻线的宽度相等，则游标的每格刻线宽度为 49 mm/50＝0.98 mm，尺身和游标的刻线间距离之差为 1 mm－0.98 mm＝0.02 mm。

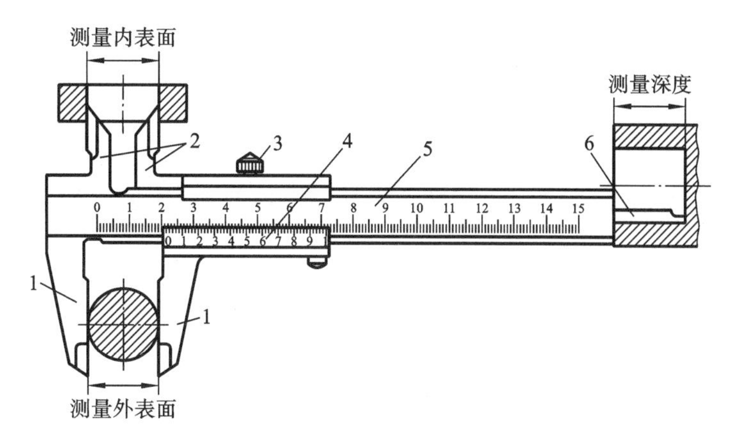


**图 2-24　三用游标卡尺**

1—下量爪；2—上量爪；3—紧固螺钉；4—游标；5—尺身；6—深度尺

测量时需注意：

(1)将主轴齿轮置于中立位置。

擦干净工件的测量部位，握住游标卡尺，左手握住尺身的量爪，右手握住游标。夹住要测量的部位，跟测量面成90°。读数前应先明确所用游标尺的读数精度，读取刻度值是在夹住的状态下垂直方向看刻度面读取刻度值。如图2-25所示为用游标卡尺测量外径。

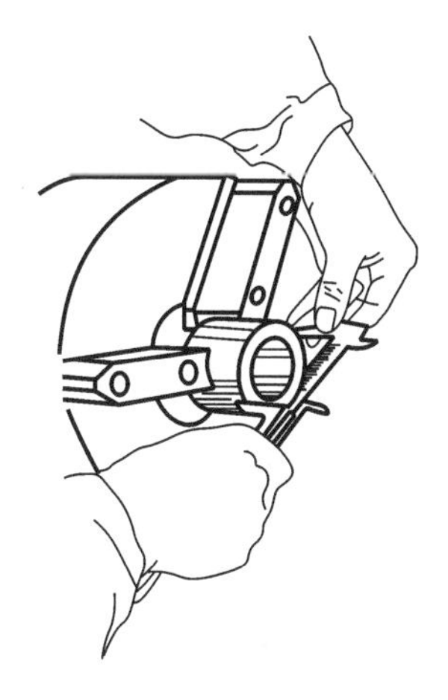

**图 2-25　用游标卡尺测量外径**

(2)读数时，先读出游标零线左边在尺身上的整数毫米数值，然后再将其与游标尺上读数加起来得到最后结果。

例如：使用读数精度为0.02 mm的卡尺，尺身上的整数值为60 mm，游标尺上的小数值为0.48 mm，实际测量值为60 mm+0.48 mm=60.48 mm。

**3. 外径千分尺**

外径千分尺是生产中最常用的一种精密量具，它的测量分度值一般为0.01 mm，如图2-26所示。外径千分尺常用测量范围有0～25 mm、25～50 mm、50～75 mm及75～100 mm等。

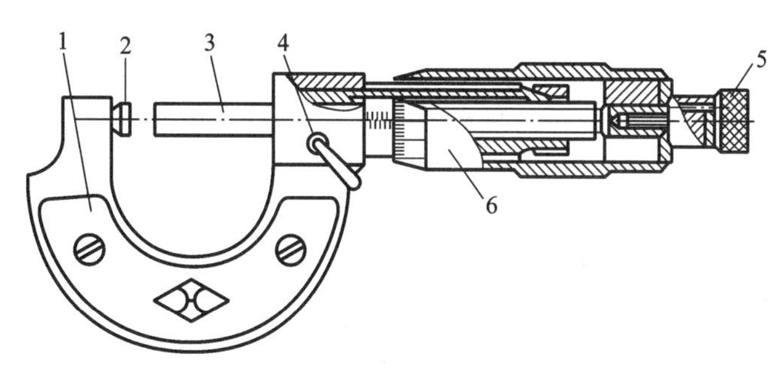


**图 2-26　外径千分尺**

1—尺架；2—砧座；3—测微螺杆；4—锁紧装置；5—测力装置；6—微分筒

外径千分尺由尺架1、砧座2、测微螺杆3、锁紧装置4、测力装置5、微分筒6等组成。测量时，为了防止尺寸变动，可用锁紧装置4通过偏心锁紧测微螺杆。

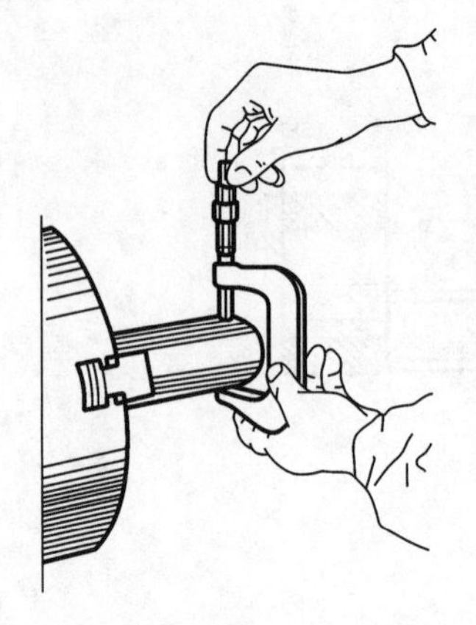

图 2-27　用外径千分尺在车床上测量工件

千分尺在测量前，必须校对零位，如果零位不准，可用专用扳手转动固定套管。当零线偏离较大时，可松开紧固螺钉，使测微螺杆 3 与微分筒 6 松动，再转动微分筒，对准零位。

千分尺的读数方法分三步：先读出微分筒左面固定套筒中露出的刻线整数及半毫米值，然后确定微分筒上哪一格与固定套筒上基准线对齐，读出小数部分，最后整数和小数部分相加，即为被测工件的尺寸。如图 2-27 为用外径千分尺在车床上测量工件。

例如：固定套筒上的刻线读数为 32.5 mm；微分筒上的刻线读数为 0.35 mm；测量值为 32.5 mm＋0.35 mm＝32.85 mm，如图 2-28 所示。

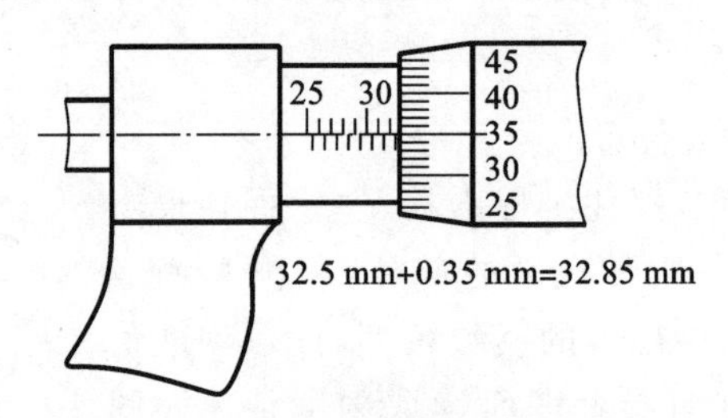


图 2-28　外径千分尺的读数实例

**4. 百分表**

百分表主要用于测量工件的形状和位置精度，是一种指示式量具，它的分度值为 0.01 mm，常用的百分表主要有钟面式和杠杆式。测量范围一般有 0～5 mm、0～10 mm。

测量时，应将百分表装夹在普通表座上或磁性表座上(见图 2-29)，而表座应放在测量平板或某一平面整位置上。

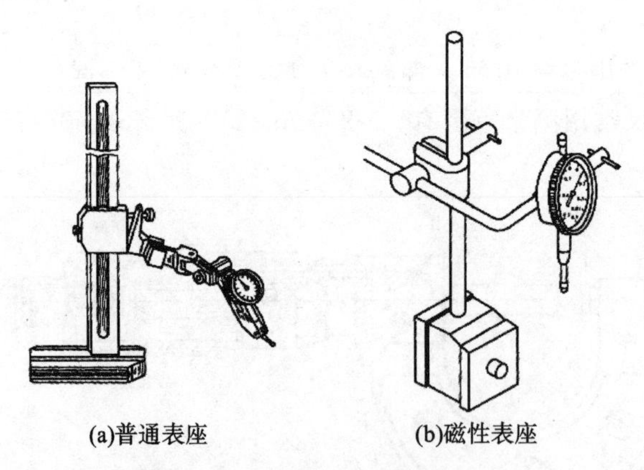

(a)普通表座　　(b)磁性表座

图 2-29　百分表表座

用钟面式百分表测量时，测量杆要与被测工件表面保持垂直。测量圆柱形工件时，则测量杆的轴线应垂直地通过工件的轴线(见图 2-30)，否则会增大测量误差。

用杠杆式百分表测量时，应使百分表的杠杆测量杆轴线与被测工件表面的角度 $\alpha$ 不宜过大，$\alpha$ 角度越小，误差就越小，如图 2-31 所示。

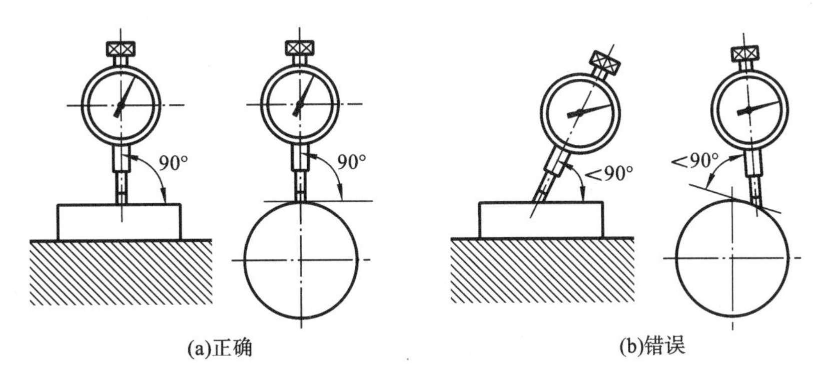


图 2-30　百分表的测量杆与被测工件表面的位置

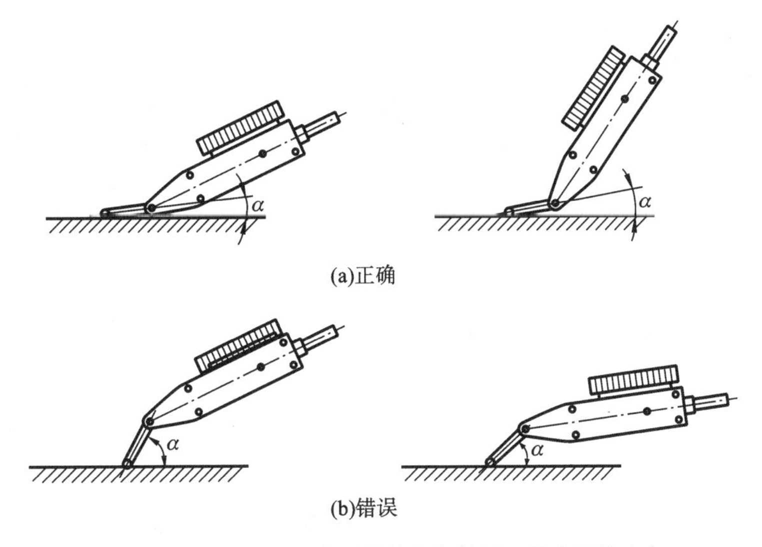


图 2-31　杠杆式百分表测量轴线与被测工件表面的夹角

如图 2-32、图 2-33 所示分别为用钟面式百分表测量径向圆跳动和用杠杆式百分表测量径向圆跳动和端面圆跳动。

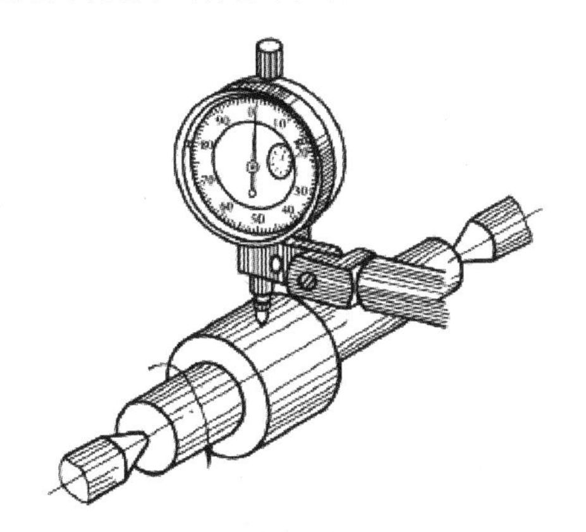

图 2-32　用钟面式百分表测量径向圆跳动

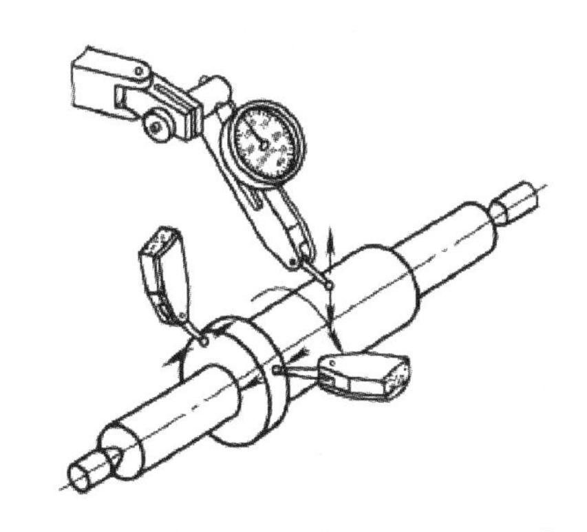

图 2-33　杠杆式百分表测量径向圆跳动和端面圆跳动

## 2.6.3 技能训练内容

**1. 工件图样**

车阶梯轴,图样如图 2-34 所示。

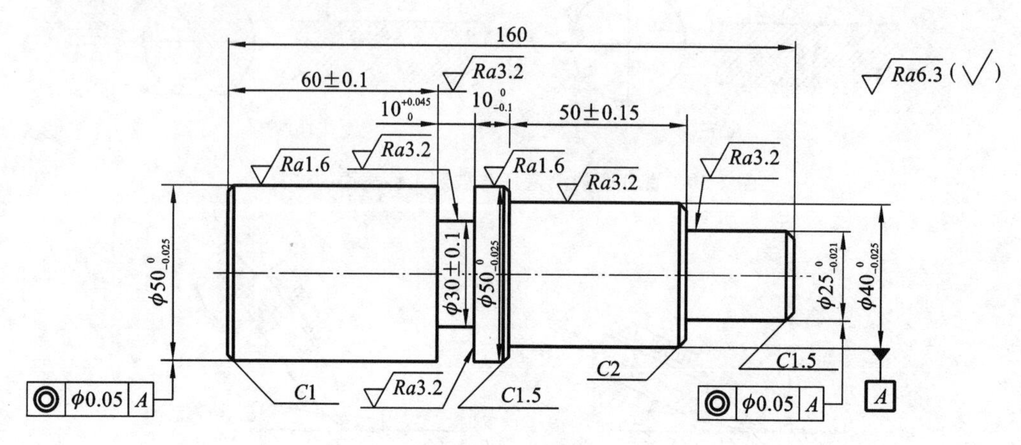


图 2-34 车阶梯轴

**2. 车削步骤**

(1)用三爪自定心卡盘夹住棒料外圆(露出部分长度不少于 100 mm),用 45°车刀手动横向进给车端面,车去长度约 3 mm 左右。

(2)用 90°车刀手动纵向进给粗车 φ40 mm、φ25 mm 两级外圆,留 2 mm 精车余量,并保证阶台长度,钻中心孔。

(3)调头夹住 φ40 mm 外圆,用手动进给车端面截总长至尺寸,钻中心孔。

(4)用后顶尖顶住,用手动纵进给粗车 φ50 mm 外圆,留 2 mm 余量。

(5)用切断刀手动进给车槽至尺寸。

(6)采用两顶尖装夹精车 φ50 mm、φ40 mm、φ25 mm 至尺寸,倒角符合要求。

## 2.6.4 注意事项

(1)夹持工件必须牢固可靠。

(2)车端面时车刀刀尖一定要对准工件中心。

(3)车台阶时,台阶面和外圆相交处一定要清角,不允许出现凹坑和凸台。

(4)钻中心孔时要复习一下中心钻折断的原因,防止中心钻折断。

(5)装夹机心时,工件上要垫铜皮,防止将精车过的工件表面压伤。

(6)粗车台阶时,车刀装夹如图 2-35(a)所示,精车台阶时,为保证台阶面和工件轴线垂直,装夹 90°车刀应使主偏角大于 90°,如图 2-35(b)所示。当台阶长度车至尺寸后,应手动进给由中心向外缘方向退出,以保证台阶面和轴线垂直。

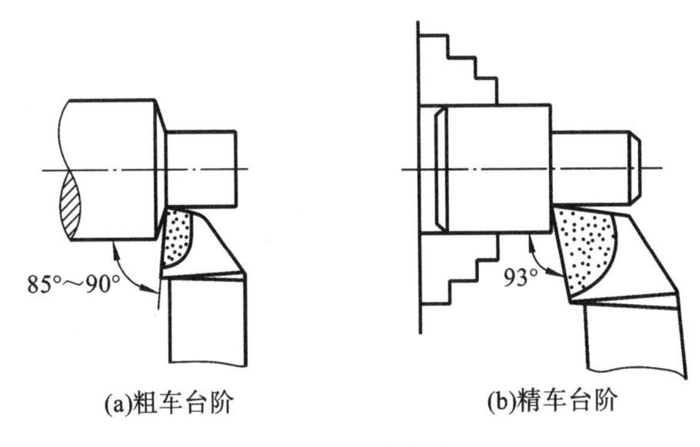


图 2-35　车台阶

# 习　　题

1. 车外圆、端面和台阶简答题

(1)装夹车刀时应注意哪些事项?

(2)画图说明车刀刀尖高于或低于工作中心时,车刀前、后角的变化。

(3)通常采用哪些方法可使车刀刀尖对准工件中心?

(4)车轴类工件时,通常采用哪四种安装方法?各适用于什么情况?

(5)简述钻中心孔的步骤。

(6)钻中心孔时应注意哪些事项?

(7)固定顶尖和回转顶尖各有什么优点、缺点?

2. 实操题

(1)车端面(可以采用端面车刀)。

[安全注意事项]　工件夹紧后必须取下卡盘扳手,不允许用手去摸旋转的工件和铁屑。车端面时,刀尖要对准工件中心,以免车出的端面留下小凸台。

(2)车外圆(可以采用尖刀、弯头刀和偏刀车外圆)。

[安全注意事项]　操作时,必须先停车,后变速;不允许用量具测量旋转中的工件。

(3)切槽:在工件表面上车削沟槽的方法称为切槽。轴上槽要用切槽刀进行车削。安装切槽刀时,刀尖要对准工件轴线。

(4)钻中心孔和钻孔。用钻头在工件上加工孔的方法称为钻孔,钻孔通常在钻床或车床上进行。

[安全注意事项]　不允许用工具敲击车床导轨及其他部位;加工时,不允许擅自离开车床。

(5)车带圆锥的细长杆。加工时为增加工件刚度,应采取一夹一顶的安装方式。

(6)车蜗杆,车成形面。

[安全注意事项]　事先磨好所需型号的蜗杆刀,加工蜗杆前需要加工退刀槽,每次反转的同时从托板退刀。

# 第3章　一般套类零件的车削

## 3.1　一般套类零件的车削工艺知识

### 3.1.1　套类零件的技术要求和加工特点

**1. 套类零件的技术要求**

在机器上有很多零件因支承或连接配合的需要，需要把它做成带有圆柱孔的。圆柱孔的零件一般作为配合孔，都要求较高的尺寸精度（IT7～IT8）、较小的表面粗糙度值（$Ra$＝2.5～0.2 μm）和较高的几何精度，如图3-1所示是一个套类零件，它的技术要求如下。

1）形状精度

（1）$\phi$30H7孔的圆度公差为0.01 mm。

（2）$\phi$45js6外圆的圆度公差为0.005 mm。

2）位置精度

（1）$\phi$45js6外圆对$\phi$30H7孔轴线的径向圆跳动公差为0.01 mm。

（2）左端面对$\phi$30H7孔轴线的垂直度公差为0.01 mm。

（3）$\phi$30H7孔的右端面对$B$面平行度公差为0.01 mm。

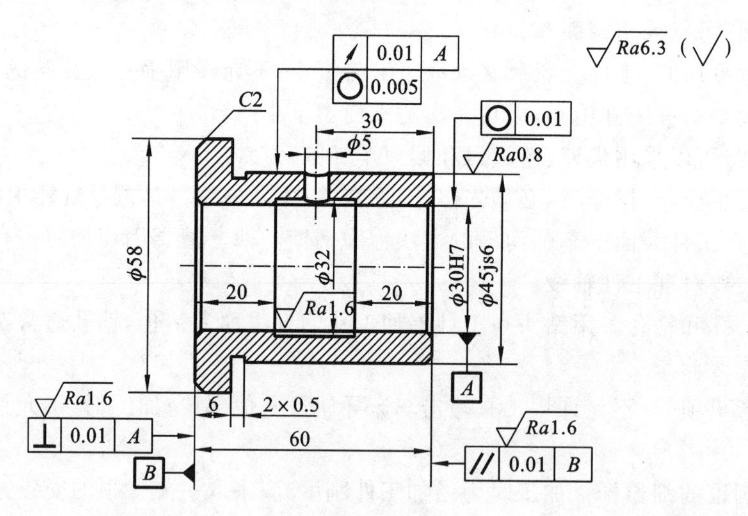


图3-1　轴承套

**2. 套类零件的加工特点**

套类零件的加工特点主要是圆柱孔的加工比车削外圆要困难得多。

（1）孔加工是在工件内部进行的，观察切削情况很困难。尤其是孔小而深时，根本无法观察。

(2)刀杆尺寸由于受孔径和孔深的限制,不能做得太粗,又不能太短,因此刚度很低,特别是加工孔径小、长度长的孔时,更为突出。

(3)排屑和冷却困难。

(4)圆孔柱的测量比外圆困难。

另外,加工时必须采取有效措施来达到套类零件的各项几何精度。当工件的壁厚较薄时,加工更困难。

### 3.1.2　套类零件的装夹方法

车孔时,工件一般用三爪自定心卡盘或四爪单动卡盘装夹。要保证套类零件达到图样所规定的各项几何公差要求。为此,应对工件的装夹采取必要的措施。

(1)在一次装夹下加工内外圆和端面。对于尺寸不大的套筒零件可在一次装夹下完成外圆、内孔和端面的加工,这样能够保证外圆和内孔的同轴度,以及外圆、内孔与端面的垂直度等精度要求。这是单件小批生产中常用的一种加工法。但是,要多次换用不同的刀具和相应的切削用量,故生产率不高,如图 3-2 所示。

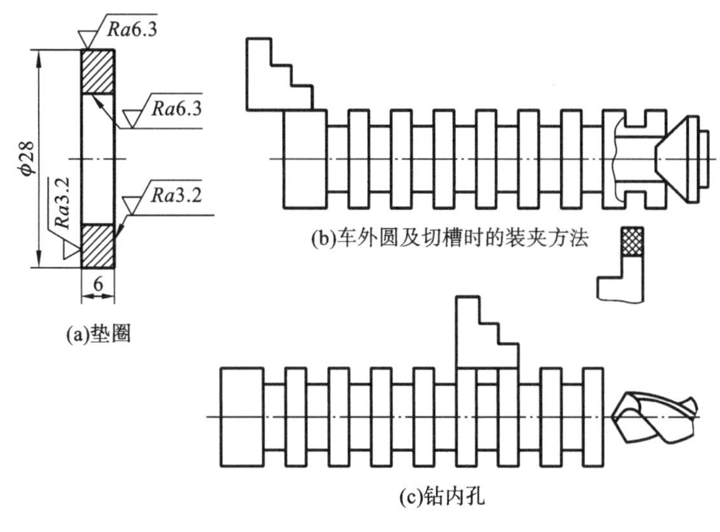


图 3-2　一次装夹下加工工件

(2)以内孔为基准保证位置精度。中小型的套、带轮、齿轮等零件,一般可用心轴,以内孔作为定位基准来保证工件的同轴度和垂直度。心轴由于制造容易,使用方便,因此得到广泛应用。常用的心轴有下列几种。

①实体心轴:实体心轴有不带台阶和带台阶两种。不带台阶的实体心轴有 1∶1000～1∶5000的锥度,又称小锥度心轴,如图 3-3(a)所示。这种心轴的特点是制造容易,加工出的零件精度较高。缺点是轴向无法定位,承受切削力小,装卸不太方便。图 3-3(b)所示是台阶式心轴,它的圆柱部分与零件孔保持较小的间隙配合,工件靠螺母来压紧。优点是一次可以夹多个零件,缺点是精度较低。如果装上快换垫圈,装卸工件就很方便。

②胀力心轴:胀力心轴依靠材料弹性变形所产生的胀力来固定工件,由于装卸方便,精度较高,工厂中用得很广泛。

可装在机床主轴孔中的胀力心轴如图 3-3(c)所示。根据经验,胀力心轴塞的锥角最好为 30°左右，最薄部分壁厚 3～6 mm。为了使胀力心轴保持均匀，槽子可做成三等分，如图 3-3所示。临时使用的胀力心轴可用铸铁做成，长期使用的胀力心轴可用弹簧钢(65Mn)制成。这种心轴使用方便，得到广泛应用。

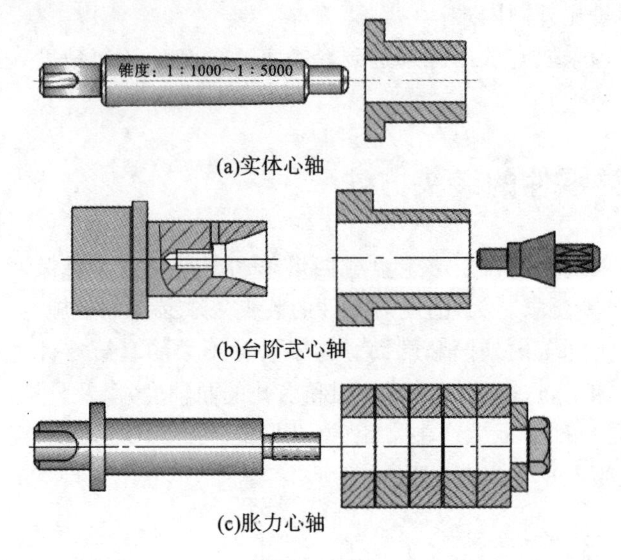


(a)实体心轴

(b)台阶式心轴

(c)胀力心轴

图 3-3　心轴

用心轴进行工装是一种以工件内孔为基准来达到相互位置精度的方法，其特点是：设计制造简单，装卸方便，比较容易达到技术要求。但是当加工外圆很大、内孔很小、定位长度较短的工件时，应该采用外圆为基准来保证技术要求。

③用外圆为基准来保证位置精度。

工件以外圆为基准保证位置精度时，零件的外圆和一个端面必须在一次装夹下精加工，然后作为定位基准。以外圆为基准时，一般应用软卡爪装夹工件。

软卡爪是用未经淬火的钢料(45 钢)制成的。这种卡爪可以自己制造，就是把原来的硬卡爪前半部拆下，如图 3-4(a)所示，换上软卡爪，用两只螺钉紧固卡爪的下半部分，然后把卡爪车成所需要的形状，工件就可夹在上面。如果卡爪是整体式的，用旧卡爪的前端焊上一块钢料也可制成软卡爪，如图 3-4(b)所示。

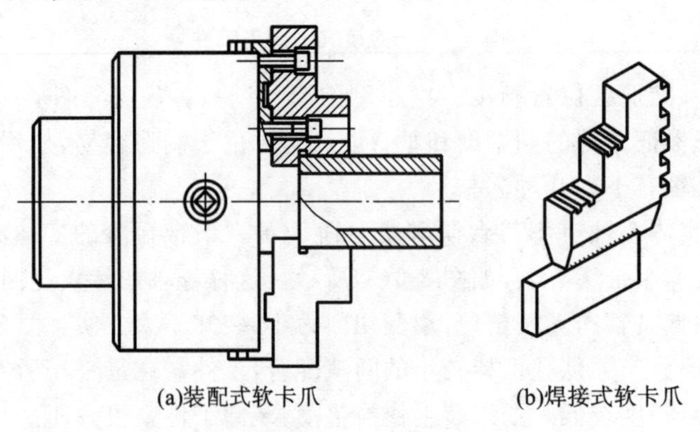

(a)装配式软卡爪　　(b)焊接式软卡爪

图 3-4　软卡爪

软卡爪的最大特点是工件虽经几次装夹，仍能保持一定的相互位置精度(一般在 0.05 mm 以内)，可减少大量的装夹找正时间。其次，当装夹已加工表面或软金属零件时，不容易伤零件表面,又可根据工件的特殊形状相应地车制软卡爪,以便于装夹工件。软卡爪已得到广泛的使用。

车削软卡爪时,为了消除间隙,必须在卡爪内或卡爪外放一适当直径的定位圆柱或圆环。定位圆柱或圆环的安放位置应与零件的装夹方向一致。使用软卡爪夹紧工件时,定位圆柱应放在卡爪的里面,用卡爪底部夹紧。当软卡爪从工件内孔胀紧时,定位圆环应放在卡爪的外面。

## 3.1.3　麻花钻钻孔

麻花钻一般用整体高速钢制成,也有用硬质合金镶制成的。

**1. 麻花钻的结构**

麻花钻的结构如图 3-5 所示。

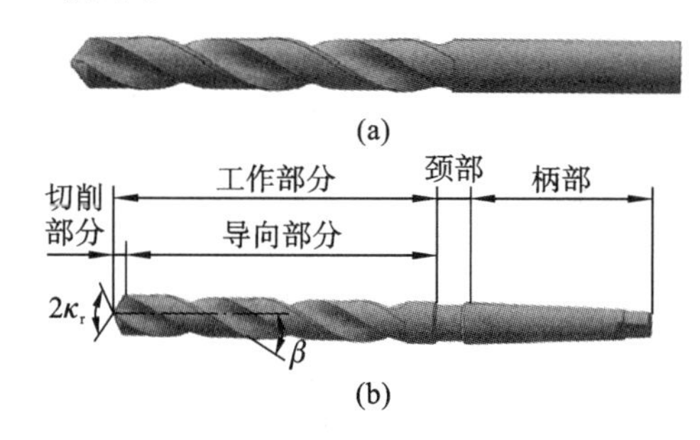


**图 3-5　麻花钻结构**

(1)工作部分:工作部分是麻花钻的主要部分,由切削部分和导向部分组成。切削部分如图 3-6 所示,主要起切削作用;导向部分在钻削过程中能起到保持钻削方向、修光孔壁的作用,同时也是切削的后备部分。

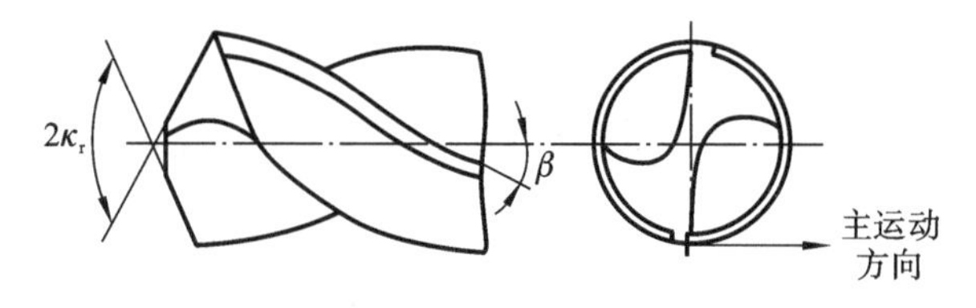


**图 3-6　切削部分**

(2)柄部:钻头的夹持部分,安装时起定心作用,切削时起传递转矩的作用。

麻花钻的柄部有直柄和莫氏圆锥柄两种。直柄的定心作用差,传递动力小,用于加工小直径的孔,直径一般为 0.3～13 mm。莫氏圆锥柄麻花钻一般用于加工大直径的孔,锥柄钻头装卸方便。莫氏圆锥柄钻头的直径如表 3-1 所示。

**表 3-1　莫氏圆锥柄钻头的直径**

| 莫氏椎号 | 1 | 2 | 3 |
|---|---|---|---|
| 钻头直径/mm | >3～14 | >14～23.02 | >23.02～31.75 |
| 莫氏椎号 | 4 | 5 | 6 |
| 钻头直径/mm | >31.75～50.8 | >50.8～76.2 | >76.2～80 |

(3) 颈部:颈部连接钻头的工作部分与柄部,直径大一些的钻头才有颈部,用作标注商标、钻头直径、材料等。

麻花钻的切削部分可以看成是由正、反两把车刀组成。前刀面、后刀面、副后刀面、主切削刃、副切削刃都各有两个,有一个横刃,如图 3-7 所示。

前刀面:钻头螺旋槽表面上靠近切削刃的那一部分。

后刀面:钻头顶端的两个螺旋锥面。

副后刀面:靠近主切削刃处楞带上的两个段柱形螺旋楞带面。

主切削刃:同前刀面和后刀面相交而成的刃口。

副切削刃:前刀面与副后刀面相交而成的刃口。

麻花钻的导向部分由两个螺旋槽、螺旋棱带和螺旋棱面组成。螺旋槽形成前刀面,也是排屑和切削液的通道。螺旋棱带起导向作用,并减小钻头和已加工面的摩擦。

习惯上把螺旋槽之间的实心体叫做钻头的钻心。它的厚度从钻尖向柄部方向增大,如图 3-8 所示。钻心起加强钻头刚度和强度的作用。

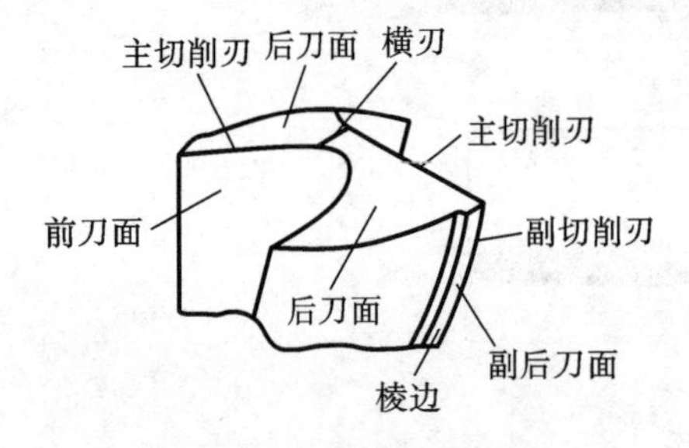


图 3-7 麻花钻的切削部分

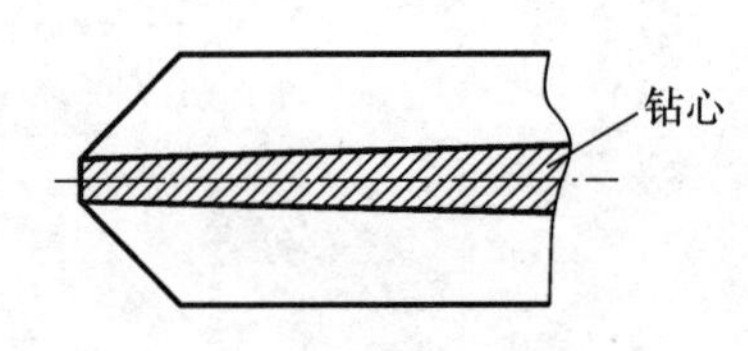


图 3-8 麻花钻的钻心

**2. 麻花钻切削部分的几何要素**

麻花钻切削部分的几何要素如图 3-9 所示。

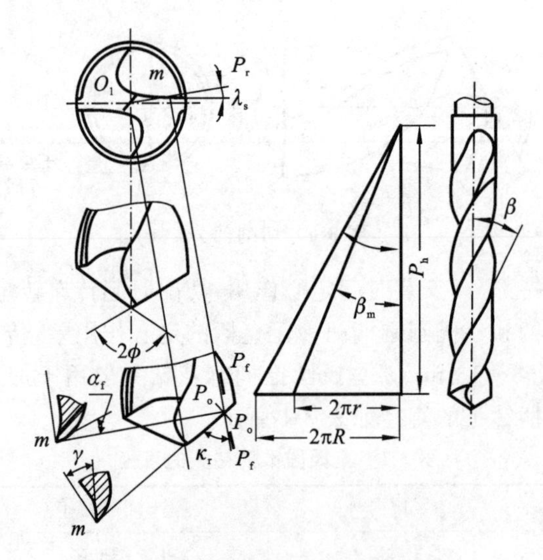


图 3-9 麻花钻切削部分的几何要素

(1)端面刃倾角 $\lambda_{st}$:为方便起见,钻头的刃倾角通常在端平面内表示。钻头主切削刃上某点的端面刃倾角是主切削刃在端平面的投影与该点基面之间的夹角,其值总是负的。且主切削刃上各点的端面刃倾角是变化的，越靠近钻头中心端面刃倾角的绝对值越大。

(2)主偏角 $\kappa_r$：麻花钻主切削刃上某点的主偏角是该点基面上主切削刃的投影与钻头进给方向之间的夹角。由于主切削刃上各点的基面不同，各点的主偏角也随之改变，外缘处大，钻心处小。

(3)前角 $\gamma_o$：麻花钻的前角 $\gamma_o$ 是正交平面内前刀面与基面间的夹角。由于主切削刃上各点的基面不同，所以主切削刃上各点的前角也是变化的。前角的值从外缘到钻心附近大约由＋30°减小到－30°，其切削条件很差。

(4)后角 $\alpha_f$：切削刃上任一点的后角 $\alpha_f$，是该点的切削平面与后刀面之间的夹角。钻头后角不在主剖面内度量，而是在假定工作平面(进给剖面)内度量。在钻削过程中，实际起作用的是这个后角，同时测量也方便。

钻头的后角是刃磨得到的，刃磨时要注意使其外缘处磨得小些(8°～10°)，靠近钻心处要磨得大些(20°～30°)。这样刃磨的原因，是可以使后角与主切削刃前角的变化相适应，使各点的楔角大致相等，从而达到其锋利程度、强度、耐用度相对平衡；其次能弥补由于钻头的轴向进给运动而使刀刃上各点实际工作后角减少一个该点的合成速度角 $\mu$ 所产生的影响；此外还能改变横刃处的切削条件。

**3. 横刃的几何角度**

横刃的几何角度如图 3-10 所示。

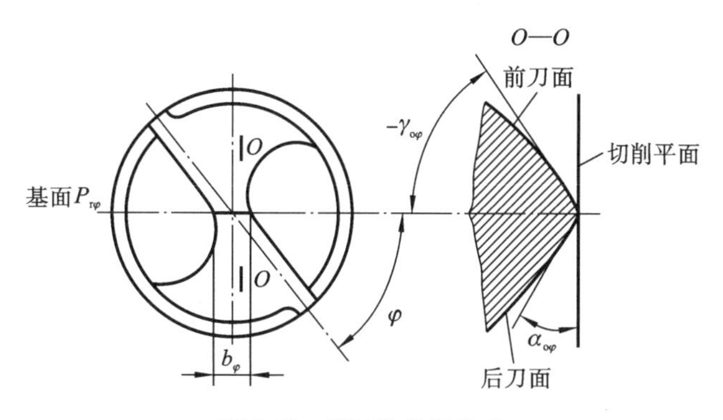


**图 3-10　横刃的几何角度**

(1)横刃前角 $\gamma_{o\varphi}$：横刃的基面位于刀具的实体内，故横刃前角 $\gamma_{o\varphi}$ 为负(－45°～－60°)，是钻削时在横刃处发生严重的挤压而形成的。

(2)横刃后角 $\alpha_{o\varphi}$：横刃后角 $\alpha_{o\varphi}\approx 90°-|\gamma_{o\varphi}|$，故 $\alpha_{o\varphi}\approx 30°\sim 35°$。

(3)横刃主偏角 $\kappa_{r\varphi}=90°$

(4)横刃刃倾角 $\lambda_{s\varphi}=0°$。

(5)横刃斜角 $\varphi$。横刃斜角是在钻头的端面投影中，横刃与主切削刃之间的夹角。它是刃磨钻头时自然形成的，锋角一定时，后角刃磨正确的标准麻花钻横刃斜角 $\varphi=47°\sim 55°$，而后角越大则 $\varphi$ 越小，横刃的长度会增加。

## 3.1.4　扩孔和锪孔

用扩孔工具扩大工件孔径的加工方法称为扩孔。常用的扩孔刀具有麻花钻、扩孔钻等。

**1. 用麻花钻扩孔**

扩孔时，由于钻头的横刃已经不参加工作了，所以进给省力。但是应该注意，钻头外缘处的前角大，不能使进给量过大，否则容易把钻头拉进去，使钻头在尾座套筒内打滑而不能切削。因此，在扩孔时，应把钻头外缘处的前角修磨得小些，并对进给量加以适当控制，决不要因为钻削轻松而加大进给量。

**2. 用扩孔钻扩孔**

扩孔钻有高速钢扩孔钻和硬质合金扩孔钻两种，分别如图 3-11(b)、(c)所示。它的主要特点如下。

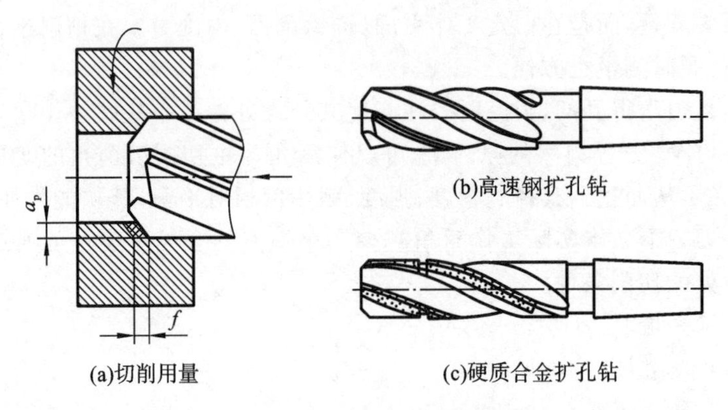


图 3-11 扩孔钻和扩孔

(1)切削刃不必自外缘一直延伸到中心，这样就避免了横刃所引起的不良影响。

(2)由于背吃刀量小，切屑量少，钻心粗，刚度高，且排屑容易，可提高削用量。

(3)由于切屑少，容屑槽可以做得小些，因此扩孔钻的刀齿可比麻花钻多(一般有 3～4 齿)，导向性比麻花钻好。因此，可提高生产效率，改善加工质量。

扩孔精度一般可达公差等级 IT9～IT10，扩孔(粗)表面粗糙度 $Ra$=12.5～6.3 μm，扩孔(精)表面粗糙度 $Ra$=6.3～1.6 μm。扩孔钻一般用于孔的半精加工。

**3. 锥面锪钻**

用锪削方法加工平底或锥形沉孔，称为锪孔。车工常用的锪孔工具是圆形锪钻。

(1)圆锥形锪钻：有些零件钻孔后需要孔中倒角，有些零件要用顶尖顶住孔口加工外圆，这时可用圆锥形锪钻，在孔口锪出锥孔。

(2)圆锥形锪钻的种类和用途：圆锥形锪钻有 60°、75°、90°、120°等几种。其中 75°锪钻用于锪埋头铆钉孔，90°锪钻用于锪埋头螺钉孔。

## 3.1.5 车孔

车内孔是一种常用的孔加工方法。车孔就是把预制孔如铸造孔、锻造孔或用钻、扩出来的孔再加工到更高的精度和小的表面粗糙度的加工方法。车孔既可用于半精加工，也可用于精加工。

用车孔方法加工时，可加工的直径范围很广。车孔精度一般可达 IT7～IT8 公差等级，表面粗糙度达 $Ra$3.2～0.8 μm，精细车削可达到更小(<$Ra$0.8 μm)。

**1. 常用车孔刀**

按被加工孔的类型，内孔车刀可分为通孔车刀和不通孔刀两种。

内孔车刀是加工孔的刀具，其切削部分的几何形状基本上与外圆车刀相似。但是，内孔车刀的工作条件和车外圆有所不同，所以内孔车刀又有自己的特点。

若把刀头和刀杆制成一体的称为整体式内孔车刀。这种刀具因为刀杆太短，只适合于加工浅孔。加工深孔时，为了节省刀具材料，常把内孔车刀做成较小的刀头，然后装夹在用碳钢合金做成的刚度较高的刀杆前端的方孔中，在车通孔的刀杆上，刀头和刀杆轴线垂直。在加工不通孔用的刀杆上，刀头和刀杆轴线安装成一定的角度。刀杆的悬伸量是固定的，刀杆的伸出量不能按内孔加工深度来调整。方形刀杆能够根据加工孔的深度来调整刀杆的伸出量，可以克服悬伸量固定的缺点。

**2. 车孔的关键技术**

车孔的关键技术是解决内孔车刀的刚度和排屑问题。增加内孔车刀的刚度主要采取以下几项措施。

(1)尽量增加刀柄的截面积。一般的内孔车刀有一个缺点，刀柄的截面积小于孔截面积的四分之一。如果让内孔车刀的刀尖位于刀柄的中心线上，这样刀柄的截面积就可达到最大。

(2)刀柄的伸出长度尽可能缩短。如果刀柄伸出太长，就会降低刀柄刚度，容易引起振动。因此，为了提高刀柄刚度，刀柄伸出长度只要略大于孔深即可。在选择内孔车刀的几何角度时，应该使径向切削力 $F_p$ 尽可能小些。一般通孔粗车刀主偏角取 $\kappa_r=65°\sim75°$，不通孔粗车刀和精车刀主偏角取 $\kappa_r=92°\sim95°$，内孔粗车刀的副偏角 $\kappa_r=15°\sim30°$，精车刀的副偏角 $\kappa_r=4°\sim6°$。而且，要求刀柄的伸出长度能根据孔深加以调节。

(3)为了使内孔车刀的后面既不和工件孔面发生干涉和摩擦，也不使内孔车刀的后角磨得过大时削弱刀尖强度，内孔车刀的后面一般磨成两个后角的形式。

(4)为了使已加工表面不被切屑划伤，通孔的内孔车刀也最好磨成刃倾角，切屑流向待加工表面(前排屑)。不通孔的内孔车刀当然无法从前端排屑，只有从后端排屑，所以刃倾角一般取 $0°\sim-2°$。

**3. 内孔车刀的安装**

(1)内孔车刀安装后，内孔车刀的刀尖必须和工件的中心等高或稍高，以便增大内孔车刀的后角。从理论上讲，内孔车刀的刀尖不应低于工件中心，否则在切削力作用下刀尖会下降，使孔径扩大。

(2)应按被加工的孔径大小选用合适的刀杆，刀杆的伸出量应尽可能小，以使刀杆具有最大的刚度。

(3)内孔车刀安装后，在开机车内孔以前，应先在毛坯孔内试走一遍，以防车孔时刀杆装得歪斜而使刀杆碰到内孔表面。

### 3.1.6　车内沟槽及端面沟槽

**1. 内沟槽的车削方法**

1)内沟槽的截面形状

内沟槽的截面形状常见的有矩形(直槽)、圆弧形、梯形等几种。按沟槽所起的作用可分为退刀槽、空刀槽、密封槽和油/气通道槽等几种。

2)内沟槽车刀

内沟槽车刀和外沟槽车刀通常都称为车槽刀。内、外沟槽车刀的几何角度相同，只是内

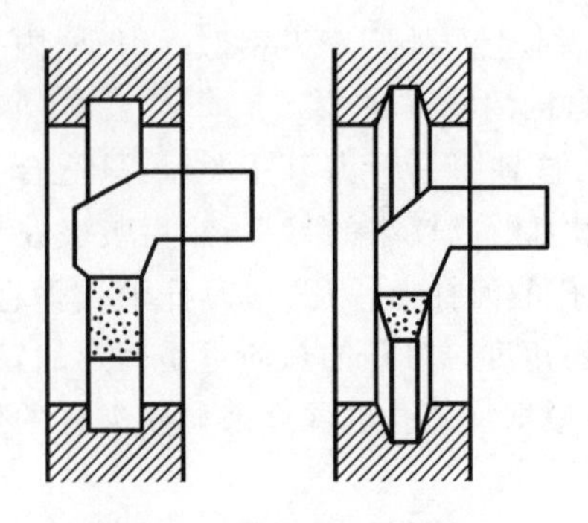

图 3-12 整体式内沟槽车刀

沟槽车刀的刀头形状根据沟槽的截面形状的不同，有多种形状，如图 3-12 所示。

采用刀杆装夹车槽刀时，应该满足：

$$a>h \text{ 和 } d+a<D \tag{3-1}$$

式中：$D$ 为内孔直径(mm)；

$d$ 为刀杆直径(mm)；

$h$ 为槽深(mm)；

$a$ 为刀头伸出长度(mm)。

安装内沟槽车刀和安装内孔车刀相似，刀尖高度应该等于或略高于工件中心，两侧副偏角必须对称。

3）内沟槽车削方法

车削内沟槽的方法和车削内孔相同，只是车削内沟槽时的工作条件比车削内孔时更困难。表现在以下方面。

(1)刀杆直径或刀体直径尺寸比车削内孔时所用的尺寸要小，刚度更低，切削刃更长，因此，在车削时更容易产生振动。

(2)排屑更困难。车削内沟槽的切削用量要比车削内孔时所用的低一些。

车削矩形或圆形内沟槽时，只需用一把和内沟槽截面形状相同的内沟槽车刀直接车出就可以了。但是，车削梯形内沟槽时，就要先用一把矩形车槽刀车削出矩形槽，然后再用梯形车槽刀车削成形。

车削内沟槽时的尺寸控制方法和车削外沟槽时相同，主要是控制槽的宽度和轴向位置，如图 3-13 所示。

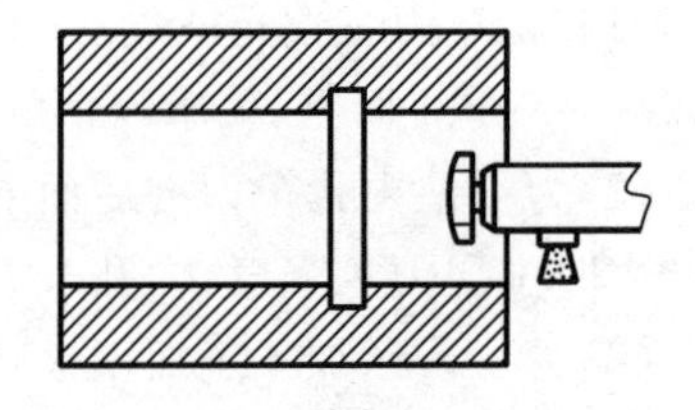

图 3-13 确定沟槽位置的尺寸计算

4)车削内沟槽时常见的问题

车削内沟槽时常见的问题如表 3-2 所示。

表 3-2 车削内沟槽的常见问题

| 问题 | 产生原因 | 预防措施 |
| --- | --- | --- |
| 沟槽位置错误 | (a)调车槽位置没有把刀具宽度计算进去；<br>(b)看错纵向进给刻度盘的刻度 | (a)仔细计算尺寸；<br>(b)仔细读刻度 |
| 槽宽错误 | (a)车窄槽时，切削刃宽度刃磨不正确；<br>(b)车宽槽时，刀具纵向移动不正确 | (a)仔细测量切削刃的宽度；<br>(b)仔细操作 |
| 槽太浅 | (a)刀杆刚度低，产生“让刀”；<br>(b)当内孔有加工余量时，没有把加工余量计算进去 | (a)换刚度高的刀杆，进给完毕停一下再退刀；<br>(b)认真计算 |

**2. 端面沟槽的车削方法**

端面直槽车刀的几何形状与切断刀基本相同，所不同的是车刀的一副后刀面在直槽外侧面时，会碰到圆弧形槽壁，在刃磨时应将端面直槽车刀左侧后刀面磨成弧形。

1)端面直槽的具体车削步骤

(1)确定车槽位置。用金属直尺的一端靠在直槽车刀的侧面，测量槽面与工件外径之间的距离 $L$。

(2)移动床鞍使主切削刃与工件端面轻微接触,将床鞍刻度调至零位。

(3)启动机床,移动床鞍,使主切削刃切入工件端面,试切长度约 1 mm 车刀纵向退出,测量直槽外侧试切直径尺寸。根据试切尺寸调整车刀的横向位置。

(4)加切削液。纵向手动或机动进给至要求。

(5)用内、外卡钳或游标卡尺测量直槽尺寸。

2)端面直槽的车削方法

端面直槽的车削方法基本与车削外圆矩形槽相似,槽宽大于主切削刃宽,粗车分几刀将槽车出,槽底和两侧面各留 0.5 mm 精车余量。精车时先车槽的一侧面,然后再横向进给车槽底,最后车槽宽至尺寸并在槽的两侧面倒去锐角。

3)减小振动

车端面槽时容易引起振动,必须及时减小振动。

## 3.1.7　铰孔

### 1. 铰刀的结构形状

铰刀由工作部分、颈部和柄部组成,如图 3-14 所示。

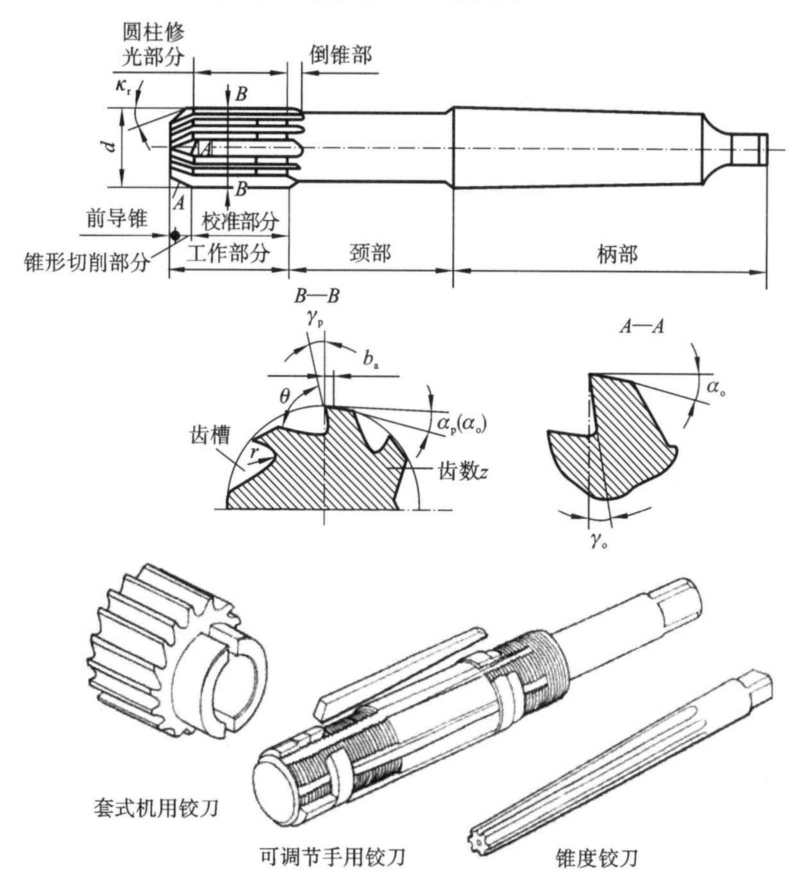


图 3-14　常用铰刀及其结构

工作部分由前导锥部分、锥形切削部分、圆柱修光部分和倒锥形成。

(1)导引部分是为了使铰刀切入工件而设置的导向锥,一般做成(0.2～0.5)×45°。

(2)切削部分负担切去铰孔余量的任务。

(3)修光部分是带有棱边(后角 $\alpha_o=0°$的刀齿)的圆柱形刀齿。在切削过程中,对已加工面进行挤压修光,以获得精确尺寸并使表面光洁。还可使铰刀定向,同时也便于在制造铰刀时,测量铰刀的直径。

(4)倒锥部分是为了减少铰刀和工件上已加工表面间的摩擦,一般锥度为 0.02°～0.05°。修光部分与倒锥部分合起来称为校准部分。

(5)柄部:柄部是铰刀的夹持部分,机用铰刀有圆柱柄(直柄用在小直径的铰刀上)和锥柄(用在大直径的铰刀上)两种。手用铰刀为直柄并带有四方头。

(6)铰刀的齿数和齿槽的形状:铰刀一般为 4～8 齿。为了便于测量铰刀直径和在切削中使切削刀对称,使铰出的孔有较高的圆度,一般都做成偶数齿。

铰刀的齿槽一般做成直槽。直槽容易制造,但当需要铰在轴向有凹槽的孔(如带有键槽的孔)时,为了保证切削平稳,防止铰刀崩刃,要把铰刀齿槽做成螺旋槽。

**2. 铰刀的几何角度**

(1)主偏角 $\kappa_r$:也就是切削部分的圆锥斜角。主偏角大时,切削部分的长度短,定心作用差,切削时的轴向力大,但不容易振动。用机用铰刀切刚件时,取 $\kappa_r=12°\sim15°$,切铸铁时,取 $\kappa_r=3°\sim5°$;粗铰刀和不通孔铰刀取 $\kappa_r=45°$。主偏角小时,定心作用好,切削轴向力小。手用铰刀取 $\kappa_r=0°30'\sim1°30'$。

(2)后角 $\alpha_o$、棱边 $b$:铰刀的后角用棱边后角表示,一般取 $\alpha_o=6°\sim10°$。铰刀切削部分的齿形,依刀具材料的不同有不同的结构。用高速钢时,磨成尖齿,用硬质合金时,留有 $b_{a1}=0.01\sim0.07$ mm 的棱边后再磨出后角。修光部分都要留棱边,采用高速钢时,留 $b_{a1}=0.2\sim0.4$ mm;硬质合金时,留 $b_{a1}=0.1\sim0.25$ mm,然后再磨出后角。

(3)刃倾角 $\lambda_f$:对于材料强度大,硬度高的通孔,为了使铰削过程平稳,使切屑能从前方排出,避免划伤已加工表面,可以在铰刀的切削部分作出正刃倾角,$\lambda_f=10°\sim30°$。如图 3-14 所示。

**3. 铰刀的种类**

铰刀按用途可分为机用铰刀和手工铰刀。机用铰刀的柄为圆柱形或圆锥形,工作部分较短,主偏角较大。标准机用铰刀的主偏角为 15°,这是由于已有车床尾座定向,因此不必做出很长的导向部分。手工铰刀的柄部做成方楔形,以便套入扳手,用手转动铰刀来铰孔。它的工作部分较长,主偏角较小,一般为 40′～4°。标准手工铰刀为了容易定向和减少进给力,主偏角为 40′～1°30′。

铰刀按切削部分材料分为高速钢铰刀和硬质合金铰刀两种。

1)正刃倾角硬质合金铰刀

这种铰刀的结构特点:在直槽铰刀的前端磨出与轴线成 10°～30°刃倾角的前刀面,所以称为正刃倾角铰刀。这种铰刀的优点如下。

(1)能控制切屑流出的方向。在正倾角作用下切屑流向待加工表面。不会因切屑的挤塞而拉伤已加工表面,因而可减小表面粗糙度值。在铰削深孔时更能显出它的优点。由于排屑顺利,铰削余量可较大,一般可在 0.15～0.2 mm。

(2)铰刀使用寿命长。切削刃是硬质合金制成的,铰刀使用寿命提高了,并可减少棱连接宽度,一般 $f=0.1\sim0.15$ mm。

(3)增加了重磨次数。每次重磨铰刀时,只需要磨刀齿上有刃倾角部分的前刀面,铰刀的直径不变，可增加重磨次数，延长使用寿命。

由于刃倾角的关系，切削向前排出，因此不宜加工不通孔。

2)可调式浮动铰刀

浮动铰刀在加工时，刀体插入刀杆的矩形孔内，如图 3-15 所示。刀体可在矩形孔内径向浮动。在切削过程中，浮动铰刀由两边的切削刃受到的径向力来平衡刀体的位置而自动定心，因此能补偿车床主轴或尾座偏差所产生的影响。切削孔的直线性靠刀体的两切削刃的对称和铰孔的直线性来保证，加工后表面粗糙度可达到 $Ra$ 0.8 μm。

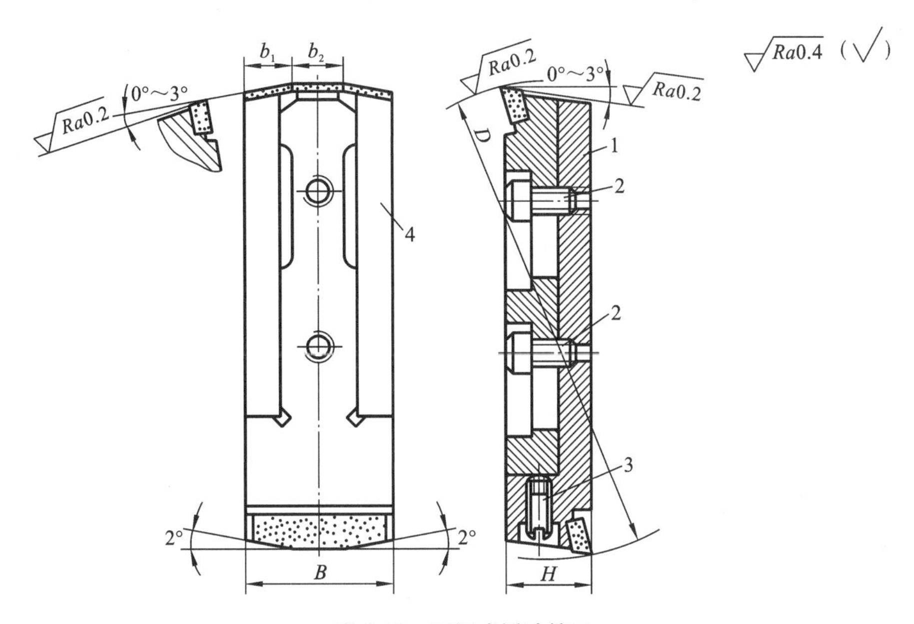


**图 3-15　可调式浮动铰刀**

可调式浮动铰刀调节时，松开两只螺钉，调节螺钉，使刀体与刀体之间产生位移，尺寸 $D$ 就改变，调到符合要求时，紧固两只螺钉，装入刀杆，就可使用。

可调式浮动铰刀的刀片可用硬质合金或高速钢制成。刀杆可用 40Cr 钢制成，淬硬到 40～50 HRC。

刀具几何形状：加工钢料时，前角 $\gamma_o=0°$。后面留有 0.1～0.2 mm 棱边。后角 $\alpha_o=1°\sim2°$，使切削平稳。切削刀主偏角 $\kappa_r$ 取 1°30′～2°30′。修光刃长度 $b=6\sim10$ mm。

切削用量：$v_c=2\sim5$ m/min；$a_p=0.03\sim0.06$ mm；$f=0.4\sim1$ mm/r。

**4. 铰刀的安装**

铰刀在车床上的安装有两种方法：一种是将刀柄直接或通过钻头夹(对直柄铰刀)、过渡套筒(对锥柄铰刀)插入车床尾座套筒的锥孔中。铰刀的这种安装方法和麻花钻在车床的安装方法完全相同。

使用这种方法安装时，要求铰刀的轴线和工件旋转轴线严格重合，否则铰出的孔径将会扩大。当它们不重合时，一般总是靠调尾座的水平位置来达到重合。但是，无论怎么调，也总会存在误差。为了克服这一缺点，又出现了另一种安装铰刀的方法：将铰刀通过浮动套筒插入尾座套筒的锥孔中。衬套和套筒之间的配合较松，存在一定的间隙，当工件轴线和铰刀轴线不重合时，允许铰刀浮动，也就是使铰刀自动去适应工件的轴线，以消除它们不重合的偏差。

**5. 铰孔方法**

1)铰孔前对孔的预加工

为了校正孔及端面的垂直度误差(即把歪斜了的孔校正),使铰孔余量均匀,保证铰孔前有必要的表面粗糙度,铰孔前对已钻出或铸、锻的毛孔要进行预加工——车孔或扩孔。车孔或扩孔时,都应该留出铰孔余量。铰孔余量的大小直接影响到铰孔的质量。余量太大,会使切屑堵塞在刀槽中,切削液不能进入切削区域,使切削刃很快磨损,铰出来的孔表面不光洁;余量过小,会使上一次切削留下的刀痕不能除去,也使孔的表面不光洁。比较适合的铰削余量:用高速钢铰刀时,留余量 0.08~0.12 mm;用硬质合金铰刀时,留余量 0.15~0.20 mm。

2)铰刀尺寸的选择

铰刀的基本尺寸和孔的基本尺寸相同,只是需要确定铰刀的公差。铰刀的公差是根据被铰孔要求的精度等级、加工时可能出现的扩大量(或收缩量)以及允许的磨损铰刀量来确定的。所以,所谓铰刀尺寸的选择,就是校核铰刀的公差。根据经验,铰刀的制造公差大约是被铰孔的直径公差的 1/3,这时铰刀的公差可以按下式计算。

铰刀公差:

上偏差=2/3 被加工孔径公差

下偏差=1/3 被加工孔径公差

**例 3-1** 铰 $\phi30\mathrm{H7}^{+0.025}_{0}$ 的孔,选择什么样的铰刀?

**解** 铰刀基本尺寸是直径 $\phi30$ mm。

铰刀公差:

$$上偏差=2/3\times0.025\ \mathrm{mm}=0.016\ \mathrm{mm}$$

$$下偏差=1/3\times0.025\ \mathrm{mm}=0.008\ \mathrm{mm}$$

所以铰刀尺寸是 $\phi30^{+0.016}_{+0.008}$。

在实际生产中,可能碰到孔收缩的情况,如高速铰软金属时就会有较大的恢复变形,孔径会缩小,这时铰刀的直径就应该适当选大一些。当确定铰刀直径没有把握时,可以通过试铰来确定。

铰孔的精度主要决定于铰刀尺寸,铰刀尺寸最好选择被加工公差带中间 1/3 左右。

3)铰孔时的切削用量

实践表明:切削速度越低,被铰出来的孔的表面粗糙度值就越低。一般推荐 $v_0<5$ m/min。进给量可选大一些,因为铰刀有修光部分,铰钢件时,$f=0.2\sim1.0$ mm/r,铰铸铁或有色金属时,进给量还可以再大一些。背吃刀量 $a_p$是铰孔余量的一半。

4)冷却、润滑

实践证明,孔的扩大量和表面粗糙度与切削液的性质有关。不加切削液时,铰出来的孔径有些扩大。用水溶性切削液(乳化液)时,铰出来的孔径比铰刀的实际直径略小,这是因为水溶性切削液的黏度小,容易进入切削区,工件材料的弹性恢复显著,故铰出来的孔径小。当用新的铰刀铰钢件时,用质量分数 10%~15%的乳化液进行冷却润滑,才不会使孔径扩大。当铰刀磨损后,用油类切削液可使孔径稍扩大一点。

用水溶性切削可以得到最好的表面粗糙度,油类次之,不用切削液时最差。

铰削刚件时,用乳化液会使孔径缩小,铰刀容易磨钝,铰铸件时用煤油,孔径也可能缩小;铰削青铜或铝合金时,用 2 号锭子油或煤油。

**6. 铰孔时常见的问题**

铰孔时常见的问题如表 3-3 所示。

**表 3-3　铰孔时常见的问题**

| 问题 | 产生原因 | 预防方法 |
| --- | --- | --- |
| 孔径扩大 | (a)铰刀直径过大；<br>(b)铰刀刃有径向跳动；<br>(c)切削速度过高产生积屑瘤，冷却不充分 | (a)选刀时仔细量尺寸；<br>(b)修磨铰刀刃口；<br>(c)降低切削速度，充分加注切削液 |
| 内孔表面粗糙度达不到要求 | (a)铰刀刃不锋利；<br>(b)铰孔前粗糙度不高；<br>(c)铰孔余量过大或过小；<br>(d)切削液选用不恰当；<br>(e)切削速度过高，产生积屑瘤 | (a)重新磨刀，保管好刀具，不允许碰毛；<br>(b)对铰孔前粗糙度提出要求；<br>(c)余量要适当；<br>(d)合理选用切削液；<br>(e)降低切削速度，用磨石去除积屑瘤 |

## 3.1.8　切断方法

当工件的毛坯是整根棒料时(一般外圆直径在 50 mm 以下)，需在车床上按工件长度要求切断，然后进行切削，或在车削完一只工件后切断，这样的方法称为切断。

**1. 切断刀**

切断刀以横向进给为主，前端的切削刃为主切削刃，两侧刃为副切削刃。一般切断刀的主切削刃较窄。刀头较长，所以强度较低，在选择刀头几何形状和切削用量上应特别注意。

1)高速钢切断刀

(1)前角 $\gamma_o$：切断中碳钢时 $\gamma_o=20°\sim30°$，切断铸铁时 $\gamma_o=0°\sim10°$。

(2)主后角 $\alpha_o$：切断脆性材料时取小些，切断塑性材料时取大些：一般取 $\alpha_o=4°\sim8°$。

(3)副后角 $\alpha_o'$：切断刀有两个对称的副后角，其作用是减少与工件加工表面的摩擦。一般取 $\alpha_o'=1°\sim2°$。

(4)主偏角 $\kappa_r$：切断刀以横向切断为主，因此 $\kappa_r=90°$。

(5)副偏角 $\kappa_r'$：它的作用是减少副切削刃与沟槽两侧面的摩擦。为了不削弱切断刀刀头的强度，一般取 $\kappa_r'=1°\sim1°30'$。

(6)主切削刃宽度：工件直径大时，主切削刃宽而刀头长，反之狭小而短。主切削刃度的计算公式为

$$a=(0.5\sim0.6)\sqrt{D_W} \tag{3-2}$$

式中：$a$ 为主切削刃宽度(mm)；

$D_W$ 为工件待加工表面直径(mm)。

(7)刀头长度 $L$：可用下面的公式计算：

$$L=h+(2\sim3)\text{mm} \tag{3-3}$$

式中：$h$ 为切入深度(mm)，切实心工件时，切入深度等于工件半径。

为了使切削顺利，在切断刀的前面应该磨出一个较浅的卷屑槽。退屑槽深度一般为 0.75～1.5 mm。但是长度应超过切入深度，卷屑槽过深，会使刀头的强度削弱。

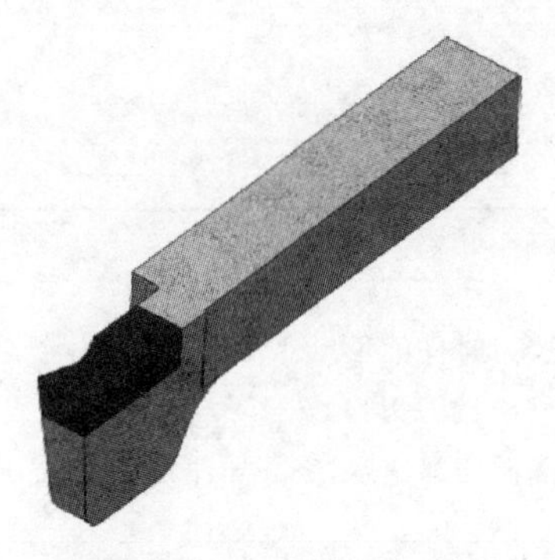

图 3-16　硬质合金切断刀

2)硬质合金切断刀

硬质合金切断刀与高速钢切断刀有相同的要求。为了增强切断刀的刀头,可以在主切削刃两侧磨出倒角或者成人字形,并在主切削刀刃上磨出负倒棱(见图3-16)。为了防止刀片脱落,增大焊接面积,可以将刀柄上的刀片槽制成V形,提高刀头的支承刚度。常将切断刀的刀头下部做成凸圆弧形。为了防止刀片发生过热和脱焊,在切削中应加注充分的切削液。

3)弹性切断刀

为了节省高速钢,切断刀可以做成片状,再装夹在弹性刀柄上。这样在切断时,如发生切断刀折断,只需要换刀片即可,节约了刀具材料,刀柄又有弹性。当进给量过大时,由于弹性刀柄上受力变形,刀柄弯曲中心在上面,刀头会主动退让出一些,因此切断时不易"扎刀",切断刀不会折断。

4)反切法切断刀

切削直径较大的工件时,因刀头很长,刚度低,容易引起振动,可以采用反切法,这样切断时切削力跟重力 $G$ 方向一致,切屑不容易堵塞在工件槽中。

在使用该方法时卡盘与主轴连接部分必须装有保险装置,以防反转时卡盘从主轴上脱开而发生事故。

**2. 切断刀的刃磨**

切断刀(车槽刀)的刃磨方法:

(1)刃磨左侧面副后面。两手握刀,车刀前面向上,同时磨出左侧面副后角和副偏角。

(2)刃磨右侧面副后面。两手握刀,车刀前面向上,同时磨出右侧面副后角和副偏角。

(3)刃磨主后面。磨出主后角。

(4)刃磨前刀面。车刀前刀面对着砂轮磨削表面。

各角度如图 3-17 所示。

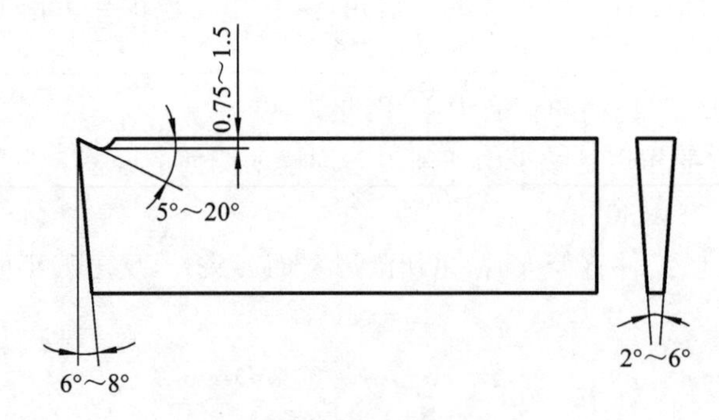


图 3-17　切断刀的角度

**3. 切断刀的安装**

(1)切断刀在安装时,不宜伸出过长,刀头中心线必须装得与工件轴线垂直,保证两副角相等。

(2)切断实心工件时,切断刀必须装得与工件轴线等高,以免车刀到不了中心,使切断刀折断。

(3)切断刀底面应平整，否则会使两副后角不对称。

(4)切断时切削用量的选择如下。

①背吃刀量。切断为横向切削，背吃刀量等于切断刀的主切削刃宽度。

②进给量。进给量太大时，容易使切断刀折断；进给量太小时，会引起振动。用高速钢作为切断刀材料时，取 $f=0.05\sim0.1$ mm/r，切铸铁时取 $f=0.15\sim0.25$ mm/r。

③切削速度 $v_c$。用高速钢切刀切碳钢时，取 $v_c=30\sim52$ m/min；切铸铁时，取 $v_c=15\sim26$ m/min。用硬质合金切断刀切碳钢时，取 $v_c=70\sim120$ m/min，切铸铁时；取 $v_c=60\sim100$ m/min。

切断时，刀头深入工件槽内，被工件和切屑包围，散热条件差。为了降低切削区域的温度，应充分浇注切削液进行冷却。

### 3.1.9　套类零件的测量方法

**1. 高精度孔的测量**

孔的尺寸精度要求较低时，可采用金属直尺、内卡钳或者游标卡尺测量。精度较高时，可采用以下几个方法。

(1)使用内卡钳测量。在孔口试切削或位置狭小时，使用内卡钳显得灵活方便。与外径千分尺配合也能测量出较高精度(IT7～IT8 公差等级)的内孔。这种检验孔径的方法，是生产中最常用的一种方法。

测量孔径，先把内卡钳两只脚的张开尺寸 $d$ 调到孔的最小极限尺寸，$d$ 可以用外径千分尺量得。把内卡钳的两只脚一起伸进孔中，令一只脚固定在孔壁作为支承点，另一只脚在孔中左右摆动，可以按公式计算出允许摆动的距离 $S$，即

$$S=\sqrt{dE} \tag{3-4}$$

式中：$d$ 为孔的最小极限尺寸(mm)；

$E$ 为孔的上偏差(mm)。

(2)使用塞规测量。用塞规检验孔径的情况。当过端进入孔内时，而止端不进入孔内，说明工件孔径合格。

测量不通孔用的塞规，为了排除孔内的空气，在塞规的外圆上(轴向)开有排气槽。

(3)使用内径千分尺测量。测量时，内径千分尺应找出最小尺寸，这两个重合尺寸，就是孔的实际尺寸。

**2. 几何形状的测量**

在车床上加工的圆柱孔，一般仅测量孔的圆度和圆柱度(一般测量锥度)两项形状偏差。当孔的圆度要求不很高时，在生产现场可采用内径百分(千分)表在孔的圆周上各个方向测量，测量结果的最大值与最小值之差的一半即为圆周误差。

使用内径百分表测量属于比较测量。测量时，必须摆动内径百分表。所得的最小尺寸是孔的实际尺寸。在生产现场，测量孔的圆柱度时，只要在孔的全长上取前、后、中几点，比较其测量值，其最大值与最小值之差的一半即为孔全长上圆柱度误差。

内径百分表与外径千分尺和标准套规配合使用，也可以测量出孔径的实际尺寸。

**3. 位置精度的测量**

(1)径向圆跳动的检验方法。一般套类工件测量径向圆跳动时，都可以用内孔作基准，

把工件套在精度很高的心轴上，用百分表来检验。百分表在工件转一周中的读数差，就是径向圆跳动误差。

对于某些外形比较简单而内部形状比较复杂的套筒。不能安装在心轴上测量径向圆跳动时，可把工件放在V形架上轴向定位。以外圆为基准来检验；测量时，用杠杆式百分表的测杆插入孔内，使测杆圆头接触内孔表面，转动工件，观察百分表指针跳动情况。百分表在工件旋转一周中的读数差，就是工件的径向圆跳动误差。

(2)端面圆跳动的检验方法。检验套类工件端面圆跳动时，先把工件安装在精度很高的心轴上，利用心轴上极小的锥度使工件轴向定位，然后把杠杆式百分表的圆测头靠在所需要测量的端面上，转动心轴，测得百分表的读数差，就是端面圆跳动误差。

(3)端面对轴线垂直度的检验方法。端面圆跳动是当零件绕基准轴线无轴向移动回转时，所要求的端面上任一测量直径处的轴向圆跳动。垂直度是整个端面的垂直误差。由于端面是一个平面，其端面圆跳动量和垂直度相同，两者是相等的。

如端面不是一个平面，而是凹面。虽然其端面圆跳动量为零，但垂直度误差不变。

因此，仅用端面圆跳动来评定垂直度是不正确的。

检验端面垂直度，必须经过两个步骤。首先，要检查端面圆跳动是否合格，如果符合要求，再用第二个方法检验端面的垂直度。对于精度要求较低的工件可用刀口直尺检查。当端面圆跳动检查合格后，再把工件安装在V形架上的小锥度心轴上，并放在精度很高的平板上检查端面的垂直度。检查时，先找正心轴的垂直度，然后用百分表从端面的最里一点向外拉出。百分表指示的读差，就是端面对内孔轴线的垂直度误差。

## 3.2 卧式车床的工艺范围及其组成

车床是机械制造中使用最广泛的一类机床，主要用于加工各种回转表面(内外圆柱面、圆锥面、环槽、回转体成形面等)和回转体的端面，有些车床还能加工螺纹。

这类机床的共同特征是以车刀为主要切削工具进行各种车削加工。车床的主运动通常是工件的旋转运动，进给运动通常是由刀具的直线移动来实现的。

在一般机器制造厂中，由于大多数零件都具有回转表面，同时车床本身的万能性强，使用的刀具简单，所以车床在金属切削机床中所占的比重较大，约占机床拥有量总台数的25%～50%。

车床的种类繁多，按其用途和结构的不同，主要分为以下几类：卧式车床，立式车床，转塔车床，多刀半自动车床，仿形车床及仿形半自动车床，单轴自动车床，多轴自动车床及多轴半自动车床，专门化车床(如凸轮轴车床、曲轴车床、铲齿车床、高精度丝杠车床等)。

此外，在大批大量生产中还使用各种专用车床。而在所有的车床类机床中，以卧式车床的应用最为广泛。

### 3.2.1 卧式车床的工艺范围与运动

卧式车床的工艺范围相当广泛，可以车削内外圆柱面、圆锥面、环形槽、回转体成形面，车削端面和各种常用的公制、英制、模数制、径节制螺纹，还可以进行钻中心孔、钻孔、扩孔、铰孔、攻螺纹、套螺纹和滚花等工作。

但卧式车床的自动化程度较低，加工形状复杂的工件时，换刀比较麻烦，加工中辅助时间较长，生产率较低，所以适用于单件、小批生产及修理车间等。为完成各种加工工序，车床必须具备下列成形运动：

工件的旋转运动——主运动；

刀具的直线移动——进给运动，分为三种形式：纵向进给运动、横向进给运动、斜向进给运动。

在多数加工情况下，工件的旋转运动与刀具的直线移动为两个相互独立的简单成形运动，而在加工螺纹时，由于工件的旋转与刀具的移动之间必须保持严格的运动关系，因此它们组合成一个复合成形运动——螺纹轨迹运动，习惯上常称为螺纹进给运动。另外，加工回转体成形面时，纵向和横向进给运动也组合成一个复合成形运动，因为刀具的曲线轨迹运动是依靠纵向和横向两个直线运动之间保持严格的运动关系而实现的。

## 3.2.2　CA6140 型卧式车床主要结构

**1. 主轴箱**

CA6140 车床的主轴箱包括：箱体、主轴部件、传动机构、操纵机构、换向装置、制动装置和润滑装置等。其功用在于支承主轴和传动其旋转，并使其实现启动、停止、变速和换向等。

机床的主轴箱是一个比较复杂的运动部件，它的装配图包括展开图、各种向视图和剖面图，以表示出主轴箱的所有零件及其装配关系。

1）主轴部件

主轴部件是主轴箱最重要的部分，由主轴、主轴轴承和主轴上的传动件、密封件等组成。

主轴前端可安装卡盘，用以夹持工件，并由其带动旋转。主轴的旋转精度、刚度和抗振性等对工件的加工精度和表面粗糙度有直接影响，因此对主轴部件的要求较高。

CA6140 型车床的主轴是一个空心阶梯轴。其内孔是用于通过棒料或卸下顶尖时所用的铁棒，也可用于通过气动、液压或电动夹紧驱动装置的传动杆。主轴前端有精密的莫氏 6 号锥孔，用来安装顶尖或心轴，利用锥面配合的摩擦力直接带动心轴和工件转动。主轴后端的锥孔是工艺孔。

CA6140 型卧式车床的主轴部件在结构上做了较大改进，由原来的三支承结构改为两支承结构；由前端轴向定位改为后端轴向定位。前轴承为 P 级精度的双列短圆柱滚子轴承，用于承受径向力。后轴承为一个推力球轴承和角接触球轴承，分别用于承受轴向力和径向力。

主轴轴承的润滑都是由润滑油泵供油，润滑油通过进油孔对轴承进行充分润滑，并带走轴承运转所产生的热量。为了避免漏油，前后轴承均采用了油沟式密封装置。主轴旋转时，依靠离心力的作用，把经过轴承向外流出的润滑油甩到轴承端盖的接油槽里，然后经回油孔流回主轴箱。

主轴上装有三个齿轮，前端处为斜齿圆柱齿轮，可使主轴传动平稳，传动时齿轮作用在主轴上的轴向力与进给力方向相反，因此可减少主轴前支承所承受的轴向力。

主轴前端安装卡盘、拨盘或其他夹具的部分有多种结构形式。

2）开停和换向装置

CA6140 型卧式车床采用的双向多片式摩擦离合器实现主轴的开停和换向，如图 3-18 所示。

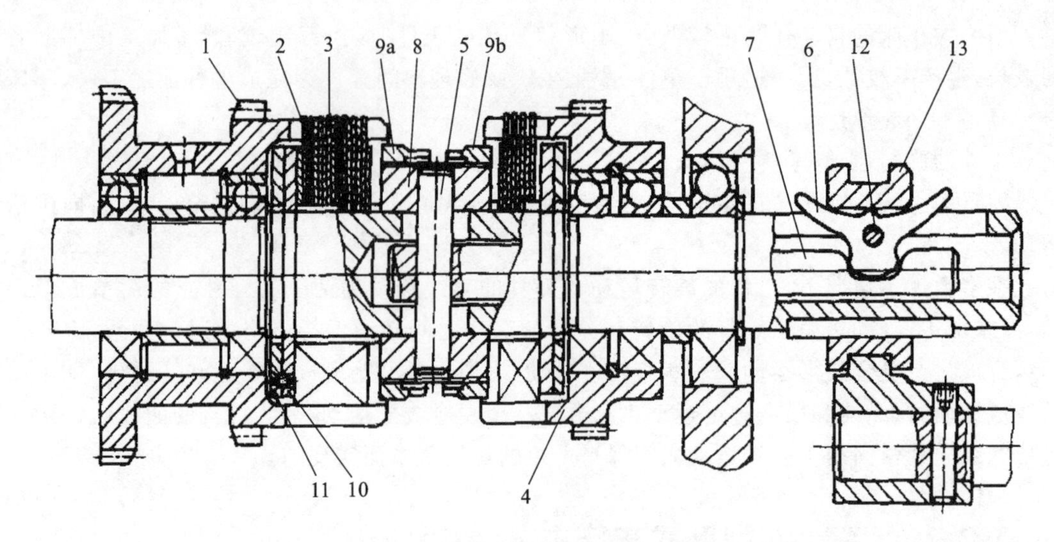


**图 3-18 双向多片式摩擦离合器**

1—双联齿轮；2—外摩擦片；3—内摩擦片；4—空套齿轮；5—固定销；6—摆杆(元宝件)；
7—拉杆；8—花键压套；9—螺母；10,11—止推片；12—摆杆销；13—滑环

其由结构相同的左右两部分组成，左离合器传动主轴正转，右离合器传动主轴反转。摩擦片有内外之分，且相间安装。如果将内外摩擦片压紧，产生摩擦力，轴的运动就通过内外摩擦片而带动空套齿轮旋转；反之，如果松开，轴的运动与空套齿轮的运动不相干，内外摩擦片之间处于打滑状态。正转用于切削，需传递的扭矩较大，而反转主要用于退刀，所以左离合器摩擦片数较多，而右离合器摩擦片数较少。内外摩擦片之间的间隙大小应适当：如果间隙过大，则压不紧，摩擦片打滑，车床动力就显得不足，工作时易产生闷车现象，且摩擦片易磨损。反之，如果间隙过小，启动时费力；停车或换向时，摩擦片又不易脱开，严重时会导致摩擦片被烧坏。同时，由此也可看出，摩擦离合器除了可传递动力外，还能起过载保险的作用。当机床超载时，摩擦片会打滑，于是主轴就停止转动，从而避免损坏机床。所以摩擦片间的压紧力是根据离合器应传递的额定扭矩来确定的，并可用拧在压套上的螺母 9a 和 9b 来调整。

3)制动装置

如图 3-19 所示，制动装置功用在于车床停车过程中克服主轴箱中各运动件的惯性，使主轴迅速停止转动，以缩短辅助时间。CA6140 型卧式车床采用闸带式制动器实现制动。

制动带 6 的拉紧程度可由螺钉 5 进行调整。其调整合适的状态，应是停车时主轴能迅速停止，而开车时制动带能完全松开。

**2. 纵横向进给操纵机构**

CA6140 型车床的纵、横机动进给运动的接通、断开和换向，采用一个手柄集中操纵方式。当需要纵、横向移动刀架时，向相应的方向扳动操纵手柄即可。

**3. 互锁机构**

为了避免损坏机床，必须保证横、纵向机动进给运动和车螺纹进给运动不能同时接通。为此，CA6140 型车床的溜板箱中设有互锁机构。

因此，合上开合螺母后，纵横向机动进给都不能接通。而接通纵向或横向机动进给后，开合螺母都不能合上。

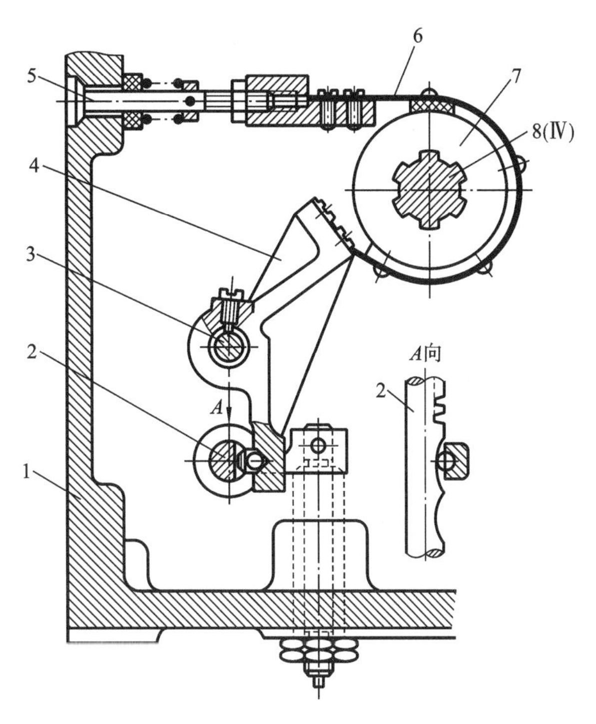


**图 3-19　制动装置**

1—箱体；2—齿轮轴；3—杠杆支承轴；4—杠杆；5—调节螺钉；6—制动带；7—制动盘；8—传动轴

## 3.2.3　主要技术参数

机床的主要技术参数包括机床的主参数和基本参数。

卧式车床的主参数是床身上最大工件回转直径 $D$。主参数值相同的卧式车床，往往有几种不同的第二主参数，卧式车床的第二主参数是最大工件长度。例如 CA6140 型卧式车床的主参数为 400 mm，第二主参数有 750 mm、1000 mm、1500 mm、2000 mm 等四种。

机床的基本参数包括尺寸参数、运动参数和动力参数。

# 第4章 圆锥面的车削

## 4.1 圆锥面的车削工艺知识

### 4.1.1 圆锥面配合的应用

圆锥面在车削加工中经常碰到，其应用很广泛。例如，车床主轴前端锥孔、尾座套筒锥孔、锥度心轴、圆锥定位销等都是采用圆锥面配合。

圆锥面配合广泛应用的主要原因：圆锥面配合的同轴度高，拆卸方便，当圆锥面较小（$\alpha<3°$）时，能传递很大扭矩。因此在机器制造中被广泛采用。

**1. 圆锥概念及部分尺寸计算**

1）圆锥的概念

与轴线 $SO$ 成一定角度，且一端与轴线相交的一条直线段 $SA$，围绕着该轴线旋转成的表面，称为圆锥表面。由圆锥表面与底面所限定的几何体，称为圆锥。如图 4-1 所示，圆锥侧面展开是一个扇形，下底为圆，所以从正上面看是一个圆，从侧面水平看是一个等腰三角形。圆锥可以由等腰三角形绕底边的高旋转得到，也可以由直角三角形绕一条直角边旋转得到。

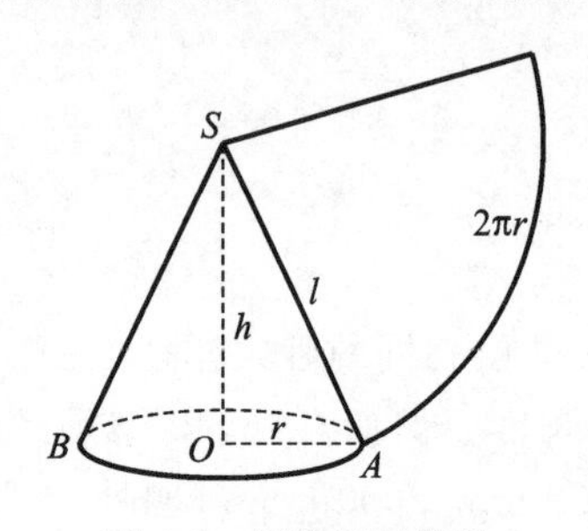

图 4-1 圆锥展开示意

圆锥侧面展开扇形的弧长等于底边圆的周长，横截面是一个圆形，纵截面是一个等腰三角形。圆锥的所有母线（线段 $SA$）的长度都相等，母线的长度大于锥体的高。

2）圆锥的部分尺寸计算

圆锥分为圆锥体和圆锥孔，它们各部分概念及尺寸计算相同。首先，了解圆锥的五个基本参数：圆锥半角 $\alpha/2$；锥度 $C$；最大圆锥直径（大端直径）$D$；最小圆锥直径（小端直径）$d$；圆锥长度 $l$。

（1）圆锥半角 $\alpha/2$。

$$\tan(\alpha/2)=(D-d)/2l \quad 或 \quad \tan(\alpha/2)=C/2 \tag{4-1}$$

当 $\alpha/2<6°$时，有：

$$\alpha/2\approx 28.7°\times(D-d)/l \quad 或 \quad \alpha/2\approx 28.7°\times C \tag{4-2}$$

（2）锥度 $C$。

$$C=(D-d)/l \quad 或 \quad C=2\tan(\alpha/2) \tag{4-3}$$

（3）最大圆锥直径（大端直径）$D$。

$$D=d+2l\tan(\alpha/2) \quad 或 \quad D=d+Cl \tag{4-4}$$

（4）最小圆锥直径（小端直径）$d$。

$$d=D-2l\tan(\alpha/2) \quad 或 \quad d=D-Cl \tag{4-5}$$

(5)圆锥长度 $l$。

$$l=(D-d)/2\tan(\alpha/2) \quad 或 \quad l=(D-d)/C \tag{4-6}$$

**2. 标准圆锥**

为了方便使用和降低生产成本，常用的圆锥工具上的圆锥都是按照标准的尺寸和号码来制造的。使用的时候只要圆锥的号码相同，就能互配。标准圆锥在国际上是通用的，只要圆锥符合标准都能互配。

常用的标准工具圆锥有米制圆锥和莫氏圆锥两种。

1)米制圆锥

米制圆锥共有八个标准号码，分别是 4、6、80、100、140、160 和 200。这些号数指的是圆锥大端的直径，锥度依然是 $C=1:20$，圆锥半角 $\frac{\alpha}{2}=1°25'56''$。

2)莫氏圆锥

莫氏圆锥在机器制造业中应用非常广泛，如车床主轴锥孔、顶尖、钻头柄部等都是使用莫氏圆锥。

莫氏圆锥的锥度主要用于静配合以精确定位。由于锥度很小，利用摩擦力的原理，可以传递一定的扭矩。在同一锥度的一定范围内，工件可以自由拆装，同时在工作时又不会影响到使用效果，比如钻孔的锥柄钻，如果使用中需要拆卸钻头磨削，拆卸后重新装上不会影响钻头的中心位置。

莫氏锥度有 0、1、2、3、4、5、6 共七个号，最小的是 0 号，最大的是 6 号。莫氏圆锥不同的号数有不同的锥度和圆锥半角，见表 4-1。

**表 4-1　莫氏圆锥**

| 圆锥号数 | 锥度($C=2\tan(\alpha/2)$) | 圆锥角($\alpha$) | 圆锥半角($\alpha/2$) | 斜度($2\tan(\alpha/2)$) |
|---|---|---|---|---|
| 0 | 1∶19.212=0.05205 | 2°58′54″ | 1°29′27″ | 0.0260 |
| 1 | 1∶20.047=0.04988 | 2°51′26″ | 1°25′43″ | 0.0249 |
| 2 | 1∶20.020=0.04995 | 2°51′41″ | 1°25′50″ | 0.0250 |
| 3 | 1∶19.992=0.05020 | 2°52′32″ | 1°26′26″ | 0.0251 |
| 4 | 1∶19.254=0.05194 | 2°58′31″ | 1°29′15″ | 0.0260 |
| 5 | 1∶19.002=0.05263 | 3°00′53″ | 1°30′26″ | 0.0263 |
| 6 | 1∶19.180=0.05214 | 2°59′12″ | 1°29′36″ | 0.0261 |

实际工作中除了经常使用的上面两种标准工具圆锥以外，还有用到各种专用标准锥度圆锥。根据标准 GB/T157—2001，一般用途圆锥的锥度与锥角见表 4-2。

**表 4-2　一般用途圆锥的锥度与锥角**

| 基本值 | | 推算值 | | | 应用举例 |
|---|---|---|---|---|---|
| 系列 1 | 系列 2 | 圆锥角 $\alpha$ | | 锥度 $C$ | |
| 120° | | | | 1∶0.288675 | 螺纹孔的内倒角，填料盒内填料的锥度 |
| 90° | | | | 1∶0.500000 | 沉头螺钉头，螺纹倒角，轴的倒角 |

续表

| 基本值 | | 推算值 | | | 应用举例 |
|---|---|---|---|---|---|
| 系列1 | 系列2 | 圆锥角α | | 锥度C | |
| | 75° | — | — | 1∶0.651613 | 车床顶尖，中心孔 |
| 60° | | — | — | 1∶0.866025 | 车床顶尖，中心孔 |
| 45° | | — | — | 1∶1.207107 | 轻型螺旋管接口的锥形配合 |
| 30° | | — | — | 1∶1.866025 | 摩擦离合器 |
| 1∶3 | | 18°55′28.7″ | 18.924644° | | 有极限转矩的摩擦圆锥离合器 |
| | 1∶4 | 14°15′0.1″ | 14.250033° | — | |
| 1∶5 | | 11°25′16.3″ | 11.421186° | — | 易拆机件的锥形连接，锥形摩擦离合器 |
| | 1∶6 | 90°31′38.7″ | 9.522783° | — | |
| | 1∶7 | 8°10′16.4″ | 8.171234° | — | 重型机床顶尖，旋塞 |
| | 1∶8 | 7°9′9.6″ | 7.152696° | — | 联轴器和轴的圆锥面连接 |
| 1∶10 | | 5°43′29.3″ | 5.724810° | — | 受轴向力及横向力的锥形零件的接合面，电动机及其他机械的锥形轴端 |
| | 1∶12 | 4°46′18.8″ | 4.771888° | — | 固定球及滚子轴承的衬套 |
| | 1∶15 | 3°49′5.9″ | 3.818305° | — | 受轴向力的锥形零件的接合面，活塞与活塞杆的连接 |
| 1∶20 | | 2°51′51.1″ | 2.864192° | — | 机床主轴锥度，道具尾柄，米制锥度铰刀，圆锥螺栓 |
| 1∶30 | | 1°54′43.9″ | 1.909683° | — | 装柄的铰刀及扩孔钻 |
| | 1∶40 | 1°25′56.4″ | 1.432320° | — | |
| 1∶50 | | 1°8′45.2″ | 1.145877° | — | 圆锥销，定位销，圆锥销孔的铰刀 |
| 1∶100 | | 0°34′22.6″ | 0.572953° | — | 承受抖振及静变载荷的不须拆开的连接机件 |
| 1∶200 | | 0°17′11.3″ | 0.286478° | | 承受抖振及冲击变载荷的需拆开的零件，圆锥螺栓 |
| 1∶500 | | 0°6′52.5″ | 0.114592° | | |

**3. 车圆锥面的方法**

1）转动小拖板法

转动小拖板车削圆锥面的特点：能车长度较短、锥度较大的圆锥体或圆锥孔，并且操作简单；只能用手进刀，难以控制表面粗糙度。

转动小拖板车圆锥面的方法如下。

当加工锥面不长的工件时，可用转动小刀架法车削。车削时，将小拖板下面的转盘上螺母松开，把转盘转至所需要的圆锥半角 $\alpha/2$ 的刻线上，与基准零线对齐，然后固定转盘上的螺母，如果锥角不是整数，可在锥附近估计一个值，试车后逐步找正，如图 4-2 所示。

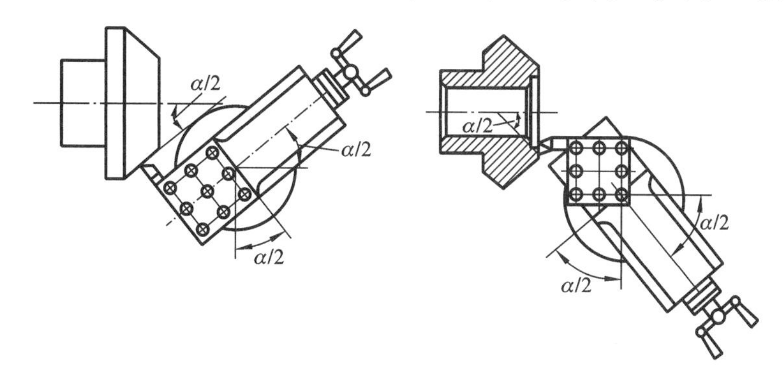


图 4-2　转动小刀架法

车削时调整好小拖板的松紧。如果过紧，手动走刀时费力，移动不均匀，车出的锥面不光洁；如果过松，造成小拖板间隙较大，车出的工件的母线不平直，锥面也不光洁。根据工件锥面的长度挑选小拖板的行程长度。车削正外锥体（工件大端靠主轴，小端靠尾座方向），小拖板应逆时针方向转一个圆锥斜角。

用百分表和圆锥实样可以精确地找正小拖板角度，且能节省找正的时间。

(1)选用圆柱试棒两顶尖装夹，用百分表找正尾座中心。

(2)将圆锥实样或标准圆锥塞规装在两顶尖之间，然后按圆锥半角 $\alpha/2$ 转动小拖板并锁紧。在刀架或小拖板上装百分表，使测量头垂直对准圆锥的中心位置，移动中、小拖板，将测量头轻轻接触圆锥小端，当指针转动约半周时，转动表面将读数调整在零位上。移动小拖板至圆锥大端，以圆锥一端的读数为基准，如图 4-3 所示，然后根据两端读数差调整小拖板角度。直至两端百分表的读数一致，即表明小拖板角度正确。

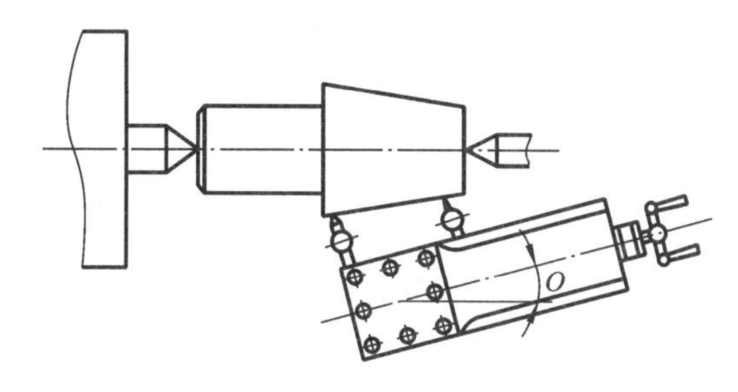


图 4-3　小滑板角度找正

2)偏移尾座法车削圆锥

偏移尾座车削圆锥的特点：

(1)车削锥度小，锥形部分较长的圆锥面。

(2)偏移尾座的方法可以自动走刀，劳动强度小，车出的锥体表面粗糙度值小，缺点是不能车削整圆锥和内锥体，以及锥度较大的工件。

(3)调节尾座的偏移量 $s$ 较麻烦，对于工件总长不一致的成批工件，加工后的圆锥锥角一致性差。

偏移尾座车圆锥面的方法如下。

将尾座上滑板横向偏移一个距离 $s$，使偏位后两顶尖连线与原来两顶尖中心线相交一个

$\alpha/2$ 角度，尾座的偏向取决于工件大小头在两顶尖间的加工位置。尾座的偏移量与工件的总长有关，如图 4-4 所示，尾座偏移量可用下式计算：

$$s=\frac{D-d}{2}\cdot\frac{L}{l} \tag{4-7}$$

式中：$s$ 为尾座偏移量；

$l$ 为工件锥体部分长度；

$L$ 为工件总长度；

$D$、$d$ 分别为锥体大头直径和锥体小头直径。

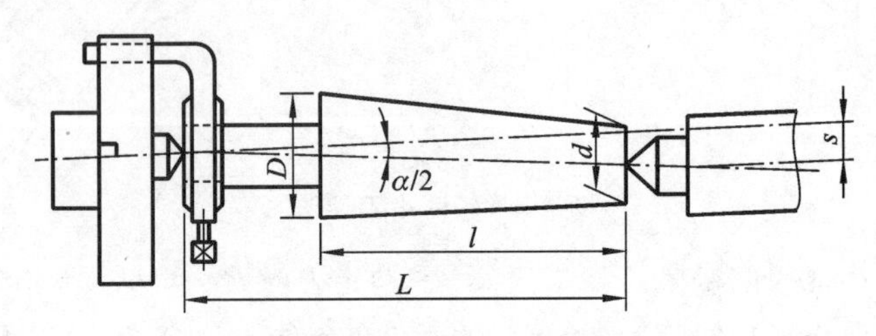


**图 4-4　偏移尾座法车削圆锥**

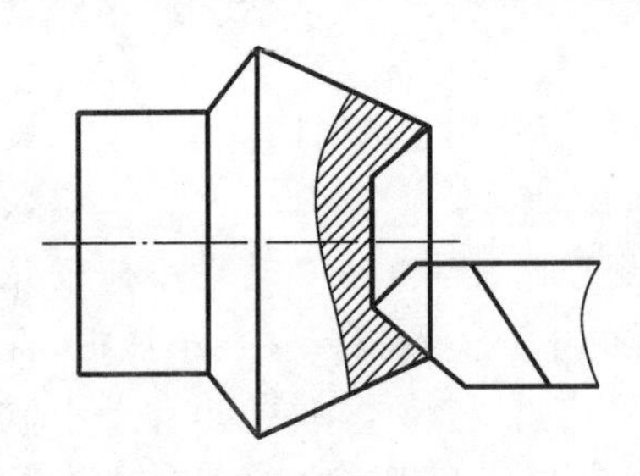

**图 4-5　宽刀法车削圆锥面**

床尾的偏移方向，由工件的锥体方向决定。当工件的小端靠近床尾处，床尾应向里移动，反之，床尾应向外移动。

3)宽刀法车削圆锥

车削较短的圆锥时，可以用宽刃刀直接车出，如图 4-5 所示。

宽刀法车削要求切削刃必须平直，切削刃与主轴轴线的夹角应等于工件圆锥半角 $\alpha/2$。同时要求车床有较高的刚度，否则易引起振动。当工件的圆锥斜面长度大于切削刃长度时，可以用多次接刀方法加工，但接刀处必须平整。

4)靠模法

靠模法车圆锥面的特点如下。

(1)可以自动进给车削内、外圆锥面，长或短圆锥面均可车削。

(2)靠模校准较为简单。对于成批加工的工件，其锥度误差可控制在较小的公差范围内(一致性较好)。

(3)不能车削较大圆锥角的工件，一般圆锥半角 $\alpha/2$ 应小于 12°。

(4)圆锥角太大，使用靠模装置，使车刀在纵向进给的同时，相应做横向进给。由两个方向进给的合成运动使车刀刀尖轨迹与工件轴线所成夹角等于圆锥半角 $\alpha/2$，从而车出圆锥面，如图 4-6 所示。

如图 4-7 所示为一种比较典型的靠模装置结构，可以不拆除中滑板丝杠，使用较方便。靠模装置的基座 1 用螺钉固定在床鞍后侧面上，并随床鞍一起移动。靠模台 5 侧面用燕尾形导轨与基座配合，使用时由拉杆 4、夹头 2 和紧固螺钉 3 将靠模台固定，使它与床身一样保持静止状态。装在靠模台上的靠模板了，可按需要在一定角度范围内进行调节，使其倾斜角度等于圆锥半角 $\alpha/2$。中滑板丝杠靠近手柄的一端分成用键连接且可自由伸缩的两段，当溜板箱、床鞍纵向进给(移动)时，沿倾斜靠模板滑动的下滑块 9 通过插销 10 带动上滑块 12 并

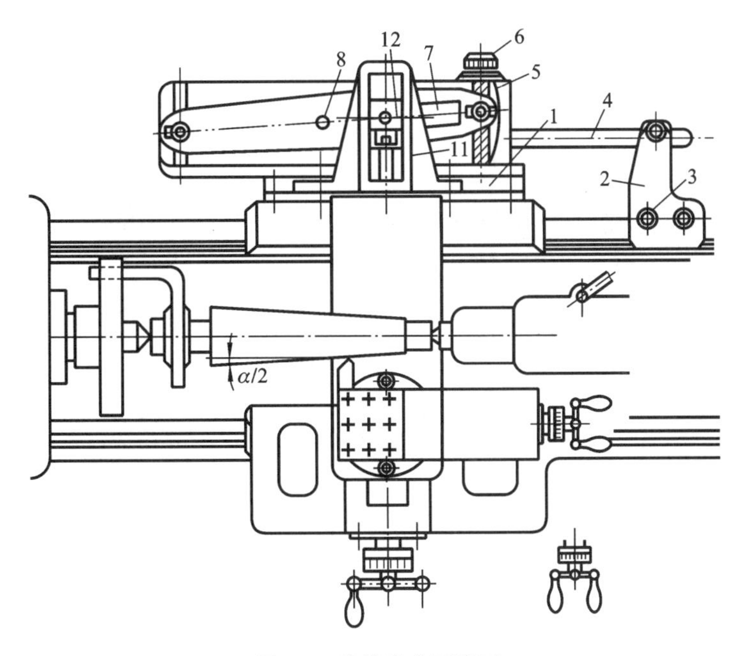


**图 4-6　靠模法车圆锥面**

（图中零件序号名称与图 4-7 相同）

使其沿托架 11 的导向直槽连同中滑板丝杠、中滑板、刀架等做横向进给运动，实现圆锥面的车削。转动手柄使中滑板丝杠回转，仍能使中滑板横向移动以调节切削深度。当不需要使用靠模装置时，只需松开紧固螺钉，使其脱离对床身的固定，在纵向进给时，下滑板带动整个附件一起移动，靠模装置失去作用。

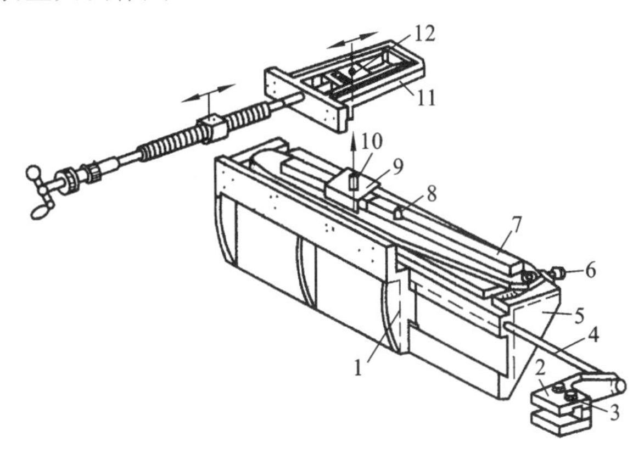


**图 4-7　靠模装置结构**

1—基座；2—夹头；3—紧固螺钉；4—拉杆；5—靠模台；6—调整螺杆

7—靠模板（靠尺）；8—心轴；9—下滑块；10—插销；11—托架；12—上滑块

**4. 铰圆锥孔**

在钻孔或扩孔之后，为了提高孔的尺寸精度和降低表面粗糙度，需用铰刀进行铰孔。因此，铰孔是中小直径孔的半精加工和精加工方法之一。铰孔加工精度较高，机铰达 IT8～IT7，表面粗糙度 $Ra$ 为 1.6～0.8 μm；手铰达 IT7～IT6，表面粗糙度 $Ra$ 为 0.4～0.2 μm。由此可见手铰比机铰质量高。铰刀的结构及其应用如图 4-8 所示。

当工件孔径小于 25 mm 时，钻孔后直接铰孔；工件孔径大于 25 mm 时，钻孔后需扩孔，

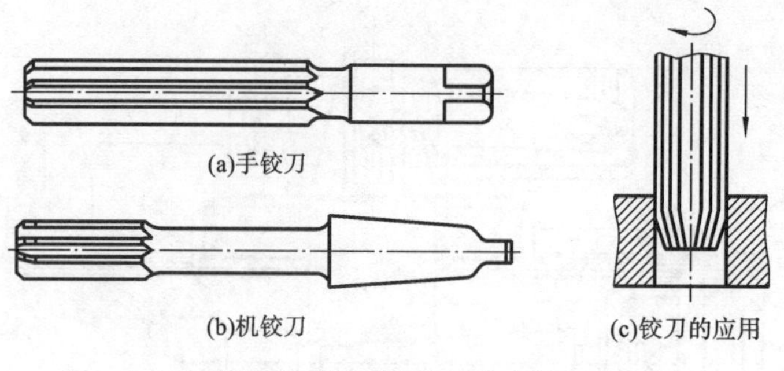


图 4-8 铰刀的结构及其应用

然后再铰。

铰刀是铰孔的刀具，它是一种尺寸精确的多刃刀具，所铰出的孔既光整又精确，对精度要求高的孔，可分粗铰和精铰两个阶段进行。

铰孔的加工质量高是由铰刀本身的结构及良好的切削条件所决定的。在铰刀的结构方面：铰刀的实心直径大，故刚度高，在铰削力的作用下不易变形，对孔的加工能保持较高的尺寸精度和形状精度；铰刀的刀齿多，切削平稳，同时导向性好，能获得较高的位置精度。在切削条件方面：加工余量小，粗铰为 0.15～0.25 mm，精铰为 0.05～0.25 mm，因此铰削力小，每个刀齿的受力负荷小、磨损小；采用低的切削速度(手铰)，避免了积屑瘤，加上使用适当的冷却润滑液，使铰刀得到冷却，减少了切削热的不利影响，并使铰刀与孔壁的摩擦减少，降低了表面粗糙度，故表面质量高。

铰刀的种类很多。按使用方法分有手用和机用两种；按用途分有固定、可调式和三只为一组的成套的手用锥铰刀；根据切削用量不同可分为粗、中、细铰刀。

钳工用圆锥形铰刀(见图 4-9)用于铰削圆锥孔。圆锥形铰刀是由切削部分、颈部和柄部组成。其切削部分的锥度是 1∶50，与圆锥销相符。尺寸较小的圆锥孔，可先按小头直径钻出圆柱孔，然后用圆锥铰刀铰削即可。对于尺寸和深孔，铰孔前首先钻出阶梯孔，然后再用铰刀铰削。铰削过程中，要经常用相配的锥销来检查尺寸。

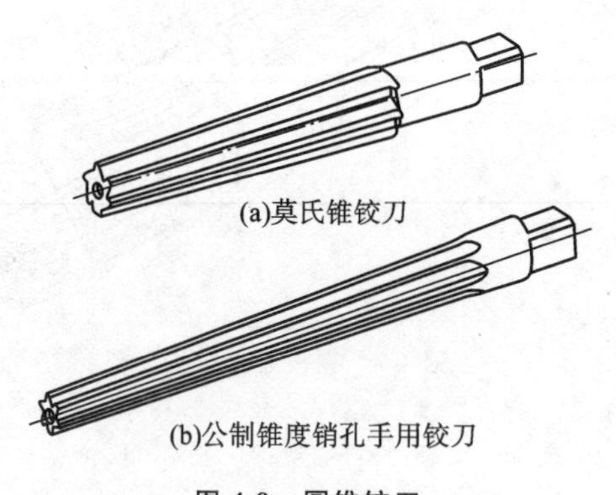


图 4-9 圆锥铰刀

## 4.1.2 圆锥的锥度检验

对于相配合的锥度和角度零件，根据用途不同，规定不同的锥度和角度公差。对于相配合精度要求较高的锥度零件，在工厂中一般采用涂色检验方法，以检查接触面大小来评定锥度精度。

**1. 角度和锥度的检验**

角度和锥度的检验是检验圆锥面的重要组成部分，是检验圆锥面是否符合加工要求的重要手段，其检验方法有常用的几种。

1)用万用角度尺测量

万用角度尺也称量角器，角度范围 0°～320°，精度为 2′。对于精度要求不高的零件或圆锥表面，可用万能角度尺检验，测量精度一般为 2′～5′。其结构原理如图 4-10 所示。

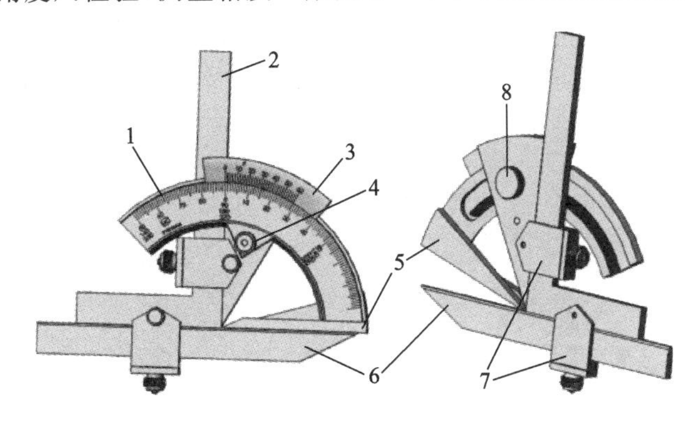


**图 4-10　万用角度尺**

1—尺身；2—直角尺；3—游标；4—制动器；5—基尺；6—直尺；7—卡块；8—捏手

万用角度尺由主尺、基尺、游标、角尺、直尺、卡块、制动器等组成。基尺可带着主尺沿着游标转动，转到所需要的角度，可用制动器锁紧。卡块可将角尺和直尺固定在所需的位置上。

在 2′精度的万用角度尺上，主尺每格 1°，游标在 29°内分成 30 格，每格为

$$29^\circ \div 30 = 60' \times (29 \div 30) = 58'$$

主尺一格和游标一格之间差值为

$$1^\circ - 58' = 2'$$

读数方法：读数方法跟游标卡尺相同。先从游标零线上读出所指主尺的读数，再加上游标尺上刻度与主尺重合格数即为工件的角度。

测量时可转动背面的捏手，通过转动扇形齿轮，使基尺改变角度，使角尺靠在待测圆锥表面上，如图 4-11 所示。

2)用角度样板测量

在成批和大量生产时，可用专用的角度样板来测量。一般是事先做好专用的角度样板，当首件圆锥体车出来后，就可以用专用的样板去测量工件。如图 4-12 所示为用专用样板测量圆锥角度的示例。

3)用圆锥量规测量

在检验标准圆锥或配合精度要求高的工件时(莫氏锥度和其他标准锥度)，可以用标准的塞规或套规来测量，如图 4-13 所示。

圆锥塞规检验内圆锥时，先在塞规表面涂上三条红丹粉(线与线相隔 120°)，然后把塞规放入内圆锥中约转动 1/3 圈，将塞规拿出，观看红丹粉擦去的情况。如果显示擦去均匀，说明内、外锥面接触较好，锥度正确。如果小端擦着而大端没有擦着，则说明锥度大了，反之说明锥度小了。

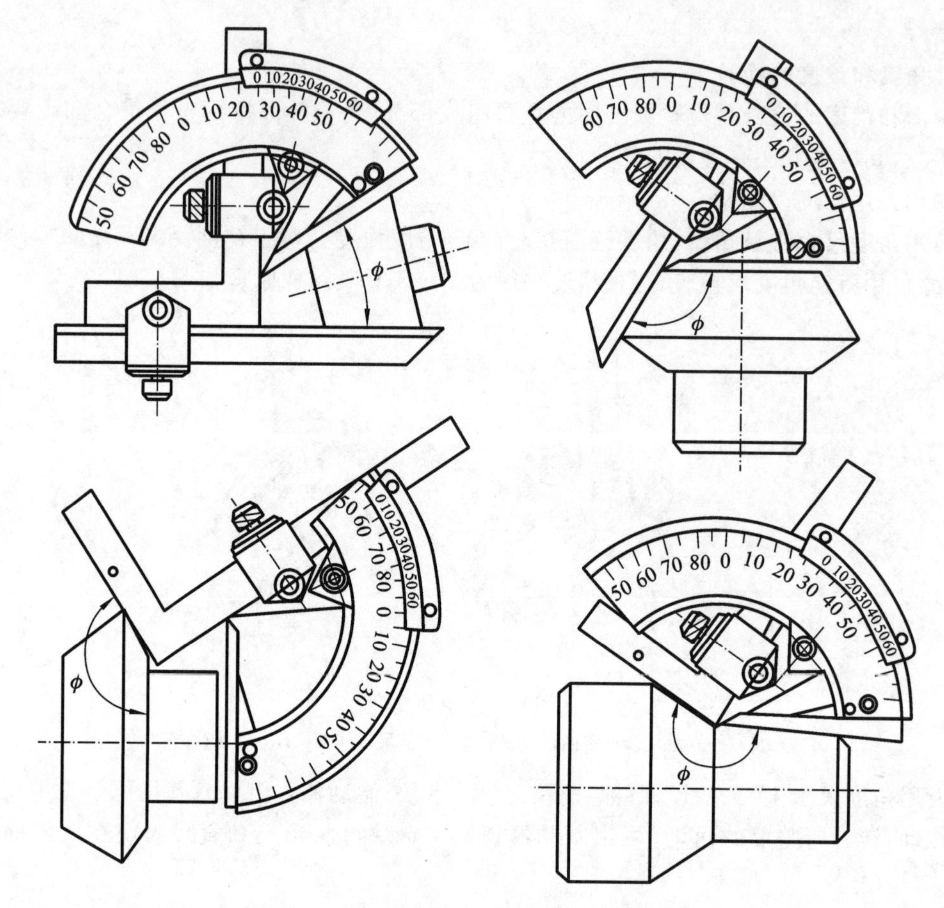


图 4-11 用游标万能角度尺测量工件的方法

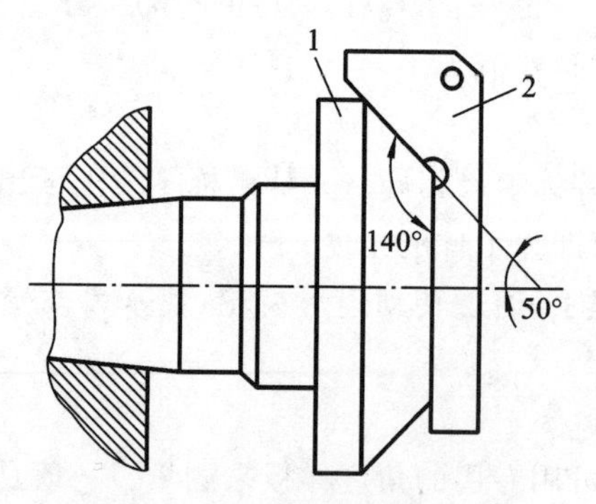


图 4-12 用样板测量圆锥角度

1—锥齿轮坯;2—角度样板

4)用直尺和螺旋测微器测量

对于锥度要求不高的工件,还可以用直尺和螺旋测微器来检验其锥度。首先用直尺量出锥面两端的长度 $l$,然后用螺旋测微器分别量出两端的直径为 $D_1$、$D_2$,其锥度计算公式:

$$\alpha=(D_2/2-D_1/2)/l=D_2-D_1/(2l) \tag{4-8}$$

把计算出的 $\alpha$ 值与工件要求的锥度值作比较。测量示意图如图 4-14 所示。

5)用圆柱和量块测量

用圆柱和量块测量圆锥半角 $\alpha/2$,测量方法如图 4-15 所示。

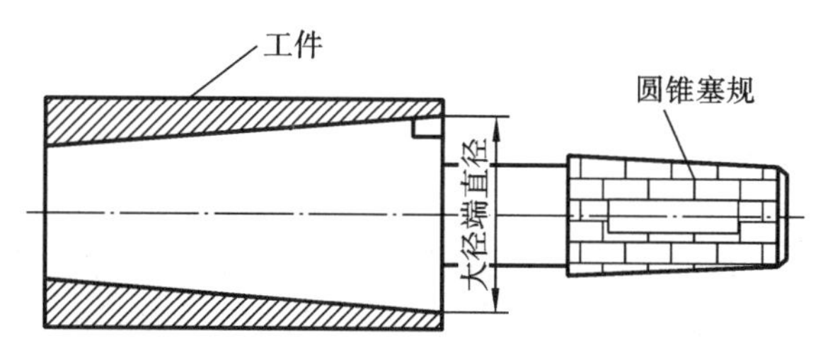


图 4-13　用圆锥量规测量

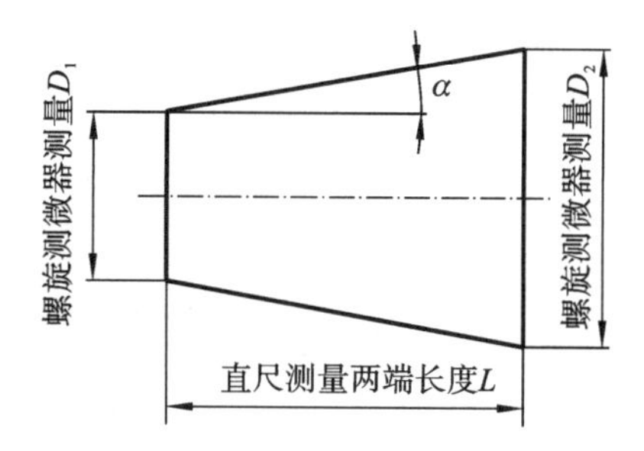


图 4-14　锥形工件测量示意图

锥度可用下式计算：

$$\tan(\alpha/2)=(M-M_1)/2h \tag{4-9}$$

式中：$\alpha/2$ 为被测工件圆锥半角(°)；

$M$ 为上端两圆柱间测量读数(mm)；

$M_1$ 为下端上端两圆柱间测量读数(mm)；

$h$ 为量块高度(mm)。

6)用钢球检验

用两个精度要求较高的钢球测量圆锥孔的圆锥半角 $\alpha/2$，如图 4-16 所示。

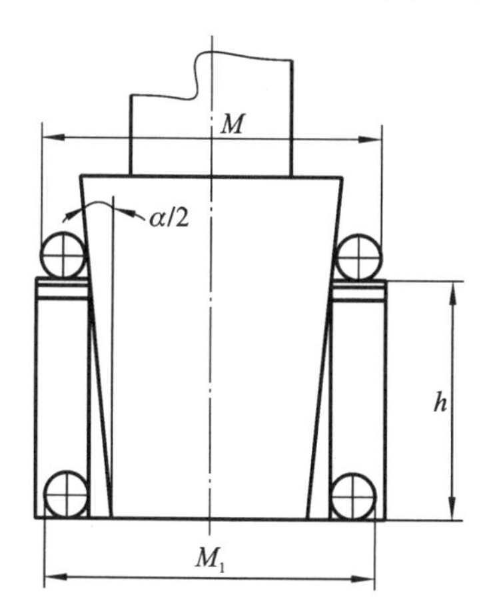


图 4-15　用圆柱和量块测量圆锥半角

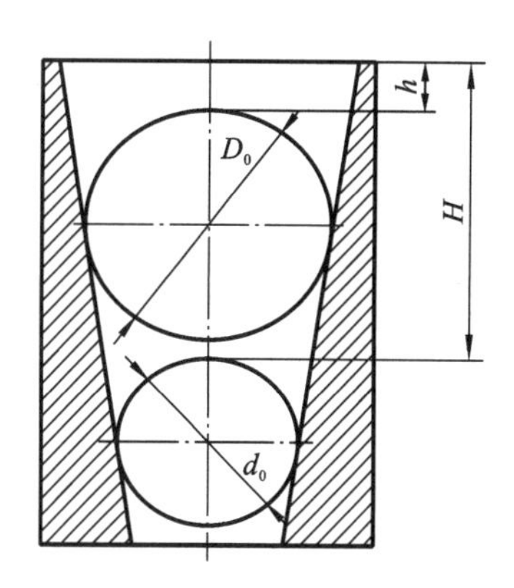


图 4-16　用钢球测量圆锥孔的圆锥半角

可以用下列公式计算

$$\sin(\alpha/2)=(D_0-d_0)/2[(H-h)-(D_0-d_0)] \tag{4-10}$$

式中：$\alpha/2$ 为被测工件圆锥半角(°)；

$D_0$ 为大钢球直径(mm)；

$d_0$ 为小钢球直径(mm)；

$H$ 为小钢球顶端与锥孔端面之间的距离(mm)；

$h$ 为大钢球顶端与锥孔端面之间的距离(mm)。

**2. 圆锥的尺寸检验**

圆锥套和圆锥体不仅有锥度、角度要求,同时还有尺寸精度要求。圆锥的尺寸一般指锥体大小端的直径尺寸。圆锥的大、小端直径可用圆锥界限量规来测量。圆锥界限量规就是图 4-17 所示的圆锥套规。它除了有一个精确的圆锥表面外,在塞规和套规的端面上分别有一个台阶(或刻线)。台阶长度(或刻线之间的距离)$m$ 就是圆锥大小端直径的公差范围。

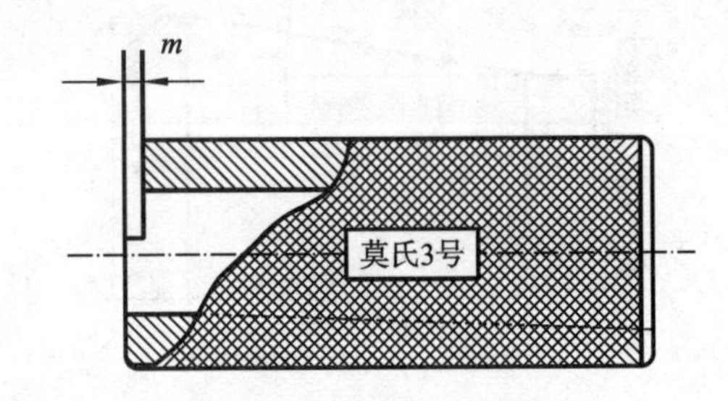


(a)圆锥界限套规

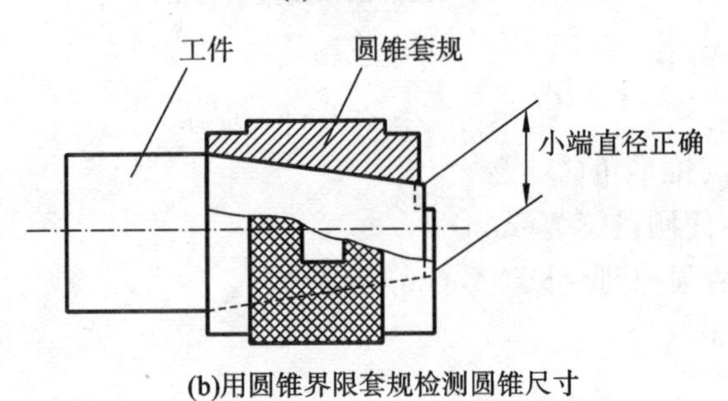


(b)用圆锥界限套规检测圆锥尺寸

**图 4-17　圆锥套规**

检验工件时,当工件的端面位于圆锥量规台阶(两刻线)之间才算合格。

1)用圆柱检验圆锥体最小圆锥直径

测量方法如图 4-18 所示,其计算公式为

$$d=M-d_1-2\times\{d_1\cot[(90-\alpha/2)/2]\} \tag{4-11}$$

式中:$d$ 为最小圆柱直径(mm)；

$M$ 为两圆圆柱间测量读数(mm)；

$d_1$ 为圆柱量棒直径(mm)；

$\alpha/2$ 为被测工件圆锥半角(°)。

2)用钢球测量圆锥孔的最大圆锥直径

测量方法如图 4-19,其计算公式如下:

$$D=D_0/\cos(\alpha/2)+(D_0-2h)\tan(\alpha/2) \tag{4-12}$$

式中:$D$ 为圆锥孔最大圆锥直径(mm)；

$D_0$ 为钢球直径(mm)；

$h$ 为钢球顶端与锥孔端面之间的距离(mm)；

$\alpha/2$ 为被测工件圆锥半角(°)。

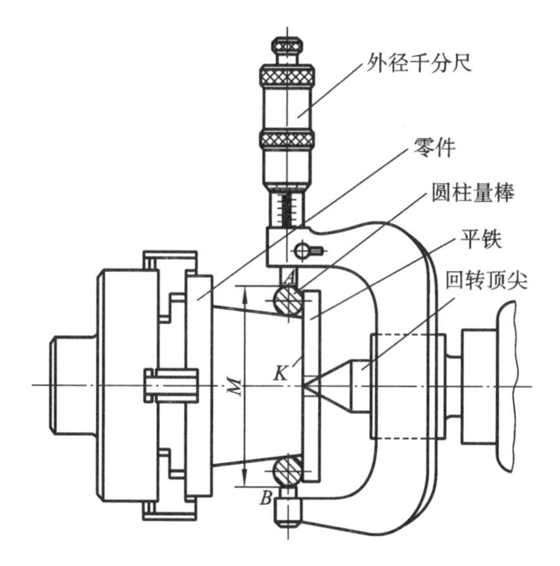


图 4-18　用圆柱检验圆锥体最小圆锥直径

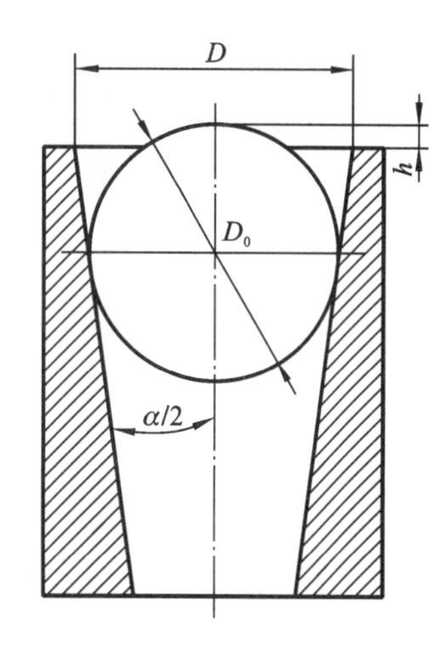


图 4-19　用钢球测量圆锥孔的最大圆锥直径

## 4.1.3　圆锥的质量分析

车圆锥时，往往会产生锥度（角度）不正确、双曲线误差、表面粗糙度大的废品。现将主要废品的产生原因和预防措施列于表 4-3 中。

表 4-3　主要废品的产生原因和预防措施

| 废品种类 | 产生原因 | 预防措施 |
| --- | --- | --- |
| 锥度（角度）不正确 | 1.用转动小滑板法车削时：<br>(1)小滑板转动角度计算错误；<br>(2)小滑板移动时松紧不均 | (1)仔细计算小滑板应转的角度和方向，并反复试车找正；<br>(2)调整塞铁，使小滑板移动均匀 |
| | 2.用偏移尾座法车削时：<br>(1)尾座偏移位置不正确；<br>(2)工件长度不一致 | (1)重新计算和调整尾座偏移量；<br>(2)如工件数量较多，各件的长度必须一致 |
| | 3.用靠模法车削时：<br>(1)靠模角度调整不正确；<br>(2)滑块与靠板配合不良 | (1)重新调整靠板角度；<br>(2)调整滑块和滑板之间的间隙 |
| | 4.用宽刃刀法车削时：<br>(1)装刀不正确；<br>(2)切削不直 | (1)调整切削刃的角度和对准中心；<br>(2)修磨切削刃的直线度 |
| | 5.用铰内圆锥法时：<br>(1)铰刀锥度不正确；<br>(2)铰刀的轴线与工件旋转轴线不同轴 | (1)修磨铰刀；<br>(2)用百分表和试棒调整尾座套筒轴线 |
| 双曲线误差 | 车刀刀尖没有对准工件轴线 | 车刀刀尖必须严格对准工件轴线 |

车圆锥时，虽然经过多次调整小滑板和靠板的转角，但仍校不正锥度；再用圆锥套规测量外圆时，发现两端显示剂已擦去，中间没擦去；用圆锥塞规测量内圆锥时，发现中间显示剂已擦去，两端没有擦去。以上几种情况的出现，其原因是车刀刀尖没有严格对准工件轴线而形成了双曲线误差(见图 4-20)。因此，车圆锥装刀时，车刀刀尖一定要严格对准工件轴线。

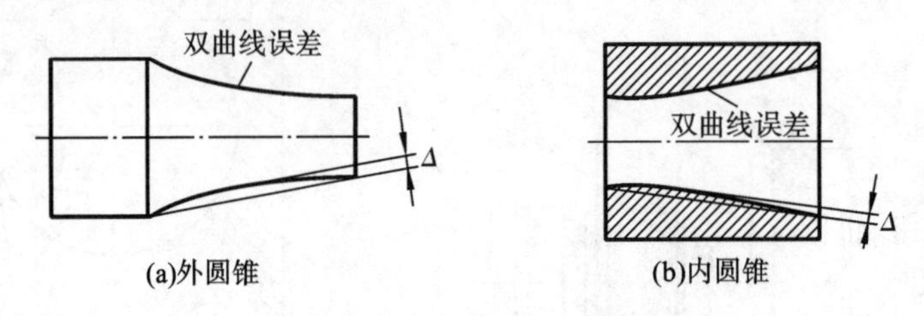


图 4-20　圆锥表面的双曲线误差

## 4.1.4　圆锥的留磨余量

许多工具和刀具上的圆锥表面，需要经常装拆和传递转矩。为了使圆锥表面在互相接触过程中不易磨损和拉毛，在工艺上常将圆锥面淬硬后用磨削的方法来提高锥度精度和减小表面粗糙度值。对于这类零件，车床加工时必须留有磨削余量。

留磨圆锥面的尺寸，可以用游标卡尺或外径千分尺测量，也可以用圆锥量规测量。但量规的刻线或台阶必须离开工件端面，距离的长度应该根据留磨量的多少来确定(见图 4-21)。其计算公式如下：

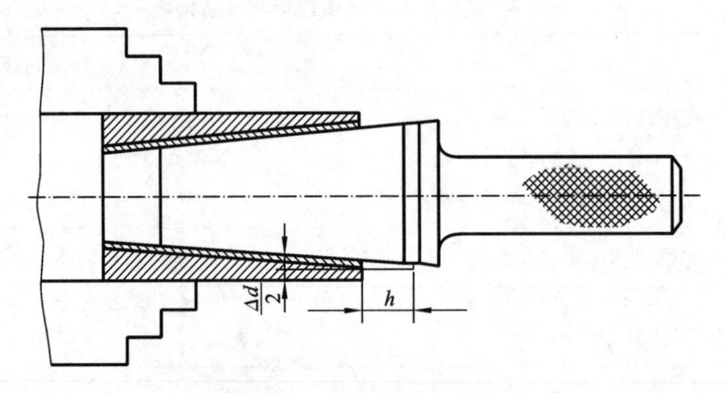


图 4-21　留磨余量的确定

$$h=\frac{\Delta d}{2\tan\frac{\alpha}{2}} \quad 或 \quad h=\frac{\Delta d}{C} \tag{4-13}$$

式中：$h$ 为圆锥量规刻线或台阶中心离开工件端面的距离(mm)；

$\Delta d$ 为工艺规定的留磨余量(mm)；

$C$ 为锥度。

**例 4-1**　车削一锥度为 1∶25 的圆锥孔，工艺规定留磨余量 0.5～0.6 mm，若用圆锥量规测量，则量规刻线中心离开工件端面距离是多少？

**解**　根据公式可得：

$$h=\frac{\Delta d}{C}=\frac{0.5\ \text{mm}}{\frac{1}{25}}=12.5\ \text{mm}, h_1=\frac{\Delta h}{C}=\frac{0.6\ \text{mm}}{\frac{1}{25}}=15\ \text{mm}$$

这时圆锥量规刻线中心离开工件端面的距离应是 12.5～15 mm。

# 4.2 圆锥面车削技能训练实例

## 4.2.1 车削圆锥面的方法

参照前面介绍过的宽刀法、转动小刀架法、靠模法、尾座偏移法等几种方法进行圆锥面车削训练。

**1. 锥度心轴的车削**

(1)技术要求如图 4-22 所示。

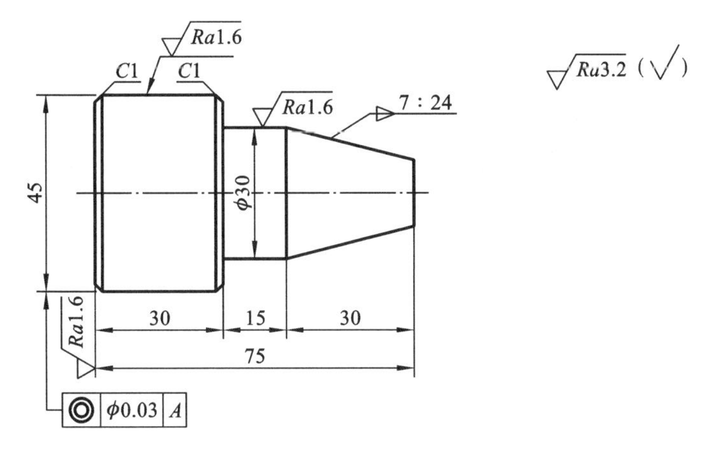


**图 4-22 锥度心轴的车削技术要求**

(2)作业流程参见图 4-23。

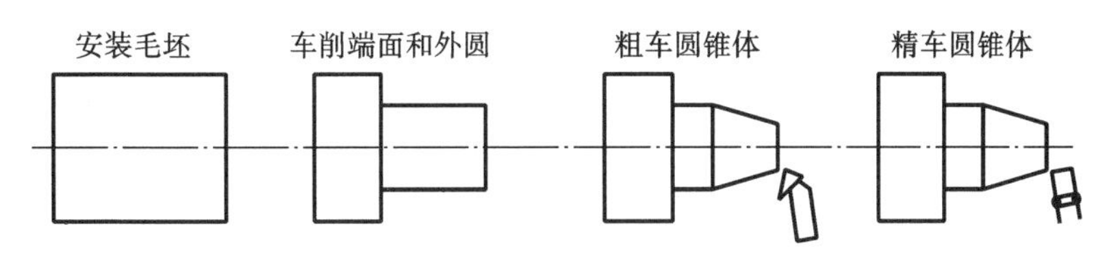


**图 4-23 锥度心轴的车削作业流程**

(3)具体步骤。

①安装毛坯,伸出长度约为 55 mm。

②车削端面。

③车削外圆,直径为 30 mm(粗车,半精车,精车)。

④将刀架倾斜一个角度,根据要车削的圆锥体的锥度确定角度;检查刀架的位置;对车刀,使车刀靠近毛坯端面,使刀尖接触毛坯的端面;车一条刻痕线保证椎体长 30 mm;固定滑板;使刀尖对准毛坯的外圆端面处;粗车圆锥体。

⑤检查锥度。涂显示剂，检查接触情况，套上锥度套规。

⑥修正刀架角度(使用小型测微器)。

⑦修正车削圆锥体。

⑧精车圆锥体：调整车刀；对车刀；车削；涂显示剂；检查接触情况，套上锥度套规；修正刀架角度(使用小型测微器)；精车直到接触面积 80%以上。

⑨车倒角。

**2. 砂轮卡盘的车削**

(1)技术要求如图 4-24 所示。

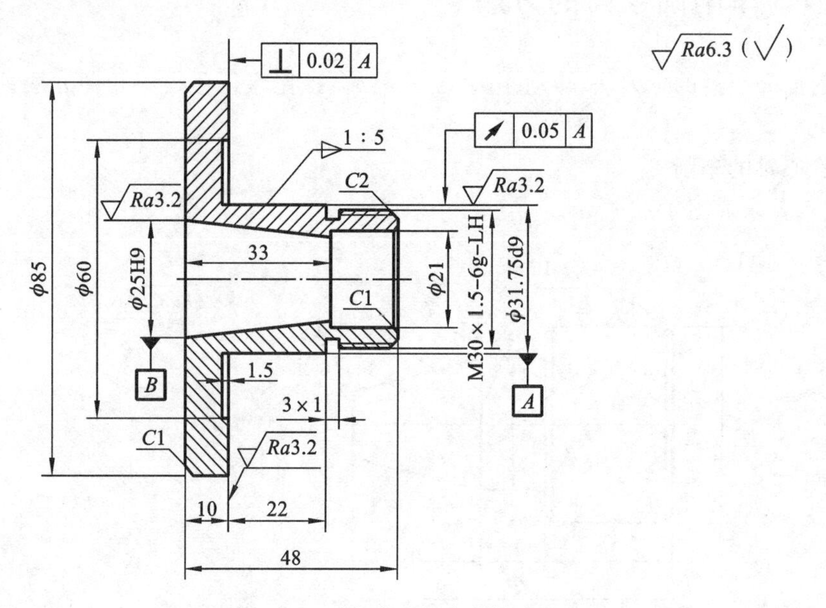


**图 4-24 砂轮卡盘的车削技术要求**

(2)车削步骤如表 4-4 所示。

**表 4-4 砂轮卡盘的车削步骤**

| 步骤 | 加工内容 | 简图 |
|---|---|---|
| 1 | 三爪定心卡盘，夹住毛坯外圆 $\phi$31.75d9<br>(1)车端圆；<br>(2)车外圆 $\phi$85 mm 至尺寸；<br>(3)倒角 $C$1 | C1 Ra6.3 $\phi$85 Ra6.3 >12 |

续表

| 步骤 | 加工内容 | 简图 |
|---|---|---|
| 2 | 调头，软卡爪夹住 $\phi85$ mm 外圆<br>(1)车端面长度尺寸 48 mm；<br>(2)粗、精车 $\phi31.75$d9 外圆至尺寸，控制长度尺寸 10 mm；<br>(3)车平面槽 1.5 mm×$\phi60$ mm 至尺寸；<br>(4)车螺纹大径 $\phi30$-6g；<br>(5)车外沟槽 3 mm×1 mm 至尺寸，控制尺寸 22 mm；<br>(6)倒角 $C1$；<br>(7)锐角倒钝 | 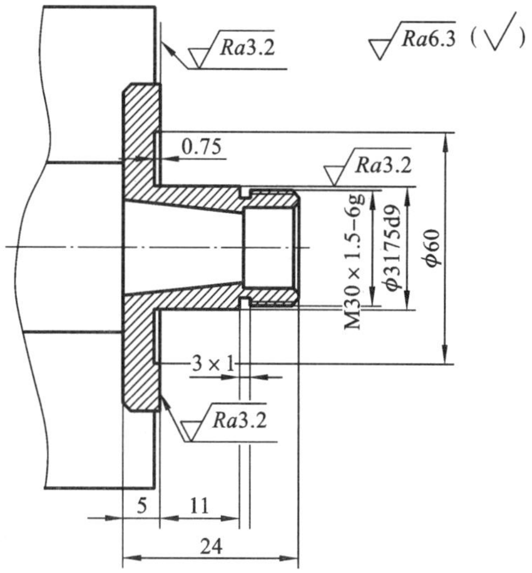 Ra3.2<br>Ra6.3 (√)<br>0.75<br>Ra3.2<br>M30×1.5-6g<br>$\phi$3175d9<br>$\phi$60<br>3×1<br>Ra3.2<br>5<br>11<br>24 |
| 3 | 按步骤 2 装夹方法<br>(1)车 $\phi21$ mm 孔至尺寸，保持锥孔长度尺寸 33 mm；<br>(2)按圆锥孔最小圆锥直径 $\phi18.4$ mm；<br>(3)孔口倒角 $C1$ | 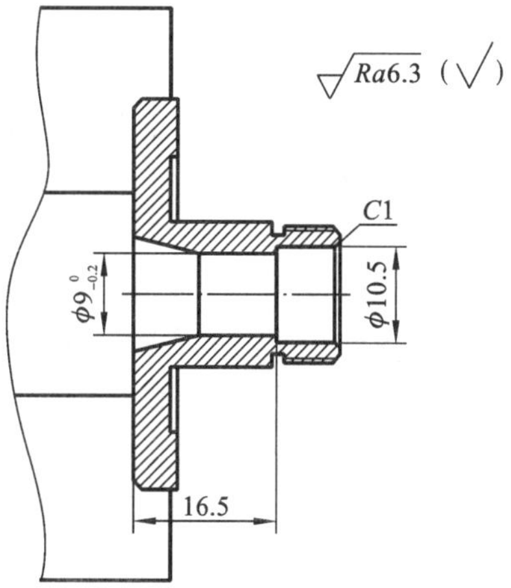 Ra6.3 (√)<br>C1<br>$\phi9^{\ 0}_{-0.2}$<br>$\phi$10.5<br>16.5 |
| 4 | 按步骤 2 装夹方法<br>(1)车螺纹 $\phi30$×1.5-6g-LH 至尺寸；<br>(2)锉刀修去螺纹处毛坯 | 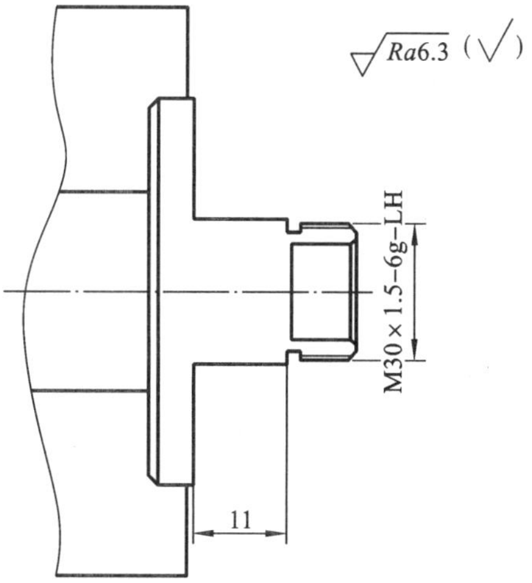 Ra6.3 (√)<br>M30×1.5-6g-LH<br>11 |

续表

| 步骤 | 加工内容 | 简图 |
|---|---|---|
| 5 | 调头,软卡爪夹住 $\phi$31.75d9 外圆,找正<br>(1)粗、精车圆锥孔至尺寸 $\phi$25H9;<br>(2)锐角倒钝 | Ra6.3 (√)<br>1:5<br>$\phi$25H9 |

## 4.2.2 精度检验及误差分析

下面以砂轮卡盘的车削为例分析精度检验及误差。

(1)圆锥孔锥度的检验。用 1∶5 锥度塞规涂色检验,检验后,判断其接面是否大于60%。

(2)圆锥孔最大圆锥直径 $\phi 25\mathrm{H}9^{+0.052}_{0}$ 的检验,检验方法有以下两种:

①用圆锥塞规测量。测量时,将圆锥塞规塞入圆锥孔,用游标卡尺或深度游标卡尺测出圆锥塞规最大圆锥直径端面到工件大端直径端面的距离,然后用下面计算式计算圆锥孔大端直径。

$$D=d_{塞}-2h\tan\frac{\alpha}{2} \tag{4-14}$$

式中:$D$ 为圆锥孔最大圆锥直径(mm);

$d_{塞}$ 为圆锥塞规最大圆锥直径(mm);

$h$ 为圆锥塞规大端端面到工件端面的距离(mm);

$\frac{\alpha}{2}$为圆锥半角(°)。

若圆锥塞规大端直径 $d_{塞}=\phi 25.8$ mm,测得圆锥塞规大端直径端面到工件端面距离 $h=3.9$ mm。即

$$D=25.8\ \mathrm{mm}-2\times 3.9\ \mathrm{mm}\times\tan 45^{\circ}42'38''=25.02\ \mathrm{mm}$$

圆锥孔大端直径 $\phi 25\mathrm{H}9^{+0.052}_{0}$ 符合要求。

②用钢球测量。若使钢球直径为 $\phi$24 mm,用量块及百分表测得钢球顶端到圆锥孔端面之间的距离 $h=7.496$ mm,圆锥孔大端直径可用公式

$$D=\frac{D_0}{\cos\frac{\alpha}{2}}+(D_0-2h)\tan\frac{\alpha}{2} \tag{4-15}$$

计算得　　　　　　　　　　　　$D=25.02\ \text{mm}$

符合圆锥孔大端直径 $\phi 25\text{H}9^{+0.052}_{0}$要求。

③外圆 $\phi 31.75\text{d}9$ 对基轴线 $A$ 径向圆跳动误差的检验。将工件固定在锥度心轴上，同时装夹在测量架的两顶尖之间，将百分表测量头与外圆接触，在工件回转一周过程中，百分表指针读数最大差值即为单个测量平面上的径向圆跳动。

④端面对基准轴线 $B$ 垂直度误差的检验。测量时，工件以外圆为测量基准，装夹于V形架上，在测量平板上进行，用杠杆百分表测量整个端面，并记录读数，取最大读数差即为该工件的垂直度误差。

# 第5章　成形面的车削和表面修饰加工

## 5.1　成形面的车削工艺知识

### 5.1.1　成形面的车削方法

成形面是指组成机器零件(如手轮手柄、圆球等)的表面的一些曲面,如图5-1所示。

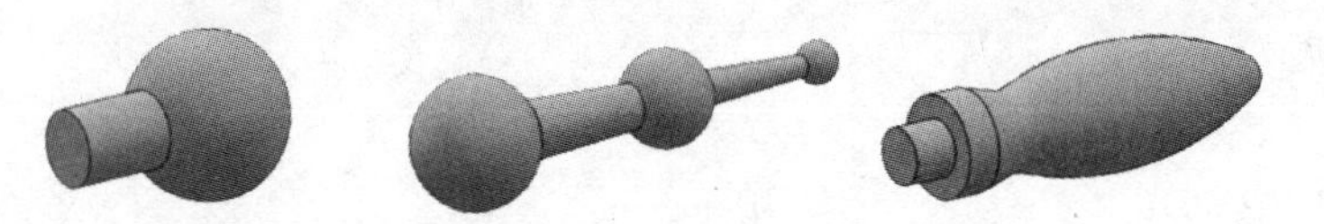

图5-1　零件成形面

成形面的车削方法根据成形面的特点、质量要求及批量的大小等不同,一般有以下几种。

**1. 双手控制法车成形面**

双手控制法,是指用双手同时摇动小滑板手柄和中滑板(或床鞍和中滑板,通过双手的协调动作,从而车出所要求的成形面的方法。双手控制法车削成形面用于单件小批量加工。双手控制法车成形面的特点是灵活、方便,不需要其他辅助工具,但需要较高的技术水平。

如图5-2所示的是单球手柄的零件图。

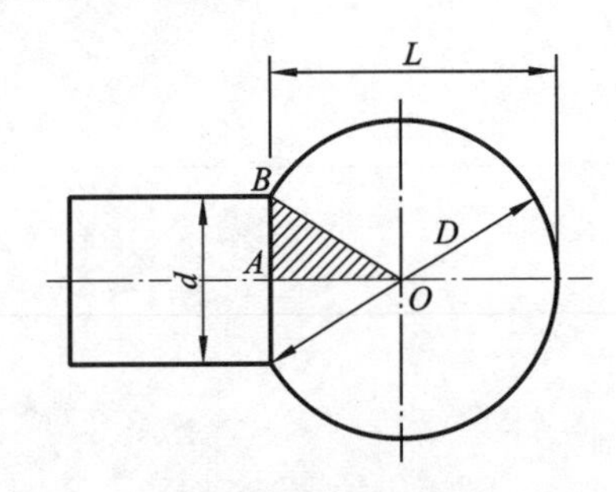


图5-2　单球手柄

(1)首先计算单球手柄的圆球部分长度$L$,公式如下:

$$L=\frac{1}{2}(D+\sqrt{D^2-d^2}) \tag{5-1}$$

式中:$L$为圆球部分长度(mm);

$D$为圆球直径(mm);

$d$为柄部直径(mm)。

(2)双手控制法车圆球时,车刀刀尖在圆球各不同位置的进给速度是不相同的,如图5-3所示。

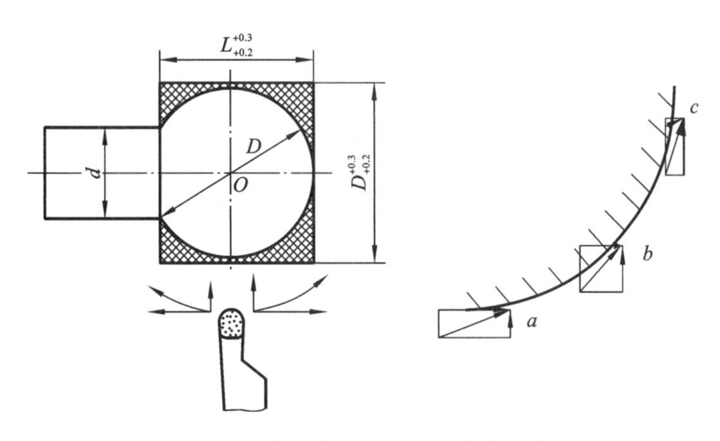


**图 5-3　车圆球时的方向和速度控制**

车刀从 $a$ 点出发至 $c$ 点，纵向进给速度为快→中→慢；横向进给速度则为慢→中→快。也就是在车削 $a$ 点时，中滑板的横向进给速度要比床鞍(或小滑板)的纵向进给速度慢；在车削 $b$ 点时，横向与纵向进给速度基本相等。在车削 $c$ 点时，横向进给速度要比纵向进给速快。

(3)双手控制法车削圆球的步骤。

①准备工作。

刃磨车刀，要求车刀的主切削刃呈圆弧形。

装夹工件，用三爪自定心卡盘夹持工件。

②按圆球部分的直径 $d$ 和长度 $L$ 车出两级外圆($D$,$d$)，均留 0.3 mm～0.5 mm 余量，如图 5-4 所示。

③确定圆球的中心位置：车圆球前，用直尺量出圆球中心，并用车刀在中心线所在位置刻出划痕，如图 5-5 所示。

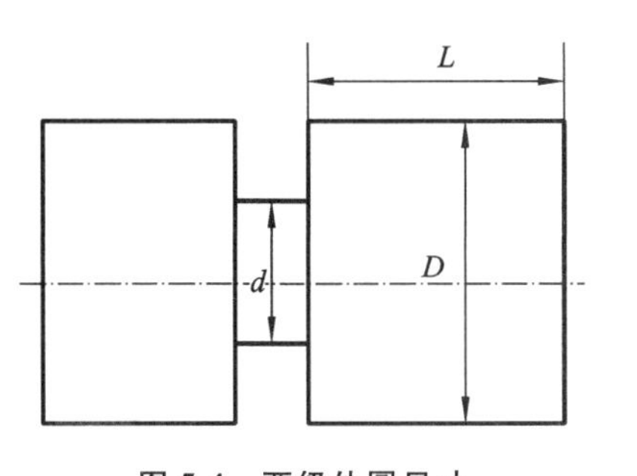


**图 5-4　两级外圆尺寸**

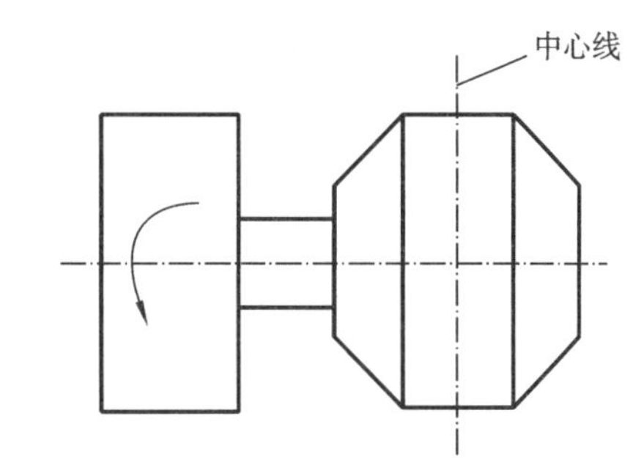


**图 5-5　圆球部位倒角**

④圆球部位倒角：用 45°车刀先在圆球的两侧倒角，以减少加工余量，如图 5-5 所示。

⑤精车右半球：车刀快速进给至右半球面中心右侧 4～5 mm 处，用小滑板横向缓慢进给，当接触外圆后，双手同时移动中、小滑板，中滑板开始时进给速度要慢，以后逐渐加快；小滑板恰好相反，开始进给速度快，以后逐渐减慢。双手动作要协调一致。最后一刀离球面最大直径位置约 1～2 mm，以保证有足够的切削余量。

⑥粗车左半球，车削方法与右半球相似，不同之处是球柄部与球面连接处要用切断刀清根，清根时注意不要碰伤球面。

⑦精车球面。提高主轴转速，适当减慢进给速度。车削时仍由球中心线向两半球外侧进行。最后一刀的起始点应从球的中心线痕处开始进给。注意勤检查，防止把球车废。

⑧修整。由于手动进给车削，工件表面往往留下高低不平的痕迹，因此必须用细齿纹平锉进行修整，再用砂布(0 号或 1 号)砂光圆球表面。

**2. 成形刀车削成形面**

1)成形刀的种类

成形刀是指把刀刃磨得与工件表面形状相同的车刀(或称样板刀)，一般常用的成形刀有三种。

(1)普通成形刀。这种成形刀的切削刃(见图 5-6(a))根据工件的成形表面刃磨，刀体结构和装夹与普通车刀相同。这种刀具制造方便，可用手工刃磨，成本低，但精度较低。如果在刀具磨床上刃磨，能达到较高的精度。常用于加工简单的成形面，如图 5-6(b)所示。

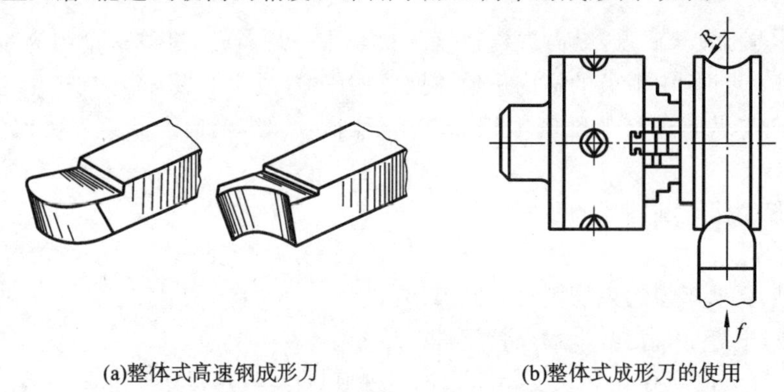


(a)整体式高速钢成形刀　　(b)整体式成形刀的使用

**图 5-6　整体式成形刀及其使用**

(2)棱形成形刀。这种成形刀主要由刀头和刀杆两部分组成(见图 5-7(a))。棱形成形刀磨损后，只需刃磨刀具前面，并将刀头稍向上升起，直至刀头无法夹住为止。这种成形刀精度高，刀具寿命长，但制造比较复杂。棱形成形刀的使用如图 5-7 所示。

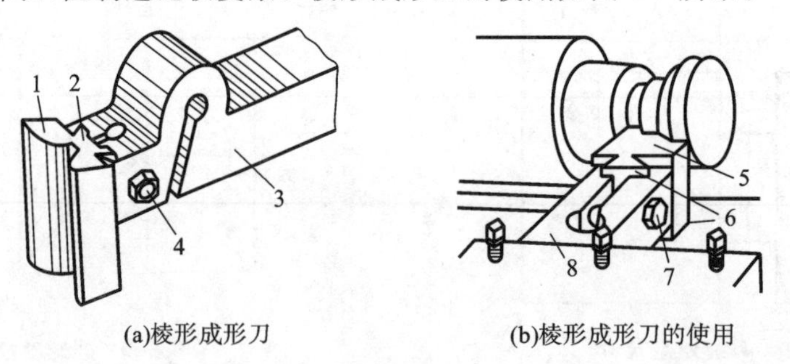


(a)棱形成形刀　　(b)棱形成形刀的使用

**图 5-7　棱形成形刀及其使用**

1,5—刀头；2,6—燕尾块；3,8—弹性刀柄；4,7—紧固螺栓

(3)圆形成形刀。这种成形刀做成圆轮形，在圆轮上开有缺口，形成前刀面和主切削刃(见图 5-8(a))。使用时，它装夹在刀杆(或弹性刀杆)上。为了防止圆轮转动，在侧面做出端面齿，使它与刀杆侧面上的端面齿相啮合。圆形成形刀的主切削刃必须比圆轮中心低一些。圆形成形刀的使用如图 5-8(b)、(c)所示。

2)减少成形刀振动的方法

用成形刀车削成形面时容易引起振动，减少振动的方法如下。

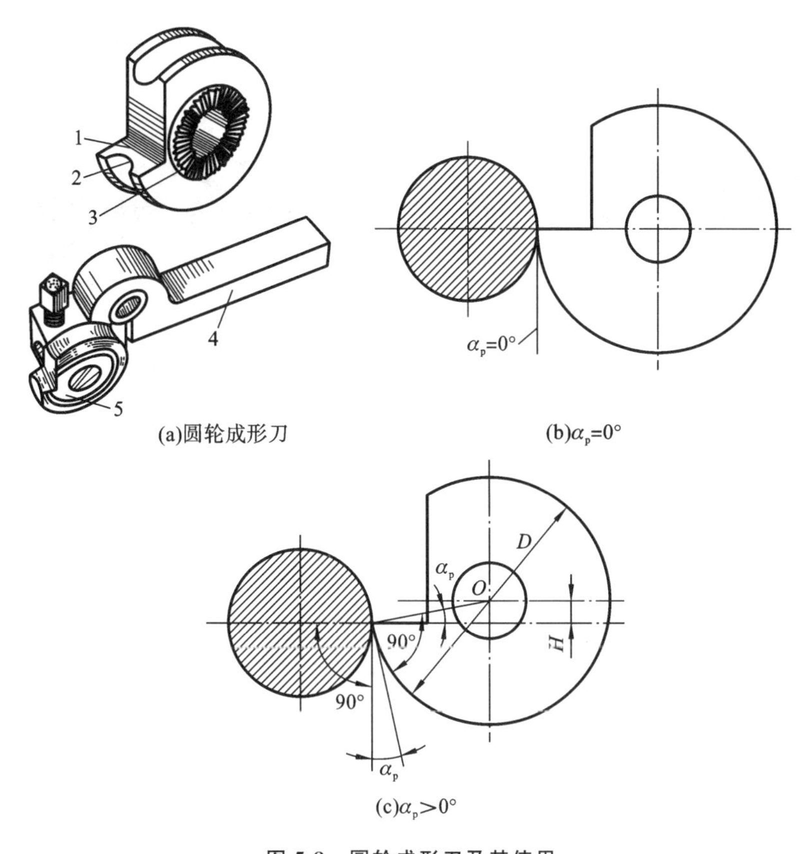


(a)圆轮成形刀　(b)$\alpha_p=0°$

(c)$\alpha_p>0°$

**图 5-8　圆轮成形刀及其使用**

1—前刀面；2—主切削刃；3—端面齿；4—弹性刀柄；5—圆轮成形刀

(1)选择刚度较高的车床，并把车床主轴和车床滑板等各部分的间隙调整得较小。

(2)成形刀要按主轴中心高度安装，装高了容易扎刀，装低了容易引起振动。

(3)选用较小的进给量和切削速度。车削钢料时加注乳化液或切削液。车铸铁可以不加或加注煤油作切削液。

此外，还有用尾座靠模仿形法、靠模仿形法和专用工具车成形面等方法，如图 5-9 所示。其中，靠模仿形法是一种比较先进的车成形面的加工方法。一般可利用自动进给根据靠模的形状车削所需要的成形面，生产效率高，质量稳定，适合于成批生产。具体车削方法在此就不做具体介绍了。

## 5.1.2　成形面的检验

对一般精度要求的成形面零件，在车削过程及完工检测时，一般都使用样板来检验。

用样板检验成形面工件的方法见图 5-10。检验时，必须使样板的方向与工件轴线一致。可以由样板与工件之间的透光量来判断缝隙的大小，进而判断成形面是否符合图样要求。

在车削和检验圆球时，可用外径千分尺变换几个方向来测量圆度误差，记录外径千分尺的读数值，并观察其是否符合图样规定公差范围。用外径千分尺测量圆球圆度误差的方法如图 5-11 所示。

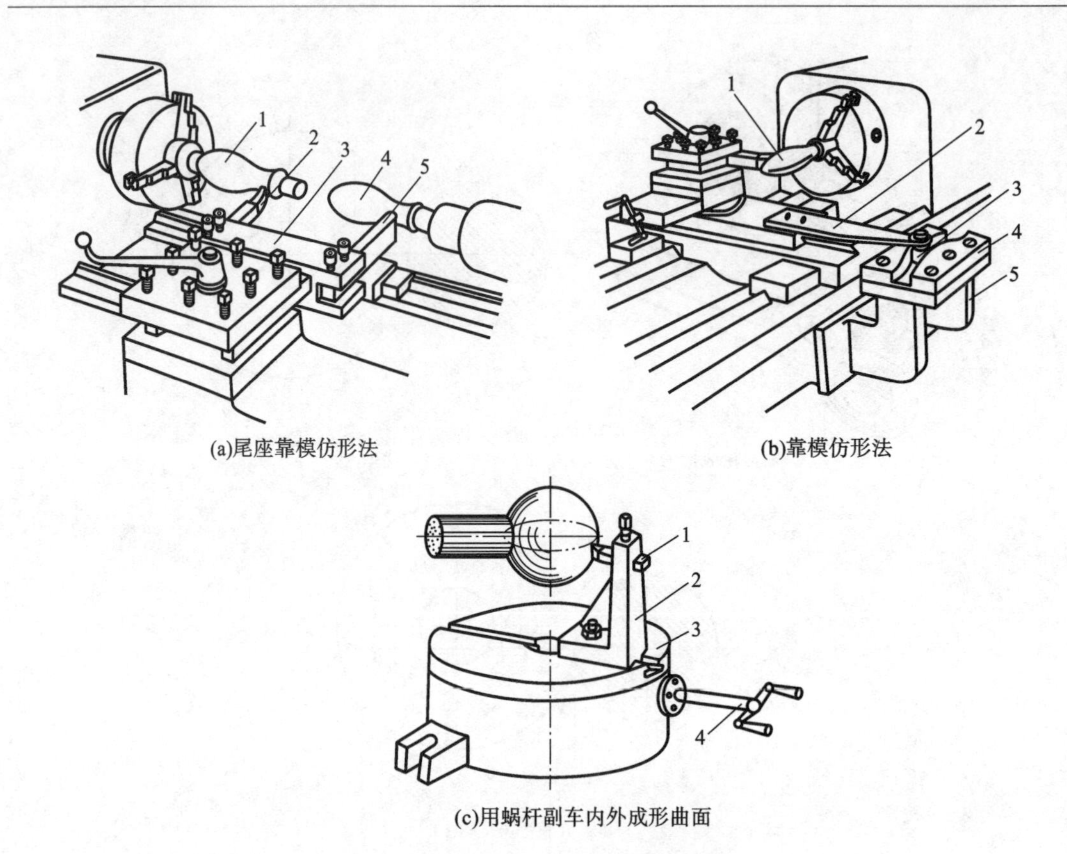


(a)尾座靠模仿形法

(b)靠模仿形法

(c)用蜗杆副车内外成形曲面

**图 5-9 仿形法与专用工具车成形曲面**

(a)1—工件;2—圆头车刀;3—长刀夹;4—标准样件;5—靠模杆

(b)1—工件;2—拉杆;3—滚柱;4—靠模板;5—支架

(c)1—车刀;2—刀架;3—圆盘;4—手柄

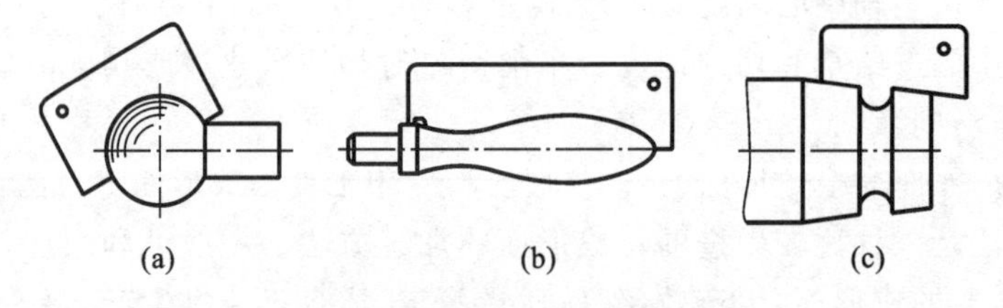


**图 5-10 用样板检验成形面**

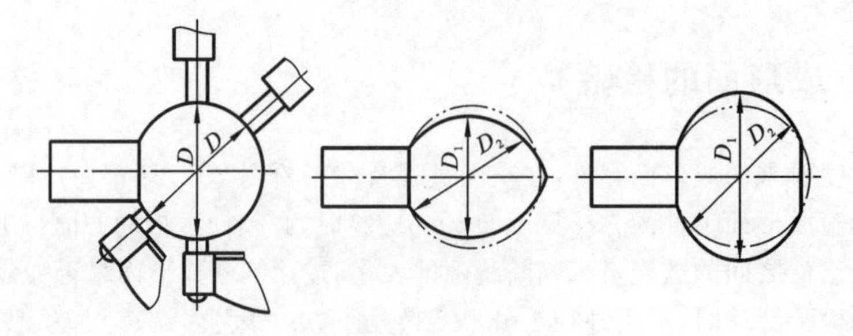


**图 5-11 用外径千分尺测量圆球圆度误差**

### 5.1.3　车成形面时产生废品的原因及预防措施

车成形面时,可能产生废品,废品的种类、产生原因及预防措施如表 5-1 所示。

**表 5-1　车成形面时产生废品的原因及预防措施**

| 废品种类 | 产生原因 | 预防措施 |
| --- | --- | --- |
| 工件轮廓不正确 | 用成形车刀车削时,车刀形状刃磨得不正确;没有按主轴中心高度安装车刀;工件受切削力,产生变形造成误差 | 仔细刃磨成形刀;车刀高度安装准确;适当减小进给量 |
| | 用双手控制进给车削时,纵向、横向进给不协调 | 加强车削练习,使纵向、横向进给协调 |
| | 用靠模加工时,靠模形状不准确,安装得不正确或靠模传动机构中存在间隙 | 使靠模形状准确,安装正确,调整靠模传动机构中的间隙 |
| 工件表面粗糙 | 车削复杂零件时进给量过大 | 减小进给量 |
| | 工件刚度低或刀头伸出过长,刀削时产生振动 | 加强工件安装刚度及刀具安装刚度 |
| | 刀具几何角度不合理 | 合理选择刀具角度 |
| | 材料切削性能差,未经过预备热处理,难以加工;产生积屑瘤,表面更粗糙 | 对材料进行预备热处理,改善切削性能;合理选择切削用量,避免产生积屑瘤 |
| | 切削液选择不当 | 合理选择切削液 |

## 5.2　滚花及抛光的加工工艺知识

### 5.2.1　滚花

滚花有两个作用:一来可以增加零件的美观,二来可以增大零件与手的摩擦力,使我们使用时更方便。

需要滚花的一般是工具、量具和机器中需要与手接触到的部分,例如,千分尺上的微分筒,各种螺母、螺钉等。这些花纹一般是由车床上的滚花刀滚压出来的。

**1. 花纹的种类**

滚花时经常用到的花纹有三种,即直纹、斜纹和网纹,如图 5-12 所示。

**2. 滚花刀**

滚花刀常见的有三种:单轮滚花刀、双轮滚花刀和六轮滚花刀。

单轮滚花刀如图 5-13 所示。单轮也就是一个轮子,直纹就是由它滚出来的。

双轮滚花刀如图 5-14 所示。双轮滚花刀用来滚压网纹,其双轮由一个左旋滚轮和一个右旋滚轮组成。

六轮滚花刀如图 5-15 所示。它也用于滚网纹。它是将三组不同节距的双轮滚花刀装在同一特制的刀杆上构成的,使用时,可根据需要选用不同的节距而形成粗、中、细不同密度的网纹。

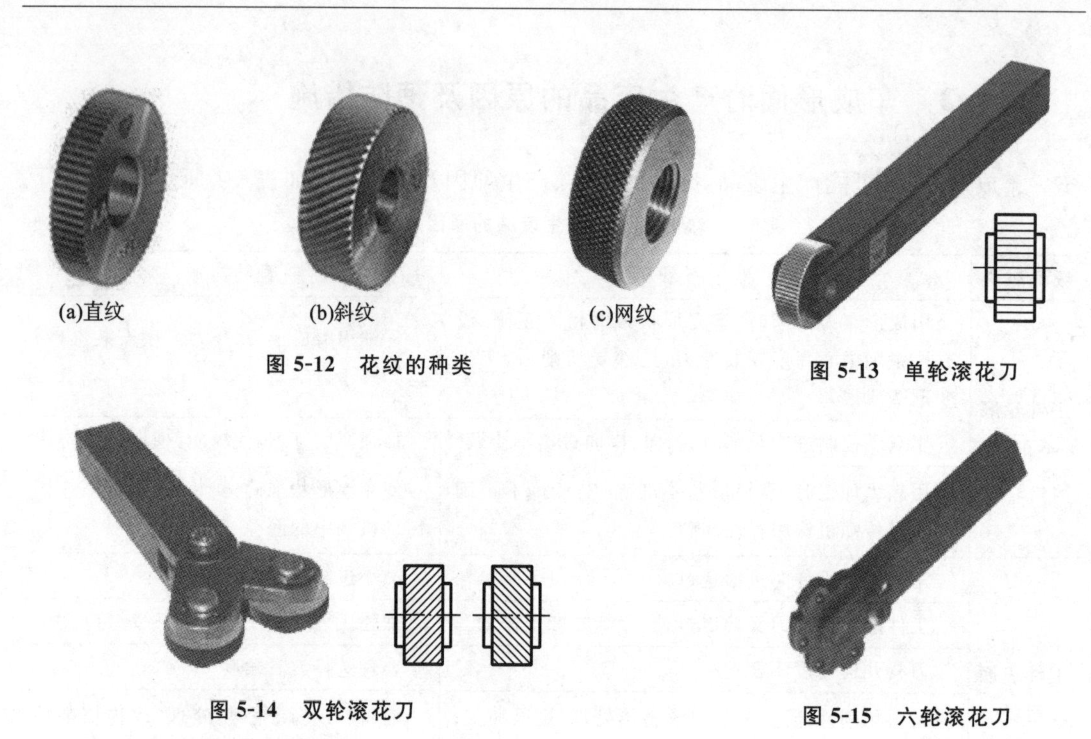

(a)直纹　(b)斜纹　(c)网纹

图 5-12　花纹的种类

图 5-13　单轮滚花刀

图 5-14　双轮滚花刀

图 5-15　六轮滚花刀

滚花刀滚轮的直径一般为 20～25 mm。

**3. 滚花要素**

1)滚花刀的装夹步骤

(1)将刀架固定。

(2)将滚轮轴的中心线调整到与工件的中心线一样的高度。

(3)用手拧紧刀架螺钉,使得滚轮初步被拧紧,位置初步确定。

(4)移动中滑板,使得滚轮与工件的外圆靠近。

(5)用铜棒轻轻敲打刀杆,使滚轮与工件外圆平行。

(6)平行后再紧固刀架螺钉。

2)滚花的操作方法

滚花是用滚花刀来挤压工件,使其表面产生变形而形成相应形状的花纹,滚花时产生的压力很大,滚花后工件直径大于滚花前直径,其值为(0.8～1.6)$m$,$m$ 为滚花模数,常用于表示花纹的粗细。

在滚花刀接触工件时,必须用较大的压力进刀,使工件挤出较深的花纹,否则容易产生乱纹。这样来回滚压 1～2 次,直到花纹凸出为止。

为了减少开始时的径向压力,可先把滚花刀表面宽度的一半跟工件表面相接触,或把滚花刀装得略向右偏一些,使滚花刀跟工件表面有一个很小的夹角(一般为 2°～3°),这样比较容易切入,且不易产生乱纹(此方法一般适用于花纹模数较大的情况)。

滚花时注意,应选择较低的切削速度,一般为 7～15 m/min。

**4. 滚花安全技术**

(1)要经常加润滑油和清除切屑,以免损坏滚花刀和防止滚花刀被切屑滞塞而影响花纹的清晰程度。同时,在用毛刷加注切削液的时候,也要注意不能让毛刷与工件和滚花刀接触,以免弄坏毛刷。

(2)滚花时不准用手去触摸工件,以免发生事故。

(3)滚花时要密切注意工件,因为滚花时产生的压力很大,容易造成工件顶弯、零件变形。这些都是要预防的。

**5. 乱纹的原因及预防**

滚花时操作方法不当,很容易产生乱纹。产生乱纹的原因及预防措施如表5-2所示。

**表5-2　滚花时产生乱纹的原因及预防措施**

| 产生原因 | 预防措施 |
| --- | --- |
| 工件外径周长不能被滚花刀节距 $t$ 整除 | 可把外圆略车小一些,使工件外径周长被滚花刀节距 $t$ 整除 |
| 滚花开始时,吃刀压力太小,或滚花刀与工件表面接触面积过大 | 开始滚花时就要使用较大的压力或把滚花刀偏一个很小的角度 |
| 滚花刀转动不灵,或滚花刀跟刀杆小轴配合间隙太大 | 检查原因或调换小轴 |
| 工件转速太高,滚花刀相对工件表面产生滑动 | 降低转速 |
| 滚花前没有清除滚花刀中的细屑,或滚花刀齿磨损 | 清除细屑或更换滚花刀 |

## 5.2.2　抛光的加工方法

双手控制车削出来的工件,表面粗糙、凹凸不平,为了满足工件表面粗糙度的要求,就需要用辅助工具对工件表面进行修整。修整的过程一般是先用粗锉刀修整,后用细锉刀修光,最后用纱布抛光。

**1. 用锉刀修光**

锉刀一般用高碳工具钢T13或T12制成,并经过热处理淬硬至62 HRC以上。

锉刀由锉面、锉边和锉柄等组成。锉刀的齿纹多制成双纹,双纹锉刀的齿刃是间断的,即在全宽齿刃上有许多分屑槽,使锉屑易碎断,不易堵塞锉面,锉削省力,使用较普遍。

锉刀可分为钳工锉、异形锉和整形锉三种。车床上使用的一般为钳工锉。

**2. 用砂布抛光**

车床上常用的页状砂布是用胶将不同的磨料均匀粘在一条砂布上做成的。其代号、尺寸规格和技术要求等机械行业标准JB/T 3889—2006中都有规定。而且每页砂布均有产品标记,例如砂卷,耐水,重型布,规格(宽×长)1350 mm×50000 mm,棕刚玉磨料,粒度号为P60的砂布,其标记为:砂布JB/T 3889—2006 R WP H 1350×50000 A P60。

选用砂布粒度标准:粗磨一般按F80~F150,细磨按F180~F280,精磨按F320以上。

常用的抛光操作方法有多种,可以根据具体情况的不同来选择。

(1)在一般情况下,可以选择以下抛光方法将砂布垫在锉刀下,捏紧两头,之后再按照锉削的方法进行抛光,如图5-16所示。这种方法除了比较安全外,抛光的质量也比较好。

(2)当需要进行微量抛光时,可以直接抓住砂布两端,在需要抛光的面进行抛光,如图5-17所示。

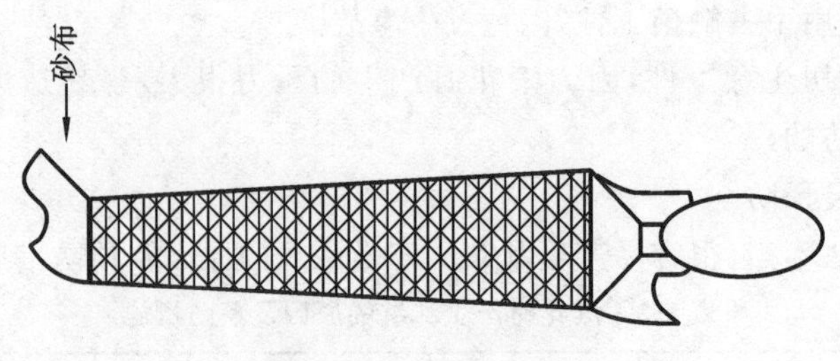


图 5-16　砂布锉刀抛光

因为车床的转速比较快，所以，我们在注意安全的同时，还要注意双手也不能用力过大，否则就会磨过度，造成零件表面的损坏。

(3)若要对精车后的内孔进行抛光或者修整，可以把砂布撕成适当大小，顺时针绕在比工件内孔直径小的木棒头上，放进工件内孔进行抛光，如图 5-18 所示。

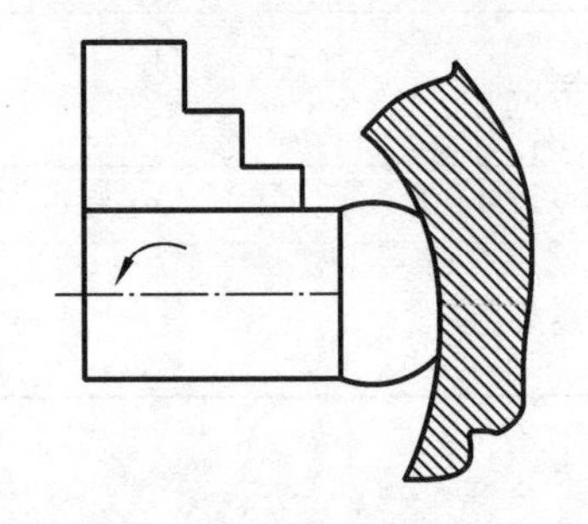

图 5-17　砂布抛光

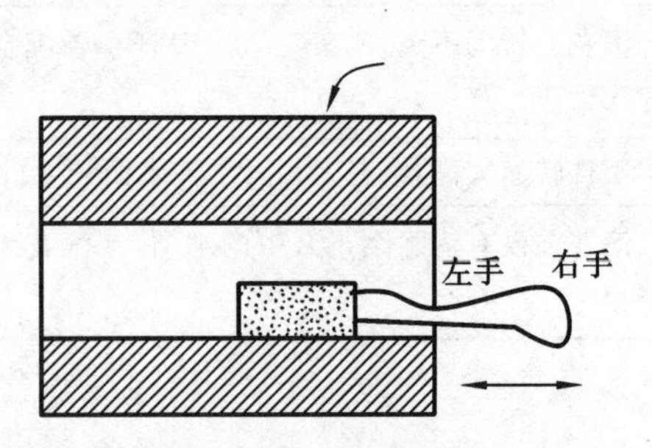


图 5-18　内孔抛光

技术要求：右手握住木棒手柄后部，左手握住木棒前部，当工件旋转时，木棒也均匀地在孔内移动。切记不能将砂布绕在手指上直接进行抛光，以免发生事故。

# 5.3　成形面加工技能训练实例

## 训练实例 1　三球手柄的加工

**1. 识图**

如图 5-19 所示为三球手柄。毛坯为 45 热轧圆钢，毛坯尺寸为 $\phi$32 mm×155 mm。车削数量为单件。加工要求如图 5-19 所示。

为达到图样要求，应注意：

(1)手柄总长为 110 mm+10 mm+15 mm=135 mm，由于两端不允许有中心孔，为保证装夹，应将毛坯长度放长。这里取 155 mm。

(2)车削数量为单件，在无成形刀的情况下，采用双手控制法车削三圆球体。注意车圆球时根部不要车得过小，以防折断。

(3)柄部圆锥体用转动小滑板法车削。

(4)用转动小滑板法车圆锥时，只能使用沟槽车刀从圆锥的小端处进给车削，当车至中间圆球侧面时，记下中滑板刻度值后，车刀横向退出，小滑板向前移动，越过中间球后，沟槽车刀刀尖再沿着中间球的侧面进给，当中滑板刻度进到所记下的刻度位置时，再摇动小滑板

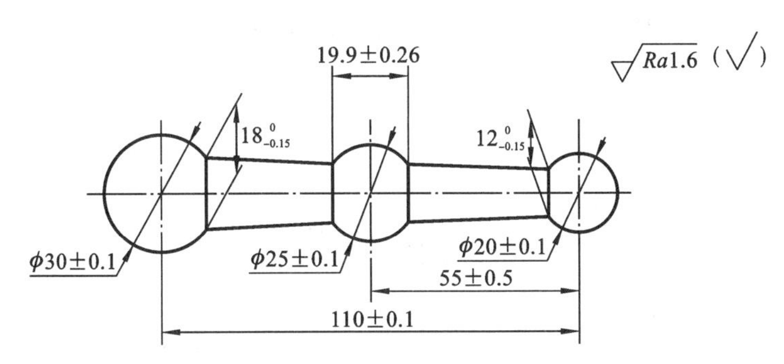


**图 5-19　三球手柄**

手柄继续车圆锥面。

(5)车削两端头部多余部分时装夹较困难,可自制一辅助夹套,要求夹套外圆直径大于大球尺寸 φ30 mm,夹套上圆锥孔锥度与三球手柄的锥度相同,车好后对半锯开。车削两端多余部分时,可先在砂轮上磨去大部分余量,然后采用双手控制法,用圆弧车刀将圆球车平滑。

(6)为保证圆球及锥体的表面光洁,用锉刀将接刀痕迹进行锉削修整,并用砂布抛光。

**2. 加工**

(1)三爪夹住毛坯外圆,钻 A 型 φ2 mm 中心孔,车 φ7 mm×5 mm 外圆,如图 5-20 所示。

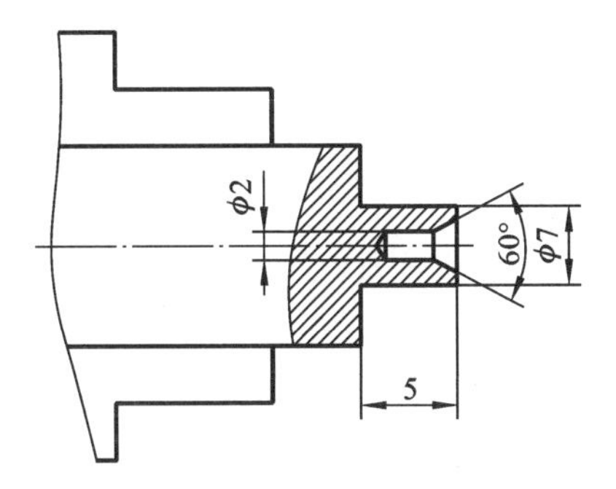


**图 5-20　三球手柄的加工第一步**

(2)车阶梯轴,如图 5-21 所示。

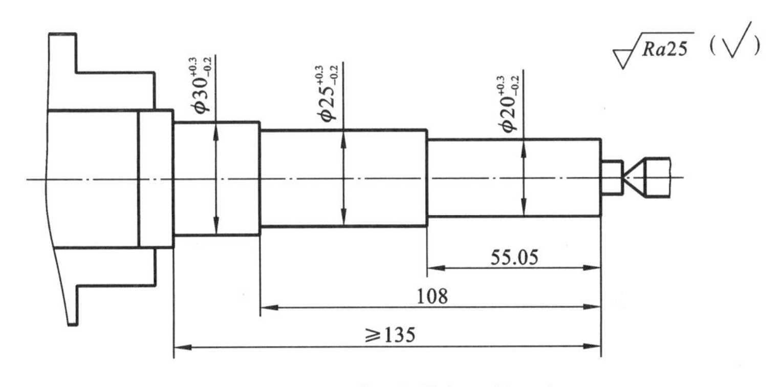


**图 5-21　三球手柄的加工第二步**

(3)用切断刀按各圆长度切削，移动小滑板，粗、精车柄部圆锥体至尺寸，如图 5-22 所示。

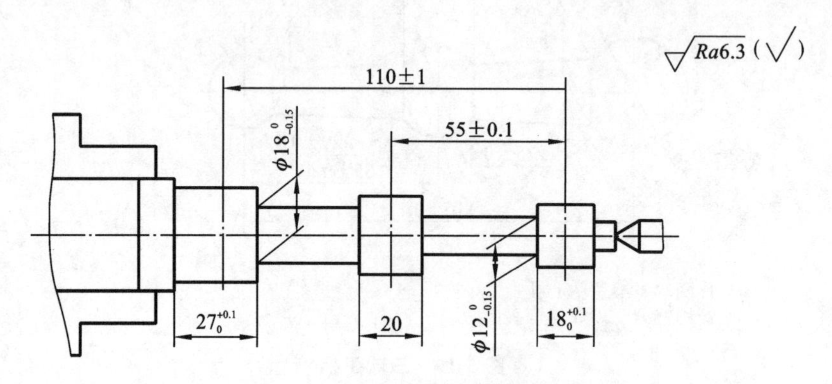


图 5-22　三球手柄的加工第三步

(4)用双手控制法车圆球，修锉接刀痕迹，用砂布抛光，切断，如图 5-23 所示。

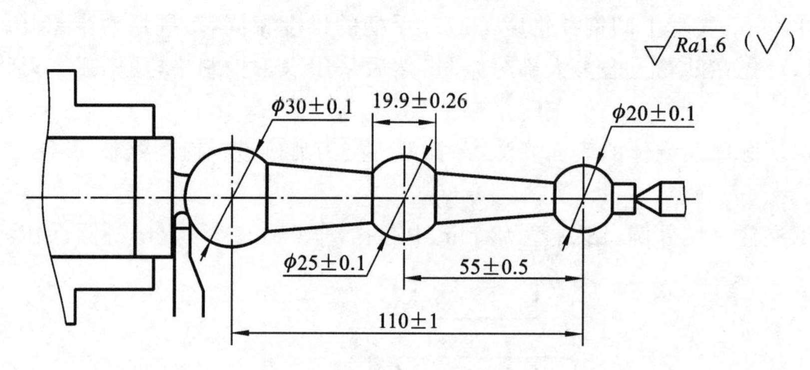


图 5-23　三球手柄的加工第四步

(5)按前面所述自制夹套，用圆弧车刀修整圆球 $\phi$30 mm 端部，用锉刀修整，用砂布抛光，如图 5-24 所示。

(6)用圆弧车刀修整圆球 $\phi$20 mm 端部，用锉刀修整，用砂布抛光，如图 5-25 所示。

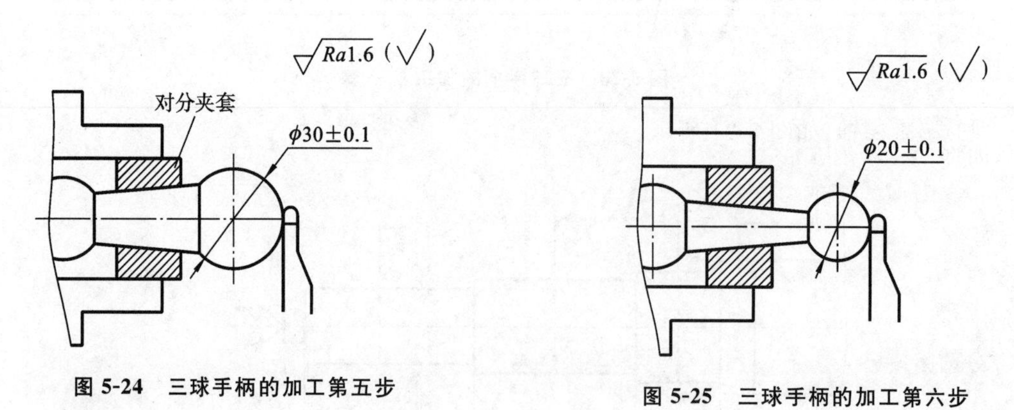


图 5-24　三球手柄的加工第五步

图 5-25　三球手柄的加工第六步

**3. 精度检验及误差分析**

1)圆球尺寸精度检验

若有圆弧样板，可透光检验。没有样板也可用外径千分尺测量圆球各个方向的直径，判断读数值是否在图样规定允许误差范围内。

2)柄部圆锥尺寸的检验

用读数值为 0.02 mm 的游标卡尺测量其圆锥大小端直径。

## 训练实例 2　车摇手柄的加工

### 1. 工艺准备

1)识读工件样图

如图 5-26 所示车摇手柄。毛坯为 45 热轧圆钢，毛坯尺寸为 $\phi$24 mm×120 mm。每次车削数量为单件。样图加工精度及技术要求如下：

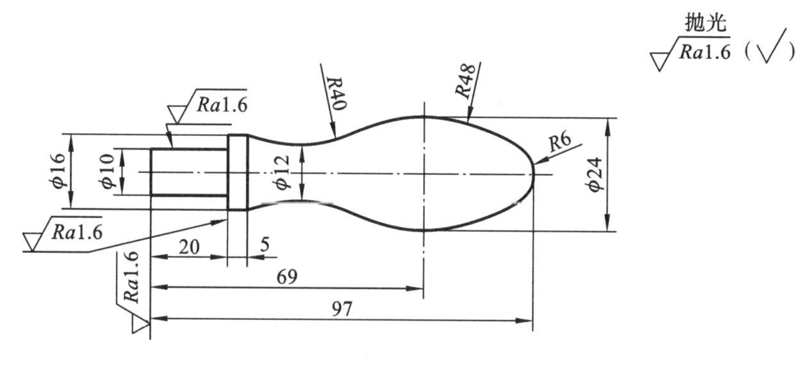


图 5-26　手柄

(1)手柄椭圆部尺寸为 $\phi$24±0.01 mm，中间凹下的圆弧面尺寸为 $\phi$12 mm±0.01 mm；

(2)左边圆柱部分尺寸为 $\phi$16±0.01 mm、$\phi$10±0.01 mm；

(3)其他尺寸偏差不超过 0.01 mm；

(4)技术要求规定两端不准留中心孔；

(5)所有加工面粗糙度值 $Ra$=1.6 μm。

2)达到样图要求的工艺方法

(1)手柄总长为 97 mm，由于两端不允许留中心孔，为了保证装夹，应该将毛坯长度放长，故长度为 130 mm。

(2)车削数量为单件，在无成形车刀的情况下，采用双手控制法车削椭圆部分和凹下的圆弧面部分。车削方法可以参照车圆球的方法，注意车圆弧面时根部不要车得过于小，以防折断。车削两端头部多余部分时，装夹较困难，可以自制一辅助夹套，要求夹套的外圆尺寸大于 $\phi$24 mm。

(3)为了保证椭圆面和凹下的圆弧面光滑，用锉刀将接刀痕迹进行锉削修整，并用砂布抛光。

3)选用设备

选用 C6132 型卧式车床。

### 2. 工件的加工

(1)夹住毛坯，钻 $\phi$2 mm 中心孔，车 $\phi$6 mm×5 mm 外圆，如图 5-27 所示。

(2)工件伸出长约 110 mm 左右，一夹一顶，粗车 $\phi$24 mm×110 mm 外圆，$\phi$16 mm×45 mm 外圆，$\phi$10 mm×20 mm 外圆，各留精车余量 0.1 mm 左右，如图 5-28 所示。

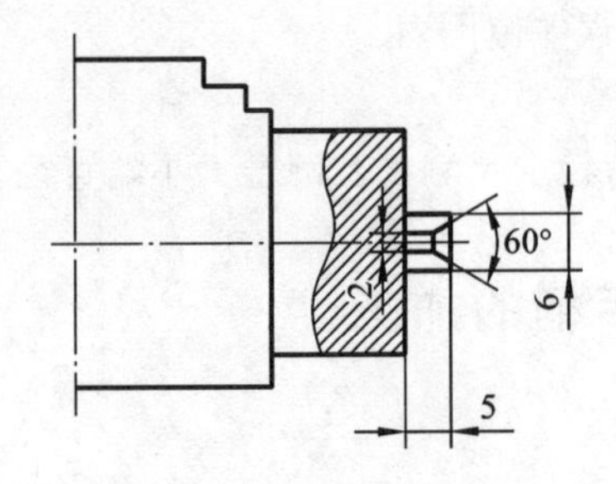


图 5-27　手柄的加工第一步

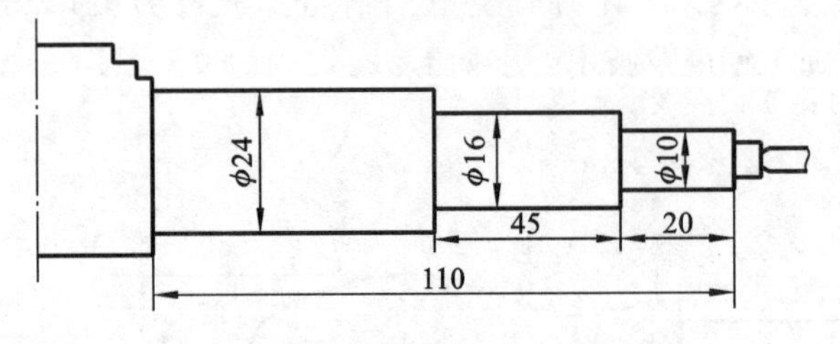


图 5-28　手柄的加工第二步

(3)从 $\phi$16 mm 外圆的右端面量起，在 17.5 mm 处，用小圆车刀车 $\phi$12.5 mm 的定位槽，如图 5-29 所示。

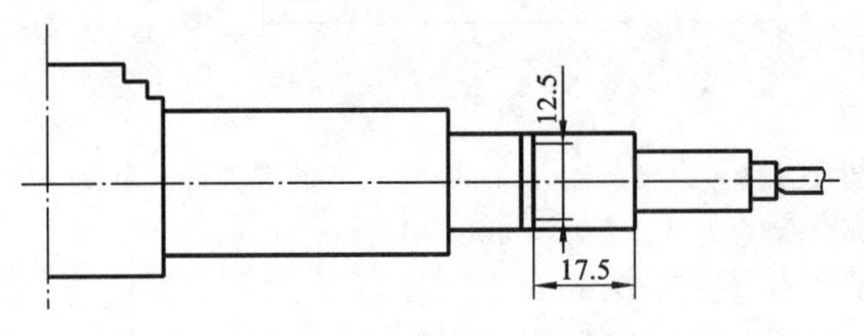


图 5-29　手柄的加工第三步

(4)从 $\phi$16 mm 外圆的右端面量起，在 5 mm 处开始切削，向 12.5 mm 定位槽处移动车 $R$40 mm 圆弧面，如图 5-30 所示。

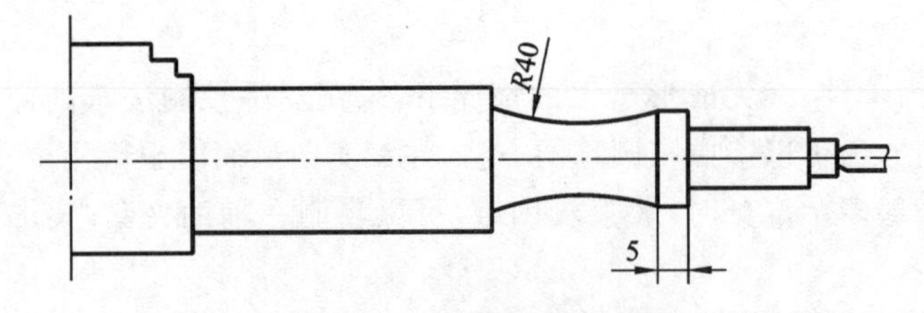


图 5-30　手柄的加工第四步

(5)从 $\phi$16 mm 外圆的平面量起，长 49 mm 处为中心线，在 $\phi$24 mm 外圆上向左、向右车 $R$48 mm 圆弧面，如图 5-31 所示。

(6)精车。

①精车 $\phi$10 mm×20 mm、$\phi$16 mm×45 mm 外圆；

②用锉刀、砂布修整抛光 $\phi$10 mm 和 $\phi$16 mm 外圆(用专用样板检查)；

③松开顶尖，用 $R$6 mm 圆头车刀切下工件；

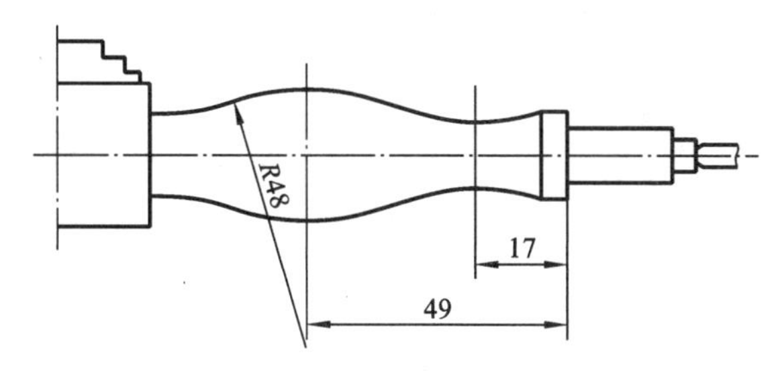


图 5-31　手柄的加工第五步

④调头垫铜皮，夹住 $\phi24$ mm 外圆柱找正，用车刀或者锉刀修整 $R6$ mm 圆弧圆；

⑤用砂布抛光，如图 5-32 所示。

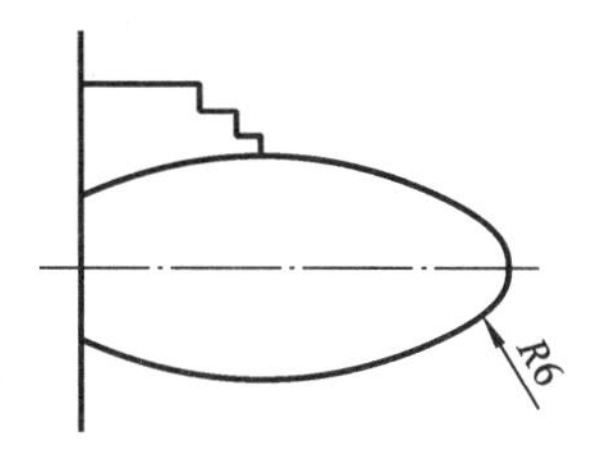


图 5-32　手柄的加工第六步

# 第6章　三角形螺纹的车削

## 6.1　三角形螺纹的车削工艺知识

螺纹有很多种(见图6-1),常见于机械紧固件和传动件。常用螺纹都有国家标准,因为标准螺纹有很好的互换性和通用性。但也有少量的非标准螺纹,如矩形螺纹等。

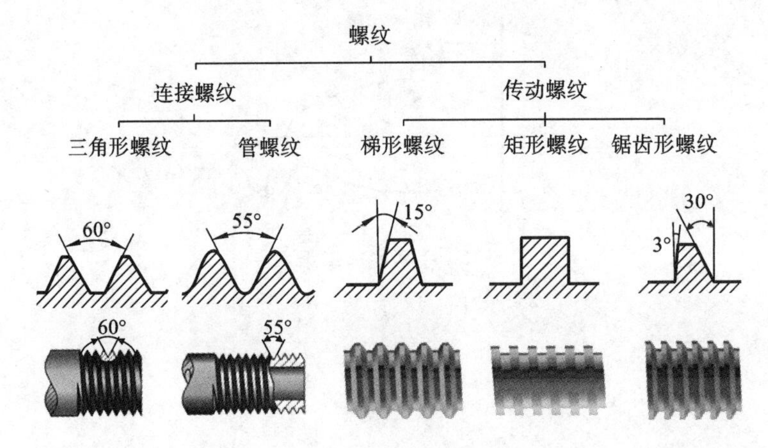


图6-1　螺纹种类

螺纹按用途可分为机械紧固螺纹和传动螺纹;按牙型的对称性可分为对称牙型螺纹和非对称牙型螺纹;按旋合性质可分密封螺纹和非密封螺纹;按螺纹母体形状可分为圆柱螺纹和圆锥螺纹;按螺旋线方向可分为右旋螺纹和左旋螺纹;按螺旋线数可分为单线螺纹和多线螺纹。本章介绍的是三角形螺纹。

车工常用螺纹术语如下。

(1)螺旋线:沿着圆柱或圆锥表面运动的点的轨迹,该点的轴向位移和相应的角位移成定比,如图6-2所示。

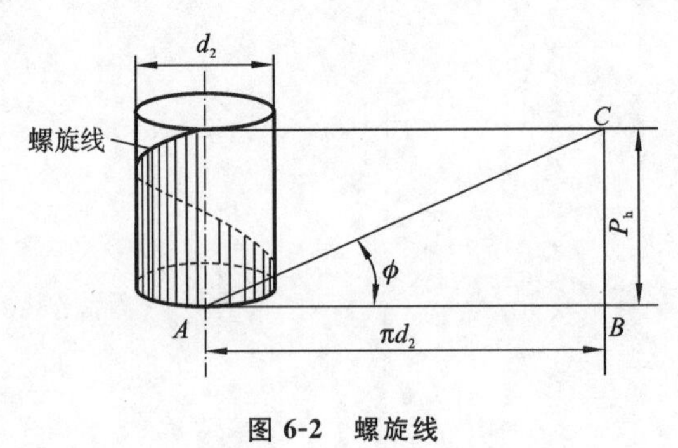


图6-2　螺旋线

(2)螺纹:在圆柱或圆锥表面上,沿着螺旋线所形成的具有规定牙型的连续凸起称为螺纹,如图6-3所示。

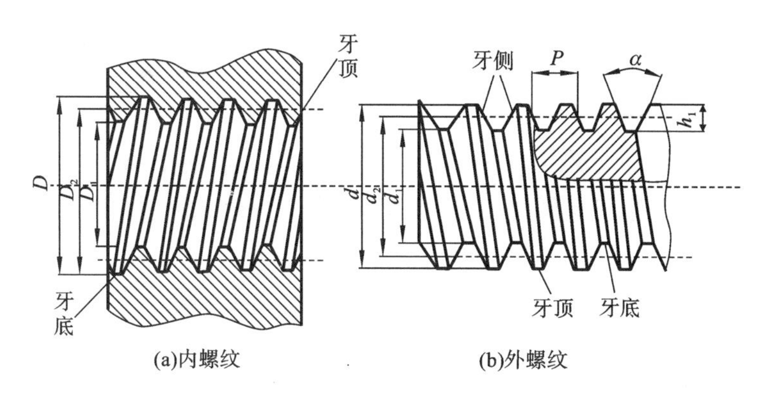


图 6-3　螺纹

(3)单线螺纹：沿一条螺旋线所形成的螺纹。

(4)多线螺纹：沿两条或两条以上的螺旋线所形成的螺纹，该螺旋线在轴向等距分布。

(5)牙型角：在螺纹牙型上，两相邻牙侧间的夹角。三角形螺纹的牙型角有60°和55°两种，并对称于轴线垂直线。

(6)牙型半角：牙型角的一半(锯齿螺纹除外)。

(7)牙型高度：在螺纹牙型上，牙顶到牙底在垂直于螺纹轴线方向上的距离。

(8)牙顶高：在螺纹牙型上，由牙顶沿垂直于螺纹轴线方向到中径线的距离。

(9)牙底高：在螺纹牙型上，由牙底沿垂直于螺纹轴线方向到中径线的距离。

(10)大径：与外螺纹牙顶或内螺纹牙底相切的假想圆柱或圆锥的直径。

(11)小径：与外螺纹牙底或内螺纹牙顶相切的假想圆柱或圆锥的直径。

(12)顶径：与外螺纹或内螺纹牙顶相切的假想圆柱或圆锥的直径，即外螺纹大径或内螺纹小径。

(13)底径：与外螺纹或内螺纹牙底相切的假想圆柱或圆锥的直径，即外螺纹小径或内螺纹大径。

(14)公称直径：代表螺纹尺寸的直径(管螺纹用尺寸代号表示)。

(15)中径：一个假想圆柱或圆锥的直径，该圆柱或圆锥的母线通过牙型上沟槽和凸起宽度相等的地方。此假想圆柱(或圆锥)称为中径圆柱(中径圆锥)。

(16)导程：同一条螺旋线上的相邻两牙在中径线上对应两点间的轴向距离。

(17)螺距：相邻两牙在中径线上对应两点间的轴向距离。

(18)螺纹升角：在中径圆柱或中径圆锥上，螺旋线的切线与垂直于螺纹轴线的平面夹角。

# 6.2　螺纹的尺寸计算

三角形螺纹因其规格及用途不同，分普通螺纹、米制螺纹和英制螺纹三种。

## 6.2.1　普通螺纹

普通螺纹是我国应用最广泛一种三角形螺纹，牙型角为60°。

普通螺纹又分为粗牙普通螺纹和细牙普通螺纹，粗牙普通螺纹标记用字母“M”及公称直径表示，如 M16、M8 等。细牙普通螺纹与粗牙普通螺纹的不同点是，当公称直径相同时，螺距比较小。细牙普通螺纹标记用字母“M×螺距”表示，如 M20×1.5、M10×1 等。

根据标准 GB/T 192—2003，普通螺纹基本牙型如图 6-4 所示。

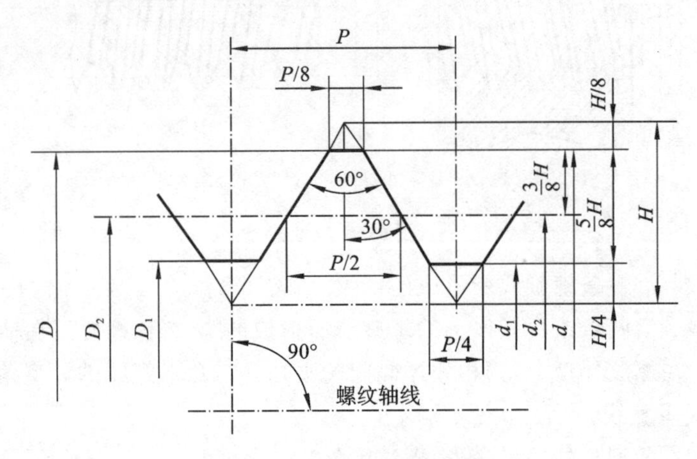


图 6-4　普通螺纹的基本牙型

**1. 螺纹常用的计算公式**

(1)螺纹的公称直径是大径的基本尺寸($D$ 或 $d$)。

(2)原始三角形高度：　　$H=(\sqrt{3}/2)P=0.866P$　　(6-1)

中径：　　$d_2=D_2=d-0.6495P$　　(6-2)

(3)削平高度：外螺纹牙顶和内螺纹牙底均在 $H/8$ 处削平。外螺纹牙底和内螺纹牙顶均在 $H/4$ 处削平。

(4)牙型高度：　　$h_1=(5/8)H=0.5142P$　　(6-3)

(5)外螺纹小径：　　$d_1=d-1.0825P$　　(6-4)

(6)内螺纹小径($D_1$)：内螺纹小径的基本尺寸与外螺纹小径相同。

(7)螺纹接触高度($h$)：螺纹接触高度与牙型高度的基本尺寸 $h_1$ 相同。

**例 6-1**　试计算 M10 内螺纹的小径尺寸。

**解**　已知 $D=d=10$ mm，查表得 $P=1.5$，由式(6-4)可得：

$$D_1=d_1=d-1.0825P=10\ \text{mm}-1.0825\times1.5\ \text{mm}=8.376\ \text{mm}$$

普通螺纹的基本尺寸摘自 GB/T 193—2003、GB/T 196—2003。

**2. 普通螺纹标记**

螺纹标记是指用特定的符号对螺纹进行标注的方法。

在图样上，螺纹需要用规定的螺纹代号标注，除管螺纹外，螺纹代号的标注格式为：

特征代号 公称直径×Ph 导程 P 螺距-公差带代号-旋向

管螺纹的标注格式为

特征代号＋尺寸代号＋旋向

右旋螺纹旋向可省略不注，左旋用“ LH”表示。标记示例如图 6-5 所示。

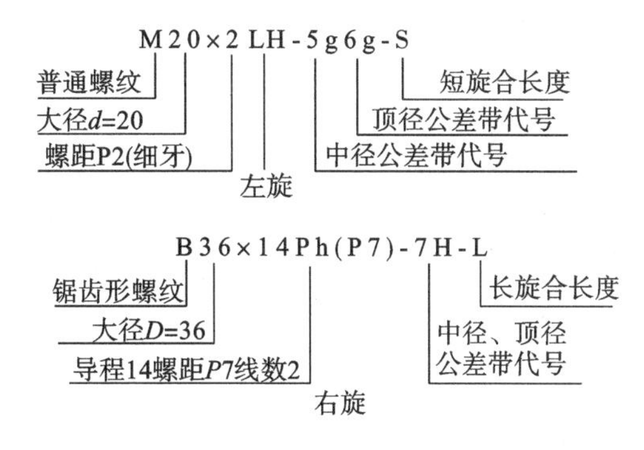


**图 6-5　普通螺纹标记**

## 6.2.2　英制螺纹

英制螺纹是尺寸用英制标注的螺纹。其按外形分圆柱螺纹、圆锥螺纹两种；按牙型角分 55°螺纹、60°螺纹两种。螺纹中的 1/4、1/2、1/8 标记是指螺纹尺寸的直径，单位是 in(1 in＝25.4 mm)。

英制螺纹在我国应用较少，只有在进出口设备和维护旧设备时才会遇到一些英制螺纹。螺纹牙型角为 55°，螺纹的公称直径是指内螺纹大径 $D$，并用尺寸代号表示。螺距是用每 25.4 mm(即 1 in) 长度内的螺纹牙数 $n$ 换算出来的。如尺寸代号为 3/8，查表 6-2 得每 25.4 mm 内的螺纹牙数 $n=16$，螺距 $P=1.59$ mm，内螺纹大径(螺纹公称直径)$D=9.53$ mm(即 3/8×25.4 mm＝9.53 mm)，外螺纹大径 $d=9.36$ mm。

英制螺纹牙型和基本尺寸见表 6-1。英制螺纹的螺距用每英寸的牙数来表示，如：每英寸 11 牙，则螺距＝25.4 /11＝2.309 mm。表中螺距单位为 mm。钻孔直径为攻螺纹推荐钻孔尺寸，单位为毫米。

我国的管螺纹基本沿用国际标准，采用英寸制。因为英国标准与美国标准不同，所以国外标准分为了两种 55°和 60°的。以前我国只是将管螺纹分两类：G 和 Z，一些工厂里仍然沿用这种用法，将一些配管接头的孔标 G 或 Z 或 ZG，如 G1/2 表示 55°圆柱管螺纹，Z1/2 或 ZG1/2 表示 55°圆锥管螺纹，Z1/2(60°)或 ZG1/2(60°)表示 60°圆锥管螺纹。

**表 6-1　英制螺纹牙型和基本尺寸**

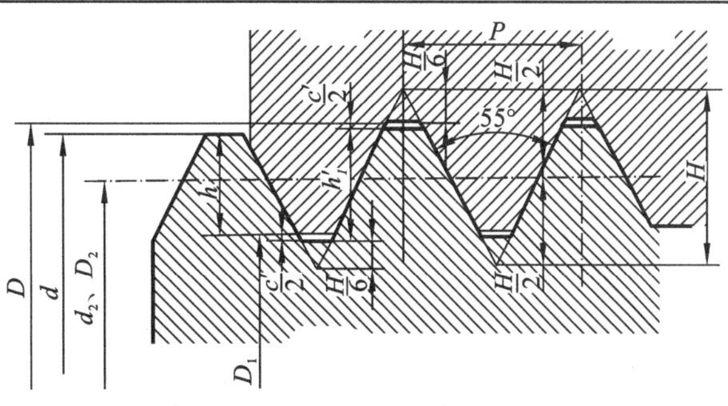


$H=0.96049P \quad h=h_1-\frac{e'}{2} \quad h_1=0.64033P-\frac{c'}{2} \quad c'=0.075P+0.05 \quad e'=0.148P$

续表

| 尺寸代号 | 每25.4 mm内的螺纹牙数 $n$ | 螺距 $P$ | 螺纹直径 | | | | | 牙型高度 $h_1$ | 间隙 | |
|---|---|---|---|---|---|---|---|---|---|---|
| | | | 内螺纹 | | 中径 | 外螺纹 | | | $c'$ | $e'$ |
| | | | 大径 $D$ | 小径 $D_1$ | $D_2$ 或 $d_2$ | 大径 $d$ | 小径 $d_1$ | | | |
| 3/16 | 24 | 1.06 | 4.76 | 3.56 | 4.09 | 4.63 | 3.40 | 0.39 | 0.13 | 0.15 |
| 1/4 | 20 | 1.27 | 6.35 | 4.91 | 5.54 | 6.20 | 4.72 | 0.48 | 0.15 | 0.19 |
| 5/16 | 18 | 1.41 | 7.94 | 6.34 | 7.03 | 7.78 | 6.13 | 0.54 | 0.16 | 0.21 |
| 3/8 | 16 | 1.59 | 9.53 | 7.73 | 8.51 | 9.36 | 7.49 | 0.61 | 0.17 | 0.24 |
| (7/16) | 14 | 1.81 | 11.11 | 9.06 | 9.95 | 10.93 | 8.79 | 0.71 | 0.18 | 0.27 |
| 1/2 | 12 | 2.12 | 12.70 | 10.30 | 11.35 | 12.50 | 9.99 | 0.84 | 0.20 | 0.31 |
| (9/16) | 12 | 2.12 | 14.29 | 11.89 | 12.93 | 14.08 | 11.58 | 0.85 | 0.21 | 0.31 |
| 5/8 | 11 | 2.31 | 15.88 | 13.26 | 14.40 | 15.65 | 12.91 | 0.91 | 0.23 | 0.34 |
| 3/4 | 10 | 2.54 | 19.05 | 16.17 | 17.42 | 18.81 | 15.80 | 1.01 | 0.24 | 0.37 |
| 7/8 | 9 | 2.82 | 22.22 | 19.03 | 20.42 | 21.96 | 18.61 | 1.12 | 0.27 | 0.42 |
| 1 | 8 | 3.18 | 25.40 | 21.80 | 23.37 | 25.11 | 21.33 | 1.28 | 0.29 | 0.47 |
| $1\frac{1}{8}$ | 7 | 3.63 | 28.58 | 24.46 | 26.25 | 28.25 | 23.92 | 1.47 | 0.33 | 0.53 |
| $1\frac{1}{4}$ | 7 | 3.63 | 31.75 | 27.64 | 29.43 | 31.42 | 27.10 | 1.46 | 0.33 | 0.57 |
| ($1\frac{3}{8}$) | 6 | 4.23 | 34.93 | 30.13 | 32.22 | 34.56 | 29.50 | 1.72 | 0.37 | 0.63 |
| $1\frac{1}{2}$ | 6 | 4.23 | 38.10 | 33.31 | 35.39 | 37.73 | 32.68 | 1.71 | 0.37 | 0.63 |
| ($1\frac{5}{8}$) | 5 | 5.08 | 41.28 | 35.52 | 38.02 | 40.85 | 34.77 | 2.08 | 0.43 | 0.75 |
| $1\frac{3}{4}$ | 5 | 5.08 | 44.45 | 38.70 | 41.20 | 44.02 | 37.95 | 2.07 | 0.43 | 0.76 |
| ($1\frac{7}{8}$) | $4\frac{1}{2}$ | 5.64 | 47.63 | 41.23 | 44.01 | 47.15 | 40.40 | 2.31 | 0.48 | 0.83 |
| 2 | $4\frac{1}{2}$ | 5.64 | 50.80 | 44.41 | 47.19 | 50.32 | 43.57 | 2.30 | 0.48 | 0.84 |
| $2\frac{1}{4}$ | 4 | 6.35 | 57.15 | 49.96 | 53.08 | 56.62 | 49.10 | 2.59 | 0.53 | 0.94 |
| $2\frac{1}{2}$ | 4 | 6.35 | 63.50 | 56.31 | 59.43 | 62.97 | 55.37 | 2.59 | 0.53 | 0.94 |
| $2\frac{3}{4}$ | $3\frac{1}{2}$ | 7.26 | 69.85 | 61.63 | 65.20 | 69.26 | 60.56 | 2.98 | 0.59 | 1.07 |
| 3 | $3\frac{1}{2}$ | 7.26 | 76.20 | 67.98 | 71.55 | 75.61 | 66.91 | 2.98 | 0.59 | 1.07 |

注：括号内的尺寸代号尽可能不采用。

### 6.2.3 管螺纹

管螺纹用在输送气体或液体的管子及管接头上。根据螺纹部分的母体形状，分为圆柱管螺纹和圆锥管螺纹。圆锥管螺纹有1∶16的锥度，它的密封性比圆柱管螺纹好，常用于压力较高的接头处。管螺纹的尺寸代号是指管子孔径的公称直径。常用的管螺纹有55°密封管螺纹、55°非密封管螺纹和60°圆锥管螺纹。

**1. 55°密封管螺纹**

它是螺纹副本身具有密封性的管螺纹，牙顶和牙底都在 $H/6$ 处倒圆。55°密封管螺纹包括圆柱内螺纹与圆锥外螺纹(GB/T 7306.1—2000),以及圆锥内螺纹与圆锥外螺纹(GB/T 7306.2—2000)。它适用于管子、管接头、旋塞、阀门和其他螺纹连接的附件。必要时,允许在螺纹副内添加密封物,以保证连接的密封性。

螺纹的外径、中径及内径应在基面内测量。

圆锥管螺纹基本牙型和尺寸如表 6-2 所示。

**表 6-2 55°密封管螺纹基本牙型及尺寸(摘自 GB/T 7306.1—2000)**

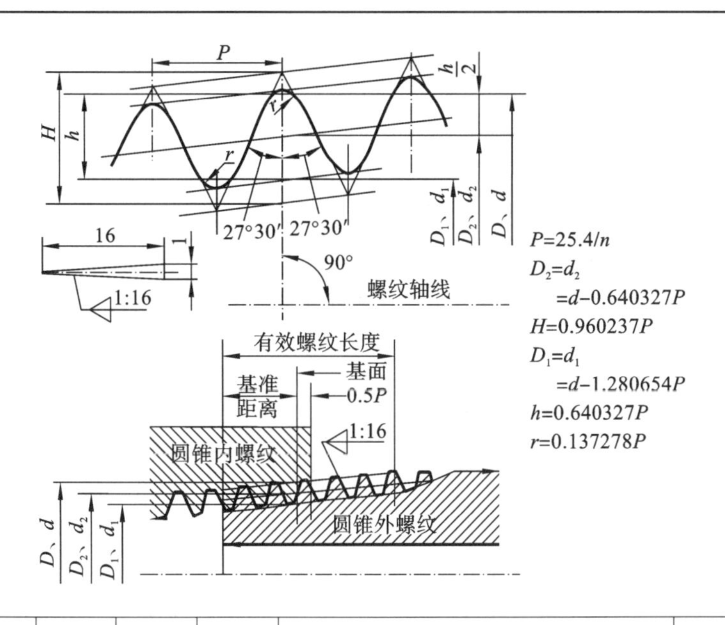


| 尺寸代号 | 每 25.4 mm 内的牙数 $n$ | 螺距 $P$ /mm | 牙高 $h$ /mm | 圆弧半径 $r\approx$ | 基面上的直径 | | | 基准距离(基本)/mm | 有效螺纹长度(基本)/mm |
|---|---|---|---|---|---|---|---|---|---|
| | | | | | 大径(基准直径) $d=D$/mm | 中径 $d_2=D_2$/mm | 小径 $d_1=D_1$/mm | | |
| 1/16 | 28 | 0.907 | 0.581 | 0.125 | 7.723 | 7.142 | 6.561 | 4.0 | 6.5 |
| 1/8 | 28 | 0.907 | 0.581 | 0.125 | 9.728 | 9.142 | 8.566 | 4.0 | 9.5 |
| 1/4 | 19 | 1.337 | 0.856 | 0.184 | 13.157 | 12.301 | 11.445 | 6.0 | 9.7 |
| 3/8 | 19 | 1.337 | 0.856 | 0.184 | 16.662 | 15.806 | 14.950 | 6.4 | 10.1 |
| 1/2 | 14 | 1.814 | 1.162 | 0.249 | 20.955 | 19.793 | 18.631 | 8.2 | 13.2 |
| 3/4 | 14 | 1.814 | 1.162 | 0.249 | 26.441 | 25.279 | 24.117 | 9.5 | 14.5 |
| 1 | 11 | 2.309 | 1.479 | 0.317 | 33.249 | 31.770 | 30.291 | 10.4 | 16.8 |
| 1¼ | 11 | 2.309 | 1.479 | 0.317 | 41.910 | 40.431 | 38.952 | 12.7 | 19.1 |
| 1½ | 11 | 2.309 | 1.479 | 0.317 | 47.803 | 46.324 | 44.845 | 12.7 | 19.1 |
| 2 | 11 | 2.309 | 1.479 | 0.317 | 59.614 | 58.135 | 56.656 | 15.9 | 23.4 |
| 2½ | 11 | 2.309 | 1.479 | 0.317 | 75.184 | 73.705 | 72.226 | 17.5 | 26.7 |
| 3 | 11 | 2.309 | 1.479 | 0.317 | 87.884 | 86.405 | 84.926 | 20.6 | 29.8 |
| 3½ | 11 | 2.309 | 1.479 | 0.317 | 100.330 | 98.851 | 97.372 | 22.2 | 31.4 |
| 4 | 11 | 2.309 | 1.479 | 0.317 | 113.030 | 111.551 | 110.072 | 25.4 | 35.8 |

续表

| 尺寸代号 | 每 25.4 mm 内的牙数 $n$ | 螺距 $P$ /mm | 牙高 $h$ /mm | 圆弧半径 $r\approx$ | 基面上的直径 | | | 基准距离（基本）/mm | 有效螺纹长度（基本）/mm |
|---|---|---|---|---|---|---|---|---|---|
| | | | | | 大径（基准直径）$d=D$/mm | 中径 $d_2=D_2$/mm | 小径 $d_1=D_1$/mm | | |
| 5 | 11 | 2.309 | 1.479 | 0.317 | 138.430 | 136.951 | 135.472 | 28.6 | 40.1 |
| 6 | 11 | 2.309 | 1.479 | 0.317 | 163.830 | 162.351 | 160.872 | 28.6 | 40.1 |

注：①尺寸代号 3½的螺纹，限用于蒸汽机车。

②基面指垂直于螺纹轴线、具有基准直径的平面。

③基准直径指内螺纹或外螺纹的基本大径。

④基准距离指从基准平面到外螺纹小端的距离，简称基距。

55°密封管螺纹标记由螺纹特征代号和尺寸代号组成。

螺纹特征代号：$R_P$ 表示圆柱内螺纹；$R_C$ 表示圆锥内螺纹；$R_1$ 表示与圆柱内螺纹相配合的圆锥外螺纹；$R_2$ 表示与圆锥内螺纹相配合的圆锥外螺纹。如尺寸代号 1/2 的圆锥内螺纹的标记为 $R_C1/2$。

当螺纹左旋时，在尺寸代号之后加注“LH”（右旋不注）。

内外螺纹装配在一起时，其标记用斜线分开，左边表示内螺纹，右边表示外螺纹，如尺寸代号为 2 的左旋圆柱内螺纹与圆锥外螺纹的配合标记为 $R_P/R_1$2-LH。

圆柱内螺纹的牙型及尺寸与55°非密封管螺纹相同。圆锥管螺纹牙型半角为 27°30′，牙顶和牙底处倒圆，螺纹有 1∶16 的锥度。螺纹的大径、中径及小径是基面上的直径。

**2. 55°非密封管螺纹**

牙型半角为 27°30′的圆柱管螺纹。螺纹的牙顶和牙底部都在 $H/6$ 处倒圆，密封性没有圆锥管螺纹好。螺纹的牙型及基本尺寸见表 6-3。

**表 6-3　55°非密封管螺纹的牙型和基本尺寸（摘自 GB/T 7307—2001）**

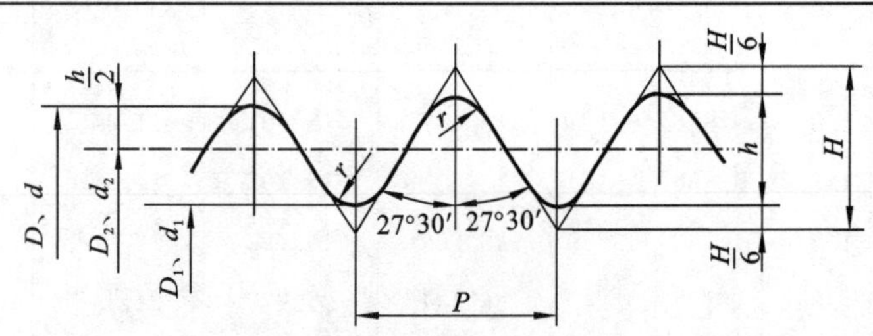


$P=25.4/n$　$H=0.960491P$　$h=0.640327P$　$r=0.137329P$

$D_2=d_2=d-0.640327P$　$D_1=d_1=d-1.280654P$

| 尺寸代号 | 每 25.4 mm 内的牙数 $n$ | 螺距 $P$ | 牙高 $h$ | 圆弧半径 $r\approx$ | 大径 $d=D$ | 中径 $d_2=D_2$ | 小径 $d_1=D_1$ |
|---|---|---|---|---|---|---|---|
| 1/16 | 28 | 0.907 | 0.581 | 0.125 | 7.723 | 7.142 | 6.561 |
| 1/8 | 28 | 0.907 | 0.581 | 0.125 | 9.728 | 9.142 | 8.566 |
| 1/4 | 19 | 1.337 | 0.856 | 0.184 | 13.157 | 12.301 | 11.445 |
| 3/8 | 19 | 1.337 | 0.856 | 0.184 | 16.662 | 15.806 | 14.950 |

续表

| 尺寸代号 | 每 25.4 mm 内的牙数 $n$ | 螺距 $P$ | 牙高 $h$ | 圆弧半径 $r\approx$ | 大径 $d=D$ | 中径 $d_2=D_2$ | 小径 $d_1=D_1$ |
|---|---|---|---|---|---|---|---|
| 1/2 | 14 | 1.814 | 1.162 | 0.249 | 20.955 | 19.793 | 18.631 |
| 5/8 | 14 | 1.814 | 1.162 | 0.249 | 22.911 | 21.749 | 20.587 |
| 3/4 | 14 | 1.814 | 1.162 | 0.249 | 26.441 | 25.279 | 24.117 |
| 7/8 | 14 | 1.814 | 1.162 | 0.249 | 30.201 | 29.039 | 27.877 |
| 1 | 11 | 2.309 | 1.479 | 0.317 | 33.249 | 31.770 | 30.291 |
| $1\frac{1}{8}$ | 11 | 2.309 | 1.479 | 0.317 | 37.897 | 36.418 | 34.939 |
| $1\frac{1}{4}$ | 11 | 2.309 | 1.479 | 0.317 | 41.910 | 40.431 | 38.952 |
| $1\frac{1}{2}$ | 11 | 2.309 | 1.479 | 0.317 | 47.803 | 46.324 | 44.845 |
| $1\frac{3}{4}$ | 11 | 2.309 | 1.479 | 0.317 | 53.746 | 52.267 | 50.788 |
| 2 | 11 | 2.309 | 1.479 | 0.317 | 59.614 | 58.135 | 56.656 |
| $2\frac{1}{4}$ | 11 | 2.309 | 1.479 | 0.317 | 65.710 | 64.231 | 62.752 |
| $2\frac{1}{2}$ | 11 | 2.309 | 1.479 | 0.317 | 75.184 | 73.705 | 72.226 |
| $2\frac{3}{4}$ | 11 | 2.309 | 1.479 | 0.317 | 81.534 | 80.055 | 78.576 |
| 3 | 11 | 2.309 | 1.479 | 0.317 | 87.884 | 86.405 | 84.926 |
| $3\frac{1}{2}$ | 11 | 2.309 | 1.479 | 0.317 | 100.330 | 98.851 | 97.372 |
| 4 | 11 | 2.309 | 1.479 | 0.317 | 113.030 | 111.551 | 110.072 |
| $4\frac{1}{2}$ | 11 | 2.309 | 1.479 | 0.317 | 125.730 | 124.251 | 122.772 |
| 5 | 11 | 2.309 | 1.479 | 0.317 | 138.430 | 136.951 | 135.472 |
| $5\frac{1}{2}$ | 11 | 2.309 | 1.479 | 0.317 | 151.130 | 149.651 | 148.172 |
| 6 | 11 | 2.309 | 1.479 | 0.317 | 163.830 | 162.351 | 160.872 |

注：本标准适用于管接头、旋塞、阀门及其附件。

55°非密封管螺纹标记由螺纹特征代号、尺寸代号和公差等级代号组成。螺纹特征代号用 G 表示。螺纹公差等级代号，对外螺纹分 A、B 两级标记；因其内螺纹中只有一种公差带，故无等级代号，也不标注。

标记示例：尺寸代号 1/2 的螺纹，内螺纹标记为 G1/2；A 级外螺纹为 G1/2A；B 级外螺纹为 G1/2B。当螺纹为左旋时，在外螺纹公差等级代号或内螺纹尺寸代号后注“LH”(右旋不注)，如 G1/2A-LH。

表示螺纹副时，仅需标注外螺纹的标记代号。如尺寸代号为 7/8 的螺纹副标记为 G7/8B。

**3. 60°圆锥管螺纹**

60°圆锥管螺纹牙型半角为 30°，螺纹在牙顶和牙底处削平，削平高度为 0.33$P$。螺纹锥度为 1∶16。内外螺纹的大径(基准直径)、中径和小径为基准平面内的基本直径，表 6-4 中基准距离是指基准平面到外螺纹小端的距离。

60°圆锥管螺纹的牙型及基本尺寸见表 6-4。

60°圆锥管螺纹标记由螺纹特征代号和螺纹尺寸代号组成。60°圆锥管螺纹的螺纹特征代号为 NPT(圆柱内螺纹特征代号为 NPSC)。

标记示例:尺寸代号 3/8 的 60°圆锥管螺纹,标记为 NPT3/8。

当螺纹为左旋时,其后加注“LH”(右螺纹不标注),如 NPT3/8-LH。

**表 6-4　60°圆锥管螺纹牙型及基本尺寸(摘自 GB/T 12716—2011)**

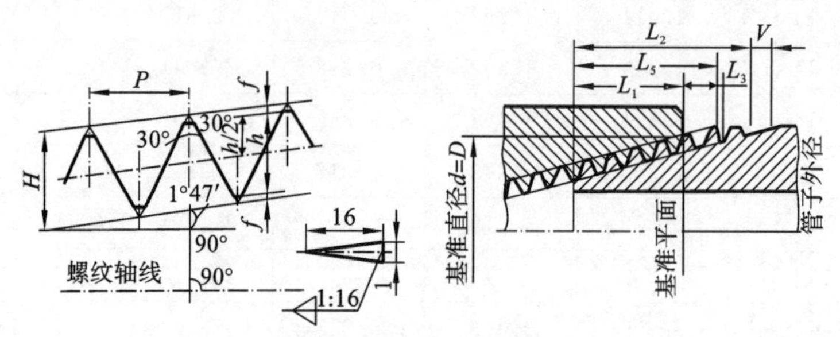


$P=25.4/n$　$H=0.866025P$　$h=0.80P$　$f=0.33P$

| 1 | 2 | 3 | 4 | 5 | 6 | 7 | 8 | 9 | 10 | 11 | 12 |
|---|---|---|---|---|---|---|---|---|---|---|---|
| 螺纹的尺寸代号 | 25.4 mm 内包含的牙数 $n$ | 螺距 $P$ | 牙型高度 $h$ | 基准平面内的基本直径 | | | 基准距离 $L_1$ | | 装配余量 $L_3$ | | 外螺纹小端面内的基本小径 |
| | | | | 大径 $d=D$ | 中径 $d_2=D_2$ | 小径 $d_1=D_1$ | | | | | |
| | | mm | | | | | 圈数 | mm | 圈数 | mm | mm |
| 1/16 | 27 | 0.941 | 0.752 | 7.894 | 7.142 | 6.389 | 4.32 | 4.064 | 3 | 2.822 | 6.137 |
| 1/8 | 27 | 0.941 | 0.752 | 10.242 | 9.489 | 8.737 | 4.36 | 4.102 | 3 | 2.822 | 8.481 |
| 1/4 | 18 | 1.411 | 1.129 | 13.616 | 12.487 | 11.358 | 4.10 | 5.785 | 3 | 4.233 | 10.996 |
| 3/8 | 18 | 1.411 | 1.129 | 17.055 | 15.926 | 14.797 | 4.32 | 6.096 | 3 | 4.233 | 14.417 |
| 1/2 | 14 | 1.814 | 1.451 | 21.224 | 19.772 | 18.321 | 4.48 | 8.128 | 3 | 5.443 | 17.813 |
| 3/4 | 14 | 1.814 | 1.451 | 26.569 | 25.117 | 23.666 | 4.75 | 8.618 | 3 | 5.443 | 23.127 |
| 1 | 11.5 | 2.209 | 1.767 | 33.228 | 31.461 | 29.694 | 4.60 | 10.160 | 3 | 6.626 | 29.060 |
| $1\frac{1}{4}$ | 11.5 | 2.209 | 1.767 | 41.985 | 40.218 | 38.451 | 4.83 | 10668 | 3 | 6.626 | 37.785 |
| $1\frac{1}{2}$ | 11.5 | 2.209 | 1.767 | 48.054 | 46.287 | 44.520 | 4.83 | 10.668 | 3 | 6.626 | 43.853 |
| 2 | 11.5 | 2.209 | 1.767 | 60.092 | 58.325 | 56.558 | 5.01 | 11.065 | 3 | 6.626 | 55.867 |
| $2\frac{1}{2}$ | 8 | 3.175 | 2.540 | 72.699 | 70.159 | 67.619 | 5.46 | 17.335 | 2 | 6.350 | 66.535 |
| 3 | 8 | 3.175 | 2.540 | 88.608 | 86.068 | 83.528 | 6.13 | 19.46 | 2 | 6.350 | 82.311 |
| $3\frac{1}{2}$ | 8 | 3.175 | 2.540 | 101.316 | 96.236 | 96.236 | 6.57 | 20.860 | 2 | 6.350 | 94.932 |

# 6.3　螺纹车刀

## 6.3.1　螺纹车刀的刃磨

要车好螺纹,必须正确刃磨螺纹车刀。刃磨高速钢三角形螺纹车刀的方法如下。

**1. 刃磨外螺纹车刀的方法**

刃磨外螺纹车刀的方法如图 6-6 所示。

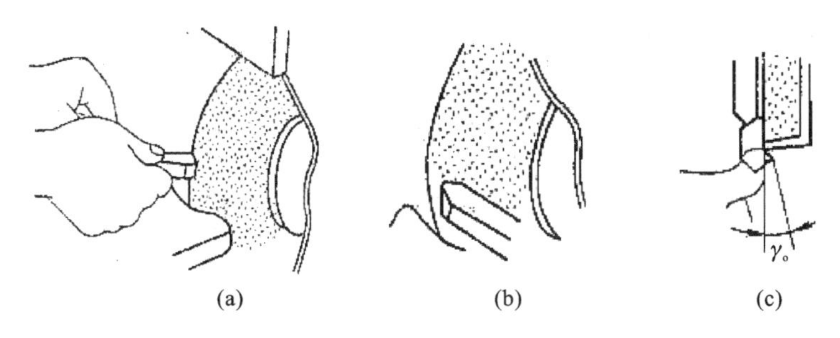


**图 6-6　刃磨外螺纹车刀**

(1)粗磨后面。车刀材料为高速钢,应使用氧化铝粗粒度砂轮刃磨。刃磨时,先磨左侧后面,双手握刀,使刀柄与砂轮外圆水平方向成 30°,垂直方向倾斜 8°～10°,如图 6-6(a)所示。车刀与砂轮接触后稍加压力,并均匀慢慢移动磨出后面,即磨出牙型半角及左侧后角。而右侧后角的磨法与左侧后角一样,如图 6-6(b)所示,即磨出牙型角及右侧后角。

(2)粗磨前面。刃磨时将车刀前面与砂轮平面水平方向倾斜 10°～15°,同时沿竖直方向微量倾斜,使左侧切削刃略低于右侧切削刃,如图 6-6(c)所示。前面与砂轮接触后稍加压力刃磨,逐渐磨至靠近刀尖处,即磨出背前角。

(3)精磨。选用 F80 粒度氧化铝砂轮。精磨两侧后面及前面的方法与粗磨相同,但须注意表面磨出即可,磨削量尽量少。

(4)刃磨刀尖圆弧。车刀刀尖对称砂轮外圆,后角保持不变,刀尖移向砂轮,当刀尖处碰到砂轮时,做圆弧摆动,按要求磨出刀尖圆弧。

总结:在砂轮的选用中,先选氧化铝粗粒度砂轮,再选用 F80 粒度氧化铝砂轮,先粗磨再精磨。

**2. 刃磨内螺纹车刀**

刃磨时,使刀柄与砂轮外圆相交 60°,垂直方向倾斜 8°～10°,刃磨左侧后刀面,如图 6-7(a)所示。

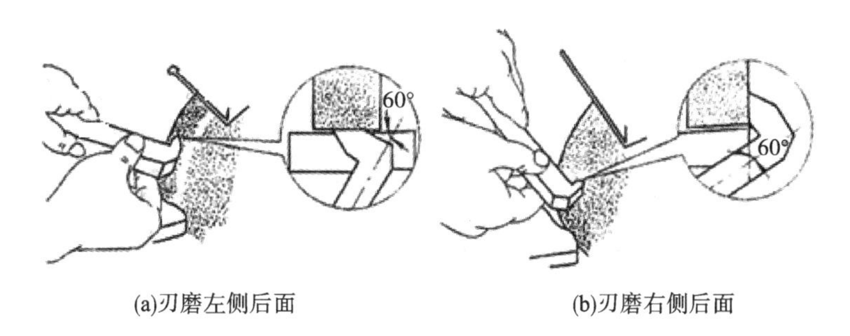


(a)刃磨左侧后面　　(b)刃磨右侧后面

**图 6-7　刃磨内螺纹车刀**

将刀柄与砂轮平面成 60°角,沿竖直方向倾斜 8°左右,靠在砂轮平面上刃磨刀面,产生右侧后角,如图 6-7(b)所示。

参照外螺纹车刀前面及刀尖圆弧的刃磨方法刃磨前面及刀尖圆弧。

精磨后的螺纹车刀应达到以下几点要求:

①车刀的刀尖角应等于牙型角，如车削普通螺纹时，刀尖角应等于 60°。

②车削大螺距螺纹时，车刀的后角因受螺纹升角的影响应刃磨得不同。

③车刀的左右切削刃应平直。

④对于内螺纹车刀，要求刀尖角中心线与刀杆垂直。

螺纹车刀刃磨得是否正确，一般可用样板作透光检查来进行判断，如图 6-8 所示。

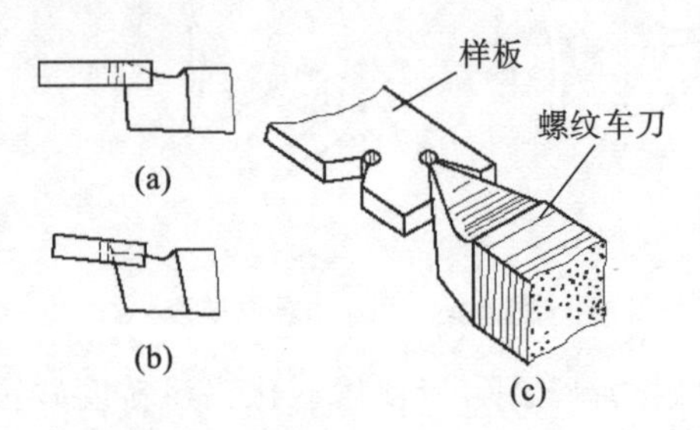


图 6-8　用螺纹样板检查刀尖角

## 6.3.2　螺纹车刀背前角对牙型角的影响

在实际工作中，用高速钢车刀低速车螺纹时，如果采用背前角 $\gamma_p$ 等于 0°的车刀（见图 6-9(a)），则切屑排出困难，很难把螺纹齿面车光。因此，可采用磨有 5°～10°背前角的螺纹车刀（见图 6-9(b)）。

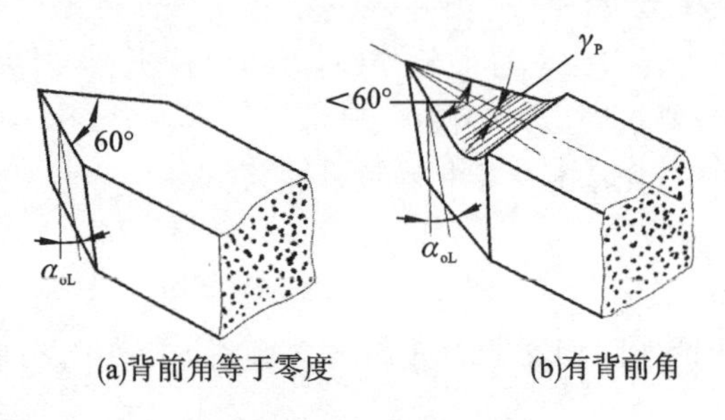


图 6-9　螺纹车刀

螺纹车刀有背前角时，切削比较顺利，并可以减少积屑瘤现象，能车出表面粗糙度较小的螺纹。但由于切削刀刃不能过工件轴线，因此被切削的螺纹牙型（轴向剖面）不是直线，而是曲线，这种误差对要求不高的螺纹来说，可以忽略不计。但背前角对牙型角的影响较大，因此一般需对刀尖角进行修正，特别是具有较大背前角的螺纹车刀，其刀尖角必须修正。如车削三角形螺纹时，采用磨有 10°～15°的背前角螺纹车刀，其刀尖角应减小 40′～1°40′。

如果精车精度要求较高的螺纹，背前角应取得较小（0°～5°），这样才能车出正确的牙型。

## 6.3.3　常用的三角形螺纹车刀

图 6-10 所示为常用的几种普通螺纹车刀。若将普通螺纹车刀刀尖角磨成 55°，即可车削牙型角为 55°的管螺纹。

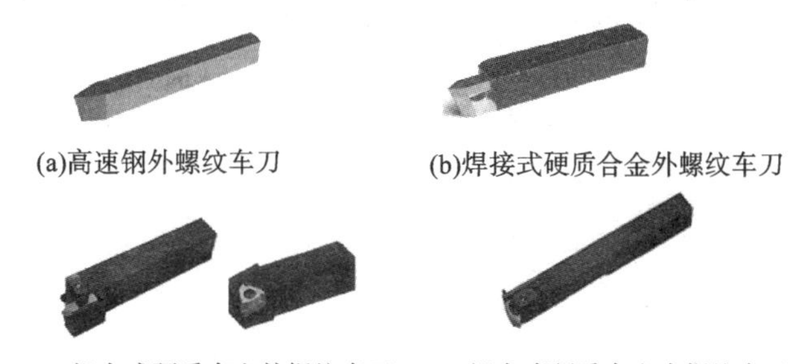

(a)高速钢外螺纹车刀　(b)焊接式硬质合金外螺纹车刀

(c)机夹式硬质合金外螺纹车刀　(d)机夹式硬质合金内螺纹车刀

图 6-10　常见的三角形螺纹车刀

### 6.3.4　螺纹车刀的装刀要求

装刀时，刀尖高低应对准工件轴线，车刀刀尖角的中心线必须与工件轴线严格保持垂直，这样车出的螺纹，其两牙型半角相等。车螺纹时的对刀方法如图 6-11 所示。

注意事项：

①在刃磨车刀时，手一定要稳定，磨出来的面一定要平。

②在车三角螺纹之前，一定要调好齿轮的位置。

③车螺纹与车其他的工件都一样，只能是一个人操作整个过程，包括对刀、开关车床、浇油冷却以及进退刀等。

④人身安全要摆在第一位，在进车间的时候一定要穿上实习的衣服或者工作服，长发的女生要戴上一顶帽子，以免在加工过程中头发被卷到车床里。

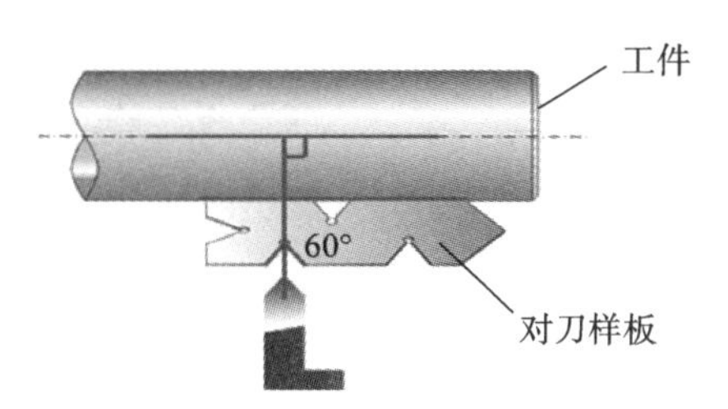


图 6-11　车螺纹的对刀方法

## 6.4　螺 纹 加 工

常见的螺纹加工方法有车螺纹和攻(套)螺纹两种。车螺纹时有以下两种基本的操作方法：开合螺母车螺纹和正反转车螺纹。

### 6.4.1　开合螺母车螺纹

**1. 用开合螺母车削螺纹的方法**

左手握住车床中滑板丝杠手柄，进行背吃刀和退刀；右手握住开合螺母手柄。当刀尖进入退刀位置时，左手迅速摇动中滑板手柄，使车刀退出，在刀尖离开工件的同时，右手立即将开合螺母手柄提起使车床停止移动。然后摇动床鞍手柄，使其复位，进行第二次车削。

**2. 用开合螺母车螺纹时的乱牙现象**

当加工的螺纹车床丝杠螺距成整数比时就可以采用开合螺母车螺纹，否则，只能采用正、反转来加工（会乱扣）。操作原理如图 6-12 所示。

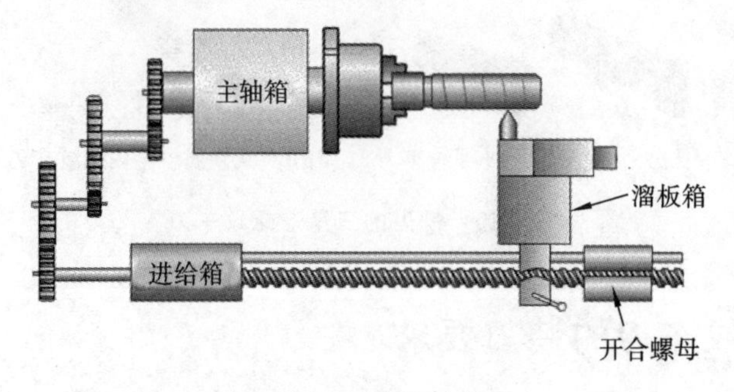


**图 6-12　开合螺母车螺纹**

满足以下公式，则车螺纹时就不会产生乱牙：

$$i = P_g/P_s = n_s/n_g$$

式中：$P_g$ 为需要加工的工件螺距；

$P_s$ 为车床丝杠螺距；

$n_s$ 为车床丝杠转速；

$n_g$ 为工件转速。

车螺纹的操作方法与步骤如图 6-13 所示。车螺纹时，在第一次进刀车削完毕后，第二次将开合螺母闭合，车刀刀尖若偏离前一次进给车出的螺旋槽，就会把螺纹牙型车乱。通常产生乱牙的原因有以下几点：

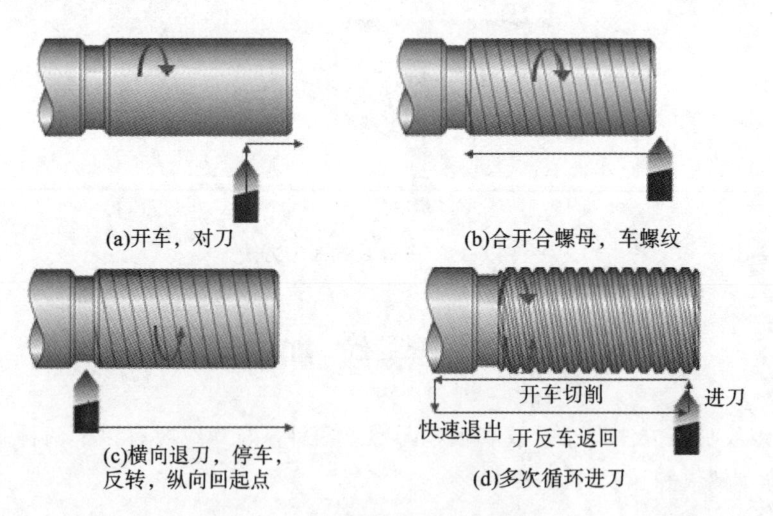


**图 6-13　车螺纹操作方法与步骤**

（1）当丝杠转一转时，工件未转过整数转（即工件螺纹的导程与丝杠的螺距不是整数比）。

（2）车削过程中，车刀刀头位置发生偏移。

（3）车削时，车床的开合螺母未完全遵命到位。

(4)车削时,工件未装夹牢固,造成转动移位。

(5)小滑板间隙过大,车削时车刀刀尖产生轴向位移。

乱牙预防措施如下:

(1)车削前应确定被加工螺纹是否为乱牙螺纹,如果是乱牙螺纹,采用开倒顺车的方法车削。

(2)调整车床间隙,特别是小滑板间隙。

(3)调整开合螺母的松紧情况,防止其闭合不完全到位。车削时要使开合螺母完全闭合到位。

(4)背吃刀量要选择适当,避免背吃刀量过大,造成车刀刀尖移位。

**例 6-2**　如果车床丝杠为 12 mm,车削工件螺距为 5 mm,是否会产生乱牙现象?

**解**　根据公式

$$i=5\ \text{mm}/12\ \text{mm}=1/2.4=n_g/ns$$

即丝杠转 1 转,工件转了 2.4 转,再次按下开合螺母时,可能车刀已车出螺纹的 1/2 螺距处,它的刀尖正好切在牙顶处,将使螺纹车乱。

**例 6-3**　车床丝杠螺距为 3 mm,加工以下哪种螺纹时不会产生乱牙现象?

(A)M10　(B)M18　(C)M5　(D)M8

**解**　A

查表可得 M10 的螺距是 1.5 mm,与丝杠螺距成整数倍关系,所以不会产生乱牙现象。

### 6.4.2　正反转(倒顺)车螺纹

用车螺纹的操作方法:当工件螺距与车床丝杠螺距不成整数比时,一定要用正反转车的方法车削。车削时,在每一次工作行程结束以后,左手握住中滑板丝杠手柄快速摇动将车刀退出。当刀尖离开工作时,右手握住的操纵杆手柄迅速向下推,使主轴反向转动,使车刀退回原来的位置,再开顺车,进行下一次工作行程,这样反复来回车削螺纹。因为车刀与丝杠的传动链没有分离过,车刀始终在原来的螺旋槽中倒顺运动,这样就不会产生乱牙。所以用这种方法可以有效地防止乱牙现象。正反转车螺纹时,车削前应检查卡盘与主轴间的保险装置是否完好,以防主轴反转时卡盘脱落。正反转车螺纹分为低速车削和高速车削两种,分别介绍如下。

**1. 低速车削螺纹的方法**

低速车削三角形螺纹时,为了保持螺纹车刀的锋利状态,车刀材料最好用高速钢制成,并且把车刀分成粗、精车刀并进行粗,粗加工。低速车螺纹主要有以下三种方法,如表 6-5 所示。

(1)直进法:车螺纹时,只利用中滑板进给,在几次工作行程中车好螺纹,这种方法叫做直进法。直进法车螺纹可以得到比较正确的牙型。但车刀切削刃和刀尖全部参加切削,螺纹齿面不易车光,并且容易产生“扎刀”现象。因此,只适用于螺距 $P<1$ mm 的螺纹。

(2)斜进法:车削时,除用中滑板进给外,小滑板只向一个方向进给,这种方法称斜进法。当螺距较大,粗车时,可用这种方法切削,因为车刀是单面切削的,可以防止产生“扎刀”现象。但精车时,必须用左、右切削法才能使螺纹两侧齿面获得较小的表面粗糙度值。

(3)左右车削法:车削时,除了用中滑板进给外,同时利用小滑板的刻度把车刀左右微量进给(俗称借刀),这样重复切削几次,这种方法叫做左右切削。

车削时,车刀是单面切削的,所以不容易产生“扎刀”现象,精车时选用 $v_0 < 5$ m/min 的切削速度,并加注切削液,可以获得很小的表面粗糙度值。但背吃刀量不能过大,一般 $a_p <$ 0.05 mm,否则会使牙底过宽或凹凸不平。在实际工件中,可用观察法控制左右进给量,当排出切屑很薄时,车出的螺纹表面粗糙度一定是很低的。

**表 6-5 螺纹进刀方法**

| 加工方法 | 加工示意 | 加工特点 | 适用范围 |
|---|---|---|---|
| 直进法 | | 垂直进刀,两刀刃同时车削 | 适用于小螺距螺纹的加工 |
| 左右车削法 | | 垂直进刀+小刀架左右移动,只有一条刀刃切削 | 适用于所有螺距螺纹的加工 |
| 斜进去 | | 垂直进刀+小刀架向一个方向移动 | 适用于较大螺距螺纹的粗加工 |

低速车螺纹时,最好采用弹性刀杆,这种刀杆当切削力超过一定值时,车刀能自动让开,使切屑保持适当的厚度,可避免“扎刀”现象。低速车削螺纹可获得较高的精度和较低的表面粗糙度,但生产效率低。

车刀双面切削和单面切削示意如图 6-14 所示。

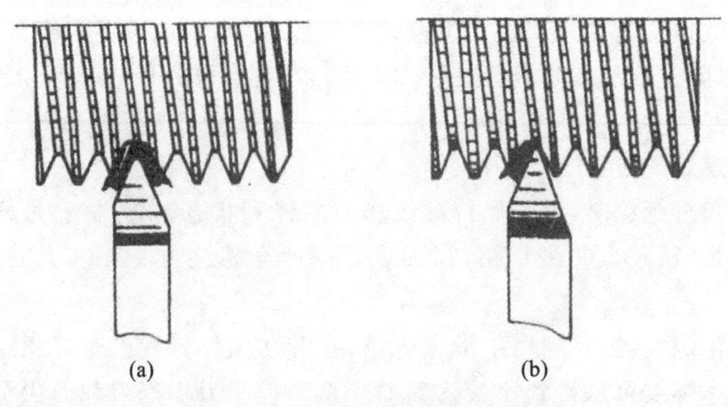


图 6-14 车刀双面切削和单面切削

**2. 高速车螺纹的方法**

高速车削螺纹比低速车削螺纹生产效率可提高 10 倍以上,也可以获得较低的表面粗糙度,因此在工厂已广泛采用。高速车螺纹时,最好使用 YT15(车钢料)牌号的硬质合金螺纹车刀,切削速度 $v_c = 50 \sim 100$ m/min。为保证螺纹的精度,车削时只用直进法进刀,使切削垂直于轴线方向排出或卷成较理想的球状。如果用左右切削法，车刀只有一个切削刃参加切削，高速排出的切屑会把另外一面拉毛。如果车刀尺磨得不对称或倾斜，也会使切屑倾斜排出，拉毛螺纹表面或损坏刀头，所以不能采用左右进刀法来进行切削。用硬质合金车刀高速车削螺距为 1.5～3 mm，材料为中碳钢或中碳钢的螺纹时，一般只要 3～5 次工作行程就可完成。横向进给时，开始背吃力量深度大一些，以后逐步减小，但最后一次不要小于 0.1 m。

例如螺距 $P=3$ mm，总切入深度 $h_1\approx0.6P=1.8$ mm，如果背吃刀量分配情况如下：

第一次背吃刀量 $a_{p1}=0.9$ mm

第二次背吃刀量 $a_{p2}=0.5$ mm

第三次背吃刀量 $a_{p3}=0.3$ mm

第四次背吃刀量 $a_{p4}=0.1$ mm

虽然第一次背吃刀量为 0.9 mm，但是因为是车削，越车到螺纹底部，切削面积越大，使车刀刀尖负荷成倍增大，容易损坏刀头。因此，随着螺纹深度的增加，背吃刀量应逐步减小。

高速车螺纹时应注意的问题：

(1)因工件材料受车刀挤压，应使大径比基本尺寸小 0.2～0.4 mm。

(2)因切削力较大，工件必须装夹牢固。

(3)因转速很高，应集中思想进行操作，尤其是车削带有台阶的螺纹时，要及时把车刀退出，以防碰伤工作或损坏机床。

(4)车削过程中的对刀方法。车螺纹过程中，刀具磨或损坏，需拆下修磨或换刀，再重新装刀时，刀尖位置往往不在原来的螺旋槽中，如继续车削就会乱牙，这时需将刀尖调整到原来的螺旋槽中才能继续车削，这一过程称对刀。

对刀方法可分静态对刀法和动态对刀法两种。

静态对刀法：主轴慢速正转，闭合开合螺母，当刀尖近螺旋槽时停机，注意此时主轴不可倒转，移动中小滑板把螺纹车刀刀尖移到螺旋槽的中间，如图 6-11 所示，然后记取中滑板值后将螺纹车刀退出。

动态对刀法：由于静态对刀法凭目测对刀有一定误差，适用于粗对刀。精对刀一般采用动态对刀法，对刀时车刀在运动中进行，如图 6-13 所示。动态对刀的操作方法如下：

主轴慢速正转，闭合开合螺母。移动中，小滑板将螺纹车刀刀尖对准螺纹槽中间或根据车削需要，将其中一侧切削刃与需要切削的螺纹齿面轻轻接触，有极微量切削时，即记取中滑板刻度值后退出螺纹车刀。

动态对刀时，要眼明手快，动作敏捷而准确，在一至二次行程中使车刀对准。

螺纹常见的加工方法还有套螺纹和攻螺纹，属于钳工范畴，详见第 7 章。

## 6.5 螺纹测量的方法

### 6.5.1 用螺纹环(塞)规及卡板测量

对于一般标准螺纹都采用螺纹环规或塞规来测量，如图 6-15(a)所示。在测量外螺纹时，如果螺纹“过端”环规正好旋进，而“止端”环规旋不进，则说明所加工的螺纹符合要求，反之就不合格。测量内螺纹时,采用螺纹塞规,以相同的方法进行测量。

在使用螺纹环规或塞规时,应注意不能用力过大或用扳手硬旋,在测量一些特殊螺纹时,须自制螺纹环(塞)规,但应保证其精度。

对于直径较大的螺纹工件,可采用螺纹牙形卡板来进行测量,如图 6-15(b)所示。

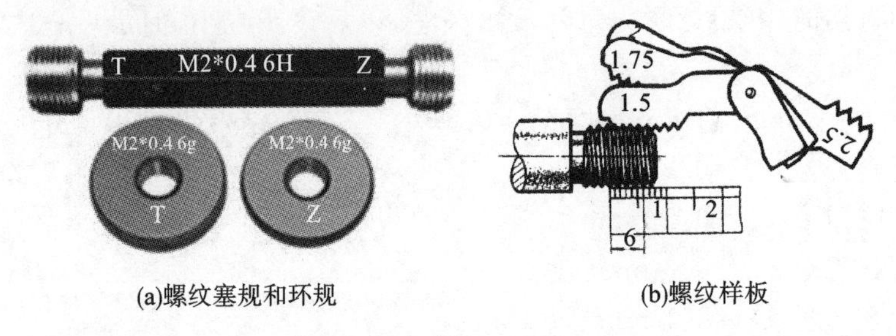


(a)螺纹塞规和环规 (b)螺纹样板

图 6-15 测量工具

## 6.5.2 用螺纹千分尺测量外螺纹中径

如图 6-16 所示为螺纹千分尺的外形图。它的构造与外径千分尺基本相同,只是在测量砧和测量头上装有特殊的测量头 1 和 2,用它来直接测量外螺纹的中径。螺纹千分尺的分度值为 0.01 mm。测量前,用尺寸样板来调整零位。每对测量头只能测量一定螺距范围内的螺纹,使用时根据被测螺纹的螺距大小,按螺纹千分尺附表来选择,测量时由螺纹千分尺直接读出螺纹中径的实际尺寸。

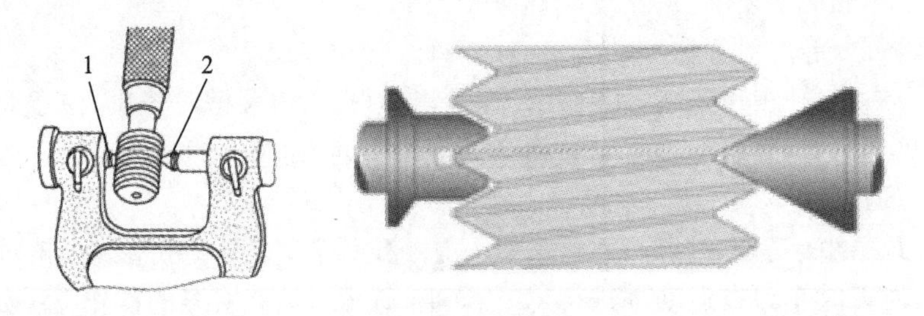


图 6-16 螺纹千分尺

## 6.5.3 三针测量

用量针测量螺纹中径的方法称为三针量法。测量时,在螺纹凹槽内放置具有同样直径 $D$ 的三根量针,如图 6-17 所示,然后用适当的量具(如千分尺等)来测量尺寸 $M$ 的大小,以验证所加工的螺纹中径是否正确。其原理是将三根精度很高、直径相同的量针放置在螺纹的牙槽中,利用量针圆柱轮廓与螺纹"V"形牙槽面相切,用外测量具测得与被测工件轴线垂直间距离,通过几何换算最终得出被测螺纹中径尺寸。

螺纹中径的计算公式为

$$d_2=M-d_0\left(1+\frac{1}{\sin(\alpha/2)}\right)+\frac{t}{2}\cot\frac{\alpha}{2} \tag{6-5}$$

式中:$M$ 为千分尺测量的数值(mm);

$d_0$ 为量针直径(mm)；

$\alpha/2$ 为牙形半角；

$t$ 为工件螺距(mm)。

量针直径 $d_0$ 的计算公式为

$$d_0=\frac{t}{2}\cos\frac{\alpha}{2} \tag{6-6}$$

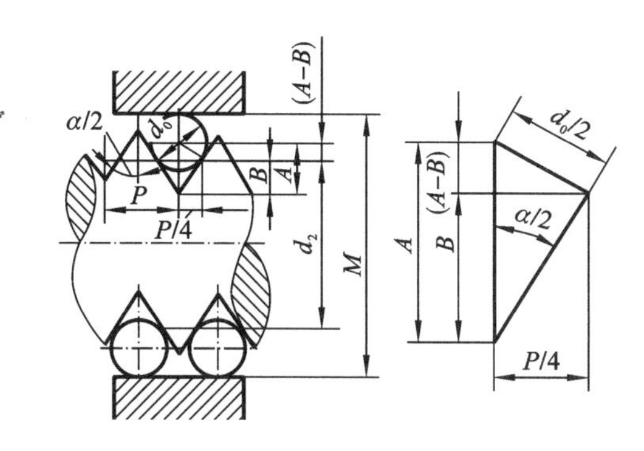


图 6-17　三针量法

如果已知螺纹牙型角，也可用表 6-6 中的简化公式计算。

表 6-6　简化公式

| 螺纹牙型角 $\alpha$ | 简化公式 |
|---|---|
| 29° | $d_0=0.516t$ |
| 30° | $d_0=0.518t$ |
| 40° | $d_0=0.533t$ |
| 55° | $d_0=0.564t$ |
| 60° | $d_0=0.577t$ |

**例 6-4**　对 M24×1.5 的螺纹进行三针测量，已知 $M=24.325$，求需用的量针直径 $d_0$ 及螺纹中径 $d_2$。

**解**　因为 $\alpha=60°$，所以选用简化公式 $d_0=0.577t$，得

$$d_0=0.577\times1.5\ \text{mm}=0.8655\ \text{mm}$$

根据公式(6-6)可得

$$d_2=[24.325-0.8655\times(1+1/0.5)+1.5\times1.732/0.5]\ \text{mm}=23.0275\ \text{mm}$$

与理论值($d_2=23.026$)相差 $\Delta=23.0275\ \text{mm}-23.026\ \text{mm}=0.0015\ \text{mm}$，可见其差值非常小。

**例 6-5**　用三针量法测量 M24×1.5 的螺纹，已知 $d_0=0.866$ mm，$d_2=23.026$ mm，求千分尺应测得的读数值。

**解**　将 $\alpha=60°$，代入式(6-6)得

$$M=d_2+3d_0-0.866t=(23.026+3\times0.866-0.866\times1.5)\ \text{mm}=24.325\ \text{mm}$$

由于螺纹是标准件，使用极其广泛，检测其精度是否符合标准是常见的工作，上面所介绍的几种测量方法也是常用的，对其归纳、总结、推导和演绎，希望对检测工作有所帮助。

车螺纹时废品产生原因分析及预防措施参见表 6-7。

表 6-7 车螺纹时废品产生原因分析及预防措施

| 废品种类 | 产生的原因 | 预防措施 |
| --- | --- | --- |
| 螺纹不正确 | (1)中滑板刻度不准;<br>(2)高速切削时,背吃刀量未掌握好;<br>(3)挂轮在计算或搭配时错误;<br>(4)开合螺母塞铁松动 | (1)进车时,检查刻度盘是否松动;<br>(2)控制好螺纹的背吃刀量,并及时测量;<br>(3)调整好开合螺母塞铁,必要时在手柄上挂上重物;<br>(4)调整好车床主轴和丝杠的轴向串动量 |
| 牙侧表面粗糙度大 | (1)高速切削螺纹时,切削厚度太小或切削沿倾斜方向排除,拉毛牙侧表面;<br>(2)产生积屑瘤;<br>(3)刀杆刚度不够,切削时引起振动;<br>(4)车刀刃磨得不光滑,或在车削中损伤了刀口 | (1)高速切削螺纹时,最后一刀切削厚度一般不小于 0.1 mm,切屑要垂直于轴线方向排除;<br>(2)用高速钢车刀切削时,应降低切削速度,切削厚度小于 0.07 mm,并加注切削液;<br>(3)刀杆不要伸出过长;<br>(4)提高车刀刃磨质量 |
| 牙型不正确 | (1)车刀装夹不正确,产生螺纹的牙型半角误差;<br>(2)车刀刀尖角刃磨得不正确;<br>(3)车刀磨损 | (1)一定要使用螺纹样板对刀;<br>(2)正确刃磨和测量刀尖角;<br>(3)合理选择切削用量和及时修磨车刀 |
| 扎刀和顶弯工件 | (1)车刀背前角太大,中滑板丝杠间隙较大;<br>(2)工件刚度低,而切削用量太大 | (1)减小车刀径向前角,调整中滑板丝杠螺母间隙;<br>(2)合理选择切削用量,增加工件装夹刚度 |

## 训练实例 锁紧螺母的车削

### 1. 工艺准备

1)识读工件图样

车削如图 6-18 所示锁紧螺母,工件扁薄,图样加工精度及技术要求如下。

(1)工件材料。优质碳素结构钢,钢号为 45,并要求调质处理。

(2)尺寸精度。

根据螺纹标记,M76×1.5-6g 为普通细牙螺纹,公称直径 $d=\phi76$ mm,螺纹 $P=1.5$ mm,查表得中径尺寸 $d_2=75.026$ mm,螺纹大径公差带代号与中径公差带代号相同,公差等级为 6 级。平面直槽的内、外圆弧尺寸分别为 $\phi48_{-0.2}^{\ 0}$ mm、$\phi56_{\ 0}^{+0.2}$ mm,槽深 9 mm。

(3)位置精度。螺纹 M76×1.5-6g 轴线对基准端面 $A$ 垂直度公差为 0.02 mm。

2)达到图样要求的工艺方法

(1)毛坯选用热轧圆钢,毛坯尺寸为 $\phi80$ mm×17 mm。

(2)由于工件直径大、长度短,所以在车端面与外圆时,用三爪自定心卡盘夹住 3 mm 左

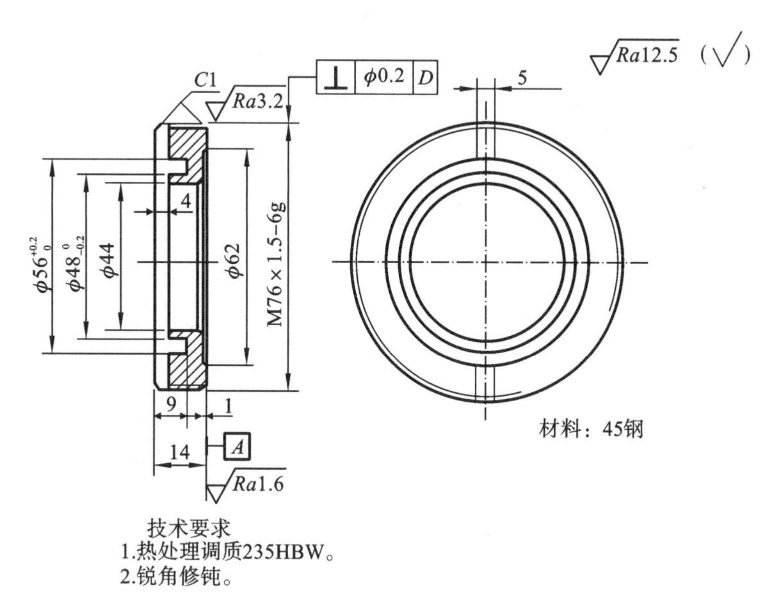


**图 6-18　锁紧螺母**

右长度的毛坯外圆，这样车削时就不必再找正工件。

(3)根据螺纹 M76×1.5-6g 轴线对端面 *A* 垂直度的要求，加工时，螺纹与端面应在一次装夹中车削，但装夹比较困难。同时先将螺纹车好后，再加工其他表面时，容易把螺纹夹坏。如果将工件以孔定位在心轴上，采用多件装夹，然后在两顶尖间精车螺纹大径到 $\phi76_{-0.15}^{-0.10}$ mm，并车螺纹 M76×1.5-6g 至尺寸，这样就方便多了。

(4)左端面的表面粗糙度为 *Ra*12.5 μm，要求较低，在加工过程中安排磨削该端面的目的，是保证工件定位在心轴上，多件装夹车螺纹与端面 *A* 达到垂直度。

(5)端面上直槽宽度较窄，深度较深，内、外圆有尺寸公差要求。可用高速钢车槽刀车槽，这样容易控制尺寸公差和槽内表面粗糙度。

高速钢直槽刀的刀头宽度为 4.1～4.2 mm，刀头的几何形状可以按切断刀几何形状刃磨，由于在端面上车直槽时，直槽刀的左刃刀尖相当于车削 φ56 mm 内孔，因此，应将左刀尖处的左副后刀面刃磨成圆弧，圆弧的尺寸略小于 *R*28 mm。

(6)对 φ44 mm 内孔，图样上无精度要求，为了能定位在心轴上车螺纹，所以工艺要求将孔车到 $\phi44_{0}^{+0.05}$ mm。

(7)两端倒角 *C*1，在心轴上多件装夹后，无法再车，所以在粗车外圆时，将倒角车到 *C*2，这样在心轴上精车螺纹大径后，保持倒角 *C*1。

(8)车外螺纹时，可选用 YT15 牌号硬质合金螺纹车刀进行高速切削。

3)选用设备

选用 C6140 型卧式车床，如图 6-19 所示。

**2. 工件加工**

锁紧螺母的机械加工步骤如表 6-8 所示。

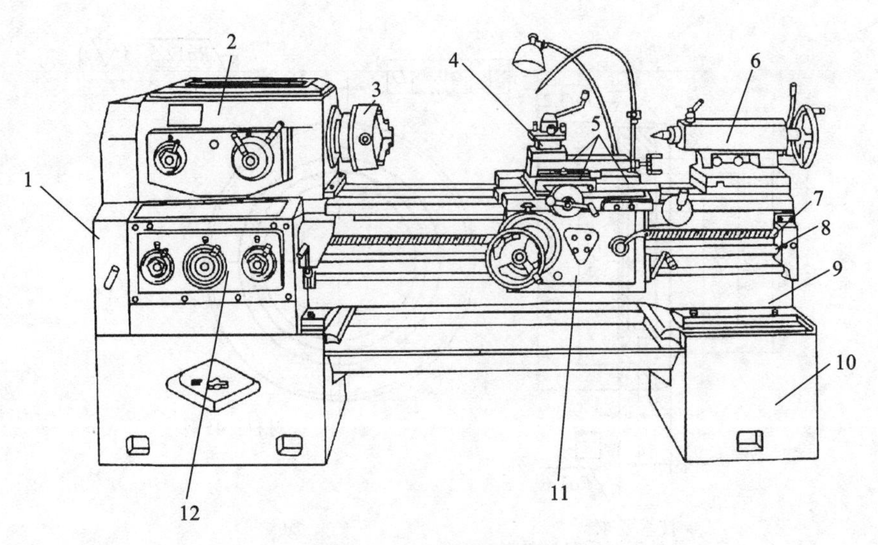


图 6-19　C6140 型卧式车床

1—挂轮箱；2—主轴箱；3—刀盘；4—刀架；5—滑板；6—尾座；
7—丝杠；8—光杠；9—床身；10—床腿；11—溜板箱；12—进给箱

表 6-8　锁紧螺母的机械加工过程

| 工序号 | 工种 | 加工内容 | 简图 |
| --- | --- | --- | --- |
| 1 | 热处理 | 调质至硬度为 235HBW | |
| 2 | 车 | 用三爪自定心卡盘夹住毛坯外圆，长度为 3 mm 左右。<br>(1)车端面，毛坯车出即可；<br>(2)车 M76×1.5 螺纹大径至 $\phi$77 mm；<br>(3)车 $\phi$62.2 mm×1.2 mm 凹面至尺寸；<br>(4)倒角 $C2$ | |
| 3 | 车 | 用软卡爪夹住 $\phi$77 mm 外圆。<br>(1)车端面，尺寸 14 mm 至 $14^{+0.4}_{+0.2}$ mm；<br>(2)倒角 $C2$；<br>(3)钻 $\phi$44 mm 孔至 $\phi$30 mm；<br>(4)扩 $\phi$44 mm 孔至 $\phi$42 mm | |

续表

| 工序号 | 工种 | 加工内容 | 简图 |
| --- | --- | --- | --- |
| 4 | 车 | 按工序 3 方法装夹。<br>(1)车内端面,尺寸 4 mm 至 4.2 mm;<br>(2)车直槽,直径由 $48_{-0.2}^{0}$ mm 至尺寸 $56_{0}^{+0.2}$ mm,深度由 9 mm 至 9.2 mm;<br>(3)锐角倒钝 | 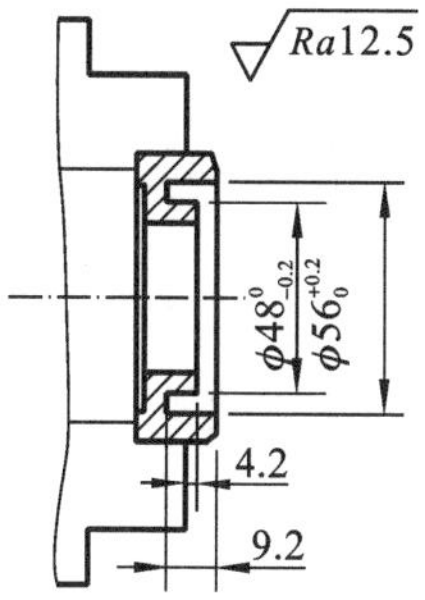 Ra12.5<br>$\phi 48_{-0.2}^{0}$<br>$\phi 56_{0}^{+0.2}$<br>4.2<br>9.2 |
| 5 | 车 | 调头,夹住 $\phi$77 mm 外圆。<br>(1)车 $\phi$44 mm 孔至 $\phi 44_{0}^{+0.05}$ mm;<br>(2)倒角 *C*1 | 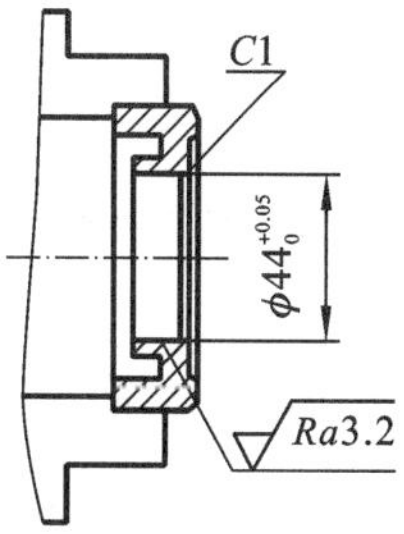 *C*1<br>$\phi 44_{0}^{+0.05}$<br>Ra3.2 |
| 6 | 平面磨 | 工件装于电磁吸盘,两次装夹磨两端面至两端面间距为 14 mm;<br>两平面平行度误差不大于 0.01 mm | |
| 7 | 车 | 工件以孔定位于心轴(多件装夹),装夹于两顶尖间。<br>(1)车 M76×1.5 大径至 $\phi 76_{-0.15}^{-0.10}$ mm;<br>(2)车 M76×1.5-6g 螺纹至尺寸;<br>(3)用锉刀修去螺纹表面的毛刺 | 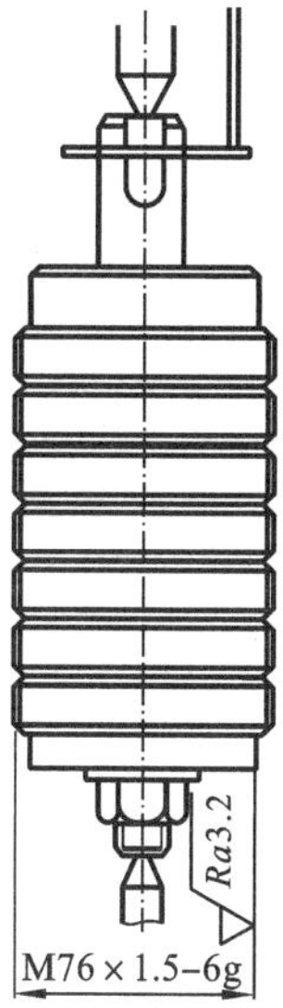 Ra3.2<br>M76×1.5-6g |
| 8 | 铣 | 工件装夹于工作台面,压牢铣槽 5 mm×4 mm 至尺寸 | |
| 9 | 钳 | 修毛刺 | |
| 10 | 普 | 清洗、涂防锈油,入库 | |

# 第7章　钳工初级实训

钳工基本操作技能包括划线、錾削(凿削)、锯割、钻孔、扩孔、锪孔、铰孔、攻螺纹和套螺纹、矫正和弯曲、铆接、刮削、研磨以及基本测量技能和简单的热处理等。不论哪种钳工，首先都应掌握好钳工的各项基本操作技能，然后再根据分工不同进一步学习掌握好零件的钳工加工及产品和设备的装配、修理等技能。

## 7.1　钳工概述

### 7.1.1　钳工安全操作规程

(1)锤头和锤把要安牢固，没有楔子不准使用。

(2)锤头、錾子、冲头尾部不准有淬头裂缝或卷边及毛刺，錾切工件时要注意自己和他人不要被切屑击伤。

(3)锤击时要注意周围环境，根据工作场所情况在工作前放安全网。

(4)锤击时应尽量将锤头和锤把上的油擦净，不得戴手套操作。

(5)使用锉刀应装上手柄。

(6)锉刀柄不得有裂缝，必须有箍，不得用铁丝捆扎。

(7)锉刀放置不得伸出工作台外。

(8)不准用锉刀撬、砸、敲打其他物品。

(9)锉刀在工件上不能推拉过端。

(10)不得将坚硬物品放置于锉刀之上。

(11)工件支承一定要牢固平稳，在支承过程中要随时加木垫。

(12)大工件翻身调面，必须有起重工具，并加木垫。

(13)平台要保持洁净，搬动时要防止平面滑伤，保持平台工作面的精度。

(14)锯条不易过松或过紧，以免断裂。

(15)锯割工件用虎钳夹持时，锯切位置不宜伸出过长。

(16)工件锯割开始或将要切断时，须轻轻推锯，以防滑出碰手或使锯条断裂。

(17)锯切工件一定夹紧，锯切钢件时要润滑。

(18)工作前必须检查板牙、板牙架、丝锥和丝杠是否有损坏裂纹。

(19)使用丝锥和板牙时，一定要垂直加工工件，用力均匀，不要过猛，以防工具及工件损坏，攻不透孔螺纹时更要特别小心。

### 7.1.2　钳工及其工作台

钳工作业主要包括錾削、锉削、锯切、划线、钻削、铰削、攻螺纹和套螺纹(见螺纹加工)、刮削、研磨、矫正、弯曲和铆接等。钳工是机械制造中最古老的金属加工技术。19 世纪以后，各种机床的发展和普及，虽然逐步使大部分钳工作业实现了机械化和自动化，但在机械制造过程中钳工仍是广泛应用的基本技术，其原因是：①划线、刮削、研磨和机械装配等钳工作业，至今尚无适当的机械化设备可以全部代替；②某些最精密的样板、模具、量具和配合表面（如导轨面和轴瓦等），仍需要依靠工人的手艺作精密加工；③在单件小批生产、修配工作或缺乏设备的情况下，采用钳工制造某些零件仍是一种经济实用的方法。

钳工的工作设备主要由工作台和台虎钳组成，台虎钳的结构如图 7-1 所示。

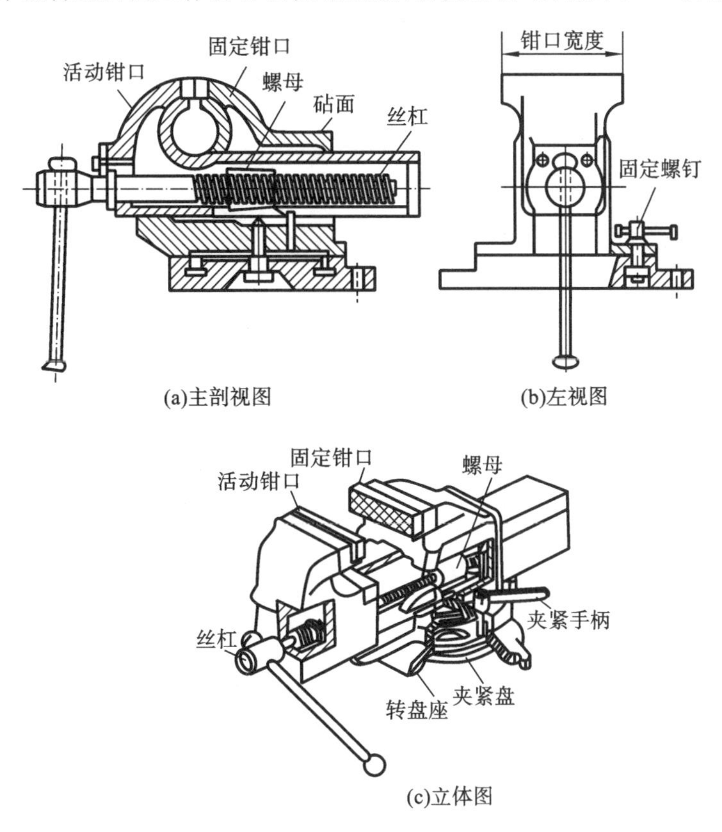


**图 7-1　台虎钳**

## 7.1.3　钳工的特点及应用

### 1. 钳工的特点

钳工工具简单，操作灵活，可以完成用机械加工不方便或难以完成的工作。因此，尽管钳工大部分是手工操作，劳动强度大，对工人技术水平要求也高，但在机械制造和修配工作中，钳工仍是必不可少的重要工种。

### 2. 钳工的应用

（1）机械加工前的准备工作，如清理毛坯、在工件上划线等。

（2）在单件小批生产中，制造一般的零件。

（3）加工精密零件，如样板、模具的精加工，刮削或研磨机器和量具的配合表面等。

（4）装配、调整和修理机器等。

# 7.2 划　　线

在某些工件的毛坯或半成品上按零件图样要求的尺寸划出加工界线或找正线的一种方法。只需在一个平面上划线即能满足加工要求的，称平面划线；要同时在工件上几个不同方向的表面上划线才能满足加工要求的，称为立体划线。

划线的作用：

(1)工件上各加工面的加工位置和加工余量。

(2)检查毛坯的形状和尺寸是否与图样相符，是否满足加工要求。

(3)出现某些缺陷的情况下，往往可通过划线时的所谓“借料”方法，来予以补救。

(4)原料上按划线下料，可做到正确排料，合理使用材料。

## 7.2.1 划线常用工具

划线常用的工具有划线平板、方箱、V形铁、千斤顶、划规和划卡、高度游标卡尺和样冲。

(1)划线平板由铸铁制成，工作面平整光洁，用作划线的基准工具，如图7-2所示。

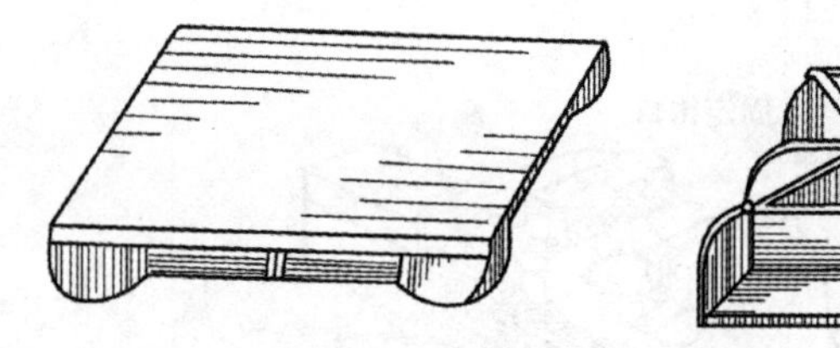

图7-2 划线平板

(2)方箱由铸铁制成，如图7-3所示，其上的V形槽和压紧装置，可夹持圆形工件，对尺寸小而多的工件可通过翻转方箱、找正中心来划出互相垂直的中心线。

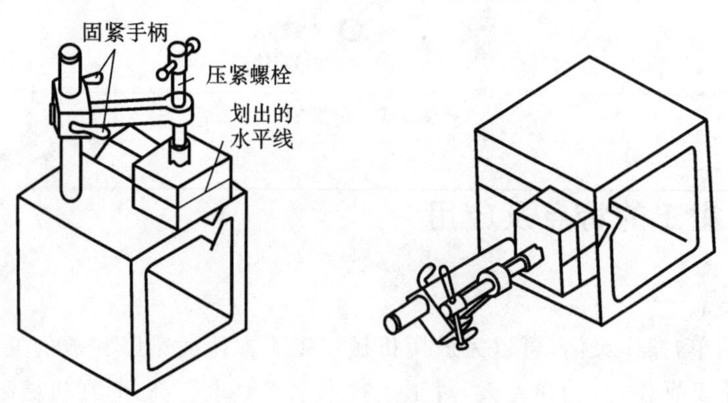


图7-3 方箱

(3)V形铁用以支承轴类工件，使工件轴线与基准面保持平行，如图7-4所示。

(4)千斤顶是高度可调节的支承件，配有V形铁或顶尖，以支承工件，如图7-5所示。

(5)划规和划卡由中碳钢或工具钢制成，两脚尖端部位经过淬硬并刃磨，有的在两脚端部焊上一段硬质合金，以使其尖端在毛坯表面划圆时不易磨钝。划规和划卡在划线工作中可以划圆或圆弧、等分角度以量取尺寸等，如图7-6所示。

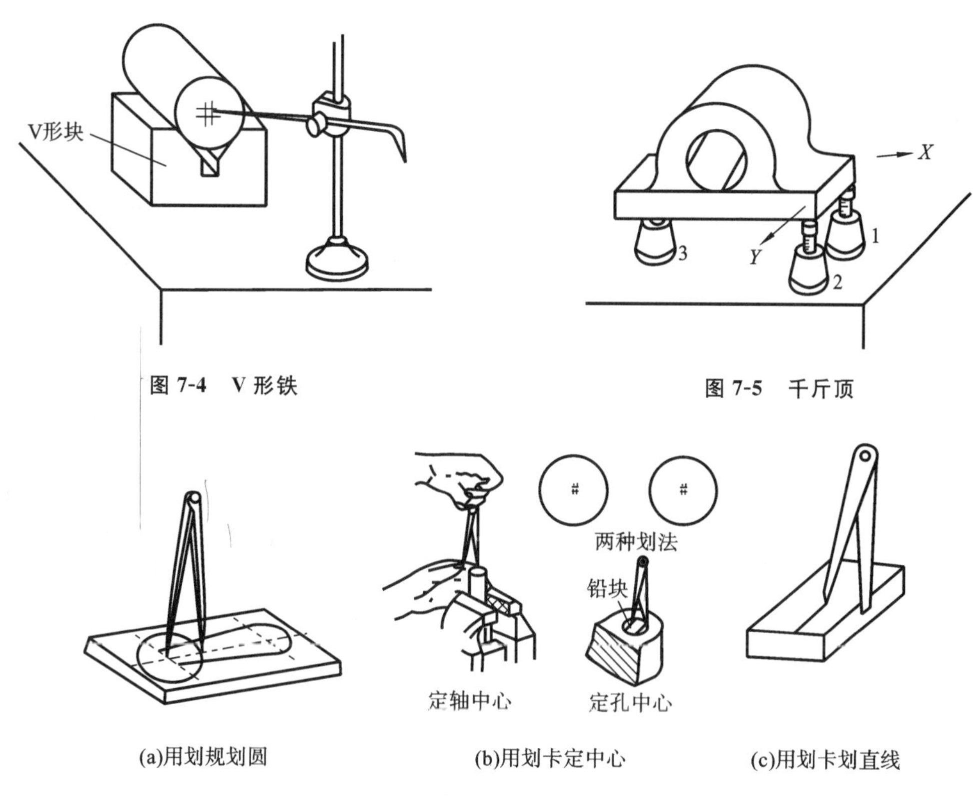


图 7-4　V 形铁

图 7-5　千斤顶

(a)用划规划圆　(b)用划卡定中心　(c)用划卡划直线

图 7-6　划规与划卡的用法

(6)高度游标卡尺(使用方法见图 7-7)、样冲等。

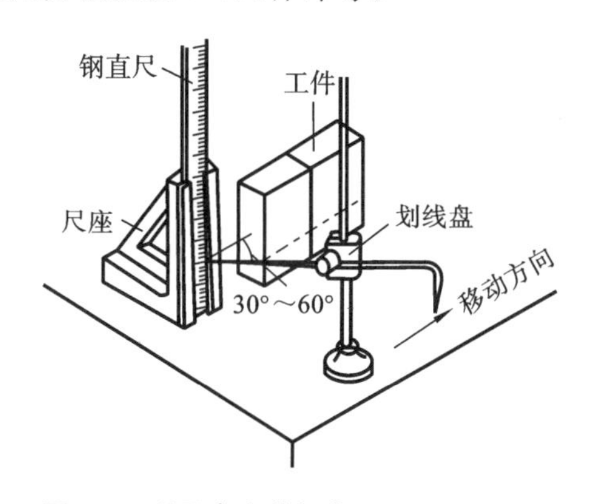


图 7-7　利用高度游标卡尺和划线盘划线

## 7.2.2　划线基准的选择和划线步骤

基准线(平面划线用)或基准面(立体划线用)用以确定工件上其他线和面的位置,并由此划定各尺寸。当工件上一部分面已加工过时,可选用已加工表面为基准;当工件为毛坯时,可选零件制造图上较重要的几何要素,如孔的中心或平面等为基准。因此在放置工件时尽量遵循以下三个原则。

(1)选择工件上主要的孔、凸台中心线或主要的加工面为基准。

(2)选择相互关系最复杂及所划线最多的一组尺寸线为基准。

(3)尽量选择工件中面积最大的一面为基准。

划线步骤如下。

(1)看清图纸，了解零件上需划线的部位和有关的加工工艺，明确零件及划线部位的作用和要求。

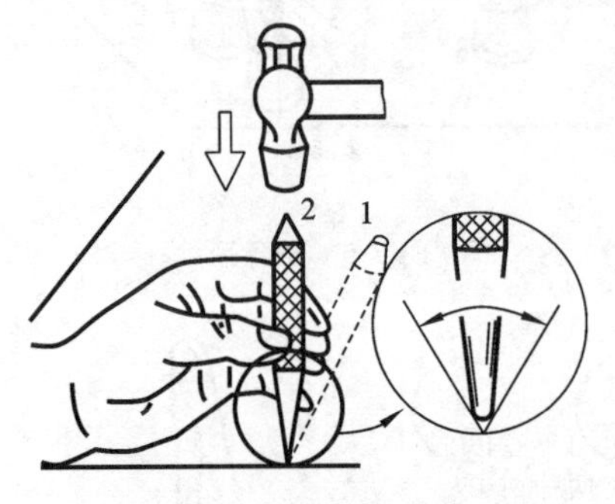


**图 7-8 样冲的使用方法**

1—对准位置；2—冲眼

(2)确定划线基准。

(3)检查清理毛坯或已加工过的半成品，并用铅块或木块堵孔，在划线部位上涂上涂料。

(4)支承并找正工件。

(5)划线。先划出划线基准及其他水平线，再反转，找正，划出其他的线。注意在一次支承中，应把需要划的平行线划完，以免再次支承补划，造成误差。

(6)详细检查划线的准确性和线条有无漏划。

(7)为防止所划的线被擦掉或模糊，在划出的线条上打样冲眼。方法如图 7-8 所示。

# 7.3 锯 削

锯削是用手锯锯割工程材料或进行切槽的方法。

## 7.3.1 锯削所用工具和锯条的选择

手锯由锯弓和锯条组成，锯弓是用来安装锯条的，它有可调和固定的两种。固定锯弓只能安装一种长度的锯条；可调锯弓通过调整可以安装几种长度的锯条，并且可调锯弓的锯柄形状便于用力，所以目前广泛使用。

锯条根据锯齿的牙距大小不同可分细齿、中齿和粗齿的三种，使用时应根据所锯材料的软硬和厚薄程度来选用。锯削软材料(如紫铜、青铜、铝、铸铁、低碳钢和中碳钢等)且较厚的材料时应选用粗齿锯条；锯削硬材料或薄材料(如工具钢、合金钢、各种管子、薄板料、角铁等)时应选用细齿锯条。一般地说，锯薄材料时，在锯削截面上至少应有三个齿能同时参加锯削，这样才能避免锯齿被钩住和崩裂。

## 7.3.2 锯条的安装

锯条的安装如图 7-9 所示。

(1)安装方向：齿尖朝前。

锯条用碳素工具钢制成，常用的锯条长约 300 mm，宽 12 mm，厚 0.8 mm。由于手锯在向前推进时进行切削，回程时不起切削作用，故安装时，锯齿的切削方向应朝前。

(2)安装松紧：由翼形螺母调节。

太松：锯条易扭曲折断，锯缝易歪斜。

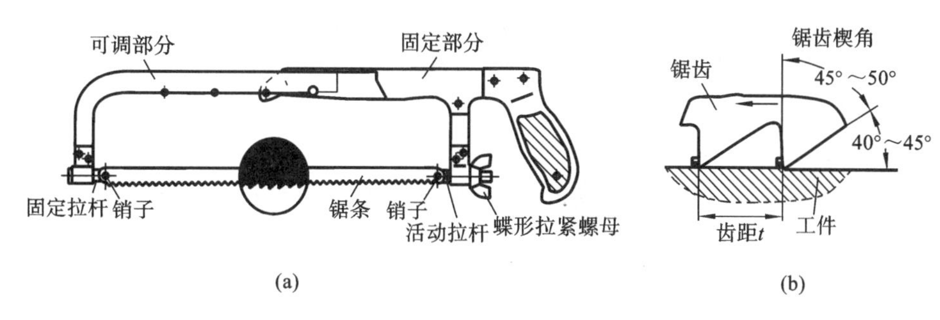


图 7-9 锯条安装示意图

太紧：预拉伸力太大，稍有阻力即崩断。

(3)安装位置：锯弓与锯条尽量保持在同一中心面内。

## 7.3.3 工件的夹持

在夹持工件时应注意以下几点：

(1)工件夹在台虎钳的左侧。

(2)伸出台虎钳的部分不应太长(20 mm 左右)。

(3)工件要夹紧，同时避免夹坏工件。

## 7.3.4 锯削操作要领

(1)起锯时应以左手拇指靠住锯条，右手稳推手柄，起锯角应稍小于15°，起锯角过大，锯齿易被工件棱角卡住，碰落锯齿；起锯角过小，锯齿不易切入工件，还可能打滑，损坏工件表面。起锯时锯弓往返行程应短，压力要小，锯条要与工件表面垂直，如图 7-10 所示。

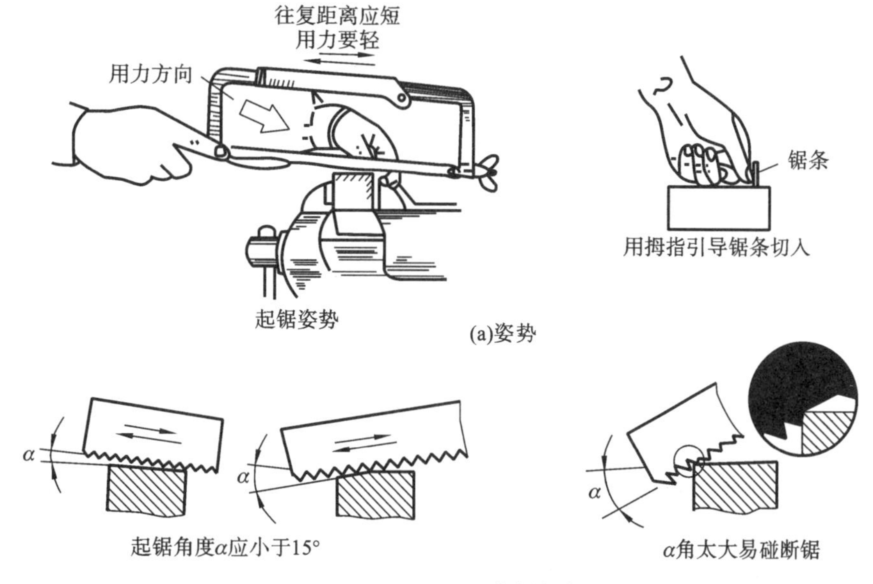


图 7-10 起锯要领

(2)锯削时,左右手协调配合,推力和扶锯压力不宜过大过猛,回程不需要加压力。

(3)锯削速度一般每分钟 20～40 次为宜,锯软材料可可快些,锯硬材料时可慢些,锯削时尽量使用锯条的全长。

(4)锯削硬材料时可加适量切削液。

(5)不同形状工件的锯削方法略有不同:锯削圆管时需要沿多个方向锯削;锯削薄板时,为避免薄板变形,可以将薄板安装于两木块之间再进行锯削,如图 7-11 所示。

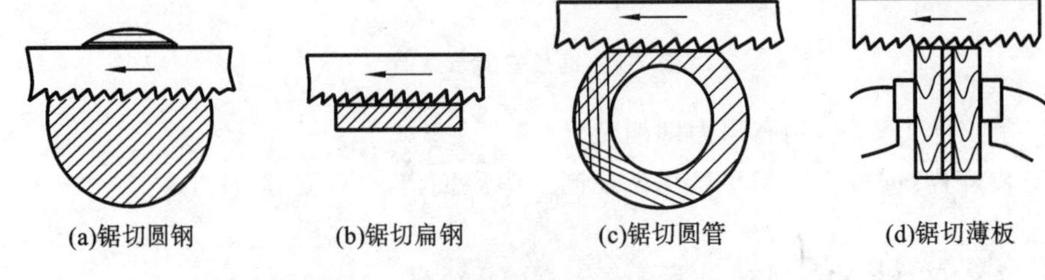

(a)锯切圆钢　(b)锯切扁钢　(c)锯切圆管　(d)锯切薄板

图 7-11　不同形状材料的锯削方法示意

(6)锯缝深度超过锯弓高度时,需将锯条转过 90°或 180°再锯削,如图 7-12 所示。

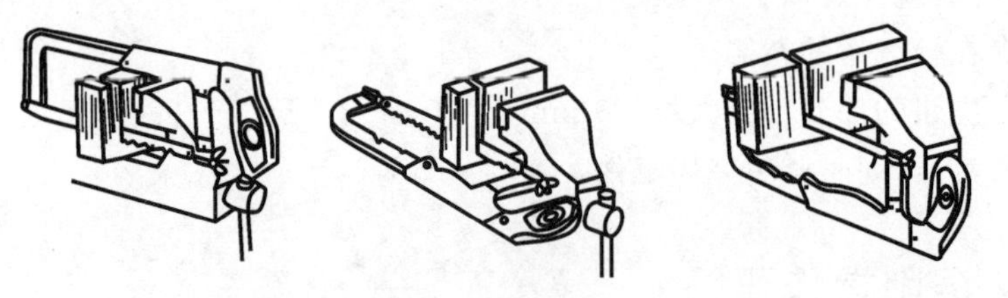

图 7-12　深缝锯削

## 7.3.5　锯削时常见的缺陷及分析

锯前常见缺陷及产生原因如表 7-1 所示。

表 7-1　锯前常见缺陷及产生原因

| 常见缺陷 | 产生的原因 |
| --- | --- |
| 锯条折断 | (1)锯条选用不当或起锯角度不当;<br>(2)锯条安装过紧或过松;<br>(3)工件未夹紧;<br>(4)锯削压力过大或推锯过猛;<br>(5)换上新的锯条后,新锯条在原锯缝中产生卡阻;<br>(6)锯缝歪斜后强行矫正;<br>(7)工件锯断时,锯条撞击其他硬物 |
| 锯齿崩裂 | (1)锯条选择不当;<br>(2)锯条安装过紧;<br>(3)起锯角度过大;<br>(4)锯削中遇到材料组织缺陷,如杂质、砂眼等;<br>(5)锯薄壁工件采用方法不对 |

续表

| 常见缺陷 | 产生的原因 |
|---|---|
| 锯缝歪斜 | (1)工件装夹不正；<br>(2)锯条装夹过松；<br>(3)锯削时双手操作不协调，推力、压力和方向掌握不好 |

# 7.4 锉　　削

锉削是用锉刀对工件表面进行加工的方法，多用于锯削之后，所加工出的表面粗糙度 $Ra$ 值可达 1.6～0.8μm。锉削是钳工中最基本的操作。

## 7.4.1 锉刀的种类及其选用

### 1. 锉刀的种类

钳工用的锉刀(见图 7-13)按其断面形状可分为扁锉、半圆锉、方锉、三角锉和圆锉等，如图 7-14 所示。

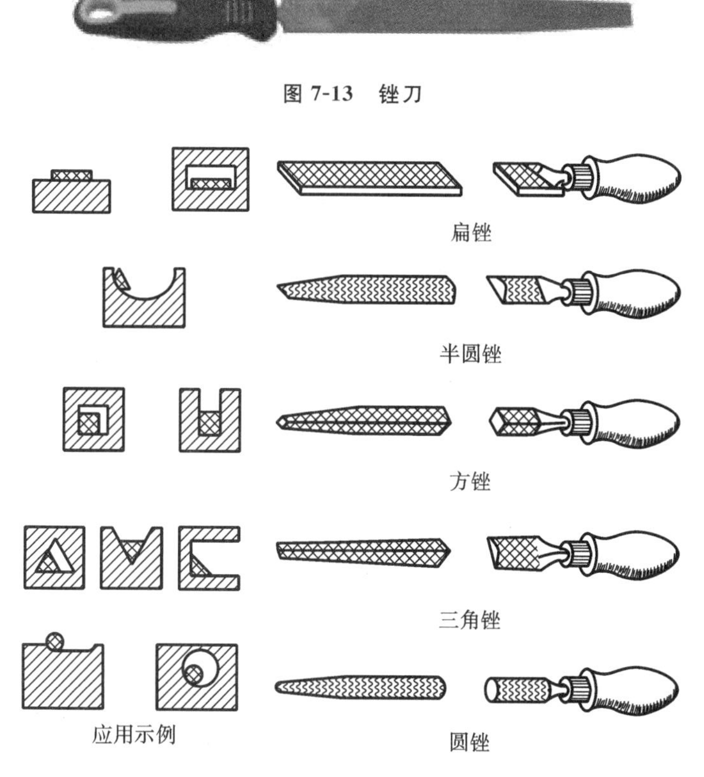


图 7-13　锉刀

图 7-14　锉刀种类和应用

根据标准钳工锉的锉纹，除圆锉有单螺旋和双螺旋锉纹之分外，其他形式的钳工锉都是双锉纹的。双锉纹的锉刀工作面上有主锉纹和辅锉纹两种锉纹。因为主锉纹覆盖在辅锉纹上，可使锉齿间断，达到分屑的作用，所以双锉纹锉刀锉削比较省力。

**2. 锉刀的选用原则**

(1)锉刀断面形状的选择取决于加工表面的形状。

(2)锉刀齿纹号的选择取决于工件加工余量、精度等级和表面粗糙度要求。

(3)锉刀长度规格的选择取决于工件锉削面积的大小。

## 7.4.2 锉刀使用方法

**1. 大锉刀的握法**

右手手心抵着锉刀木柄的端头，大拇指放在锉刀木柄的上面，其余四指弯在下面，配合大拇指捏住锉刀木柄。左手则根据锉刀大小和用力的轻重，有多种姿势，如图 7-15 所示。

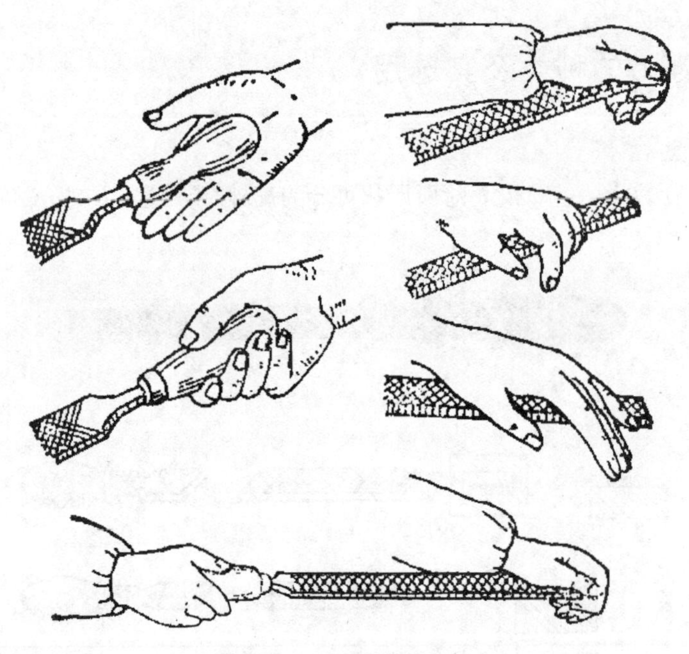

图 7-15 大锉刀的握法

**2. 中锉刀的握法**

右手握法与大锉刀握法相同，左手用大拇指和食指捏住锉刀前端，如图 7-16 所示。

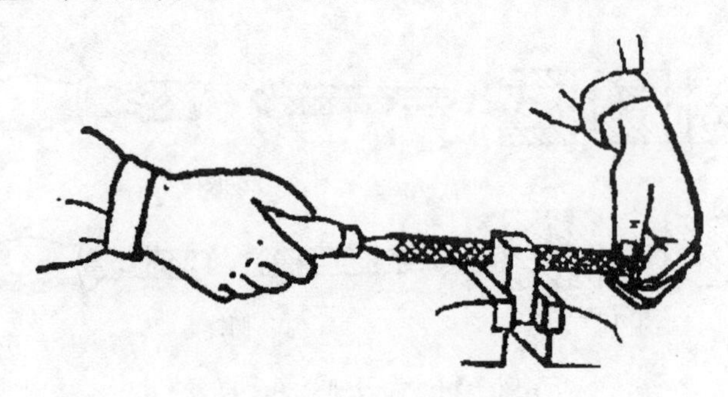

图 7-16 中锉刀的握法

**3. 小锉刀的握法**

右手食指伸直，拇指放在锉刀木柄上面，食指靠在锉刀的刀边，左手几个手指压在锉刀中部，如图 7-17 所示。

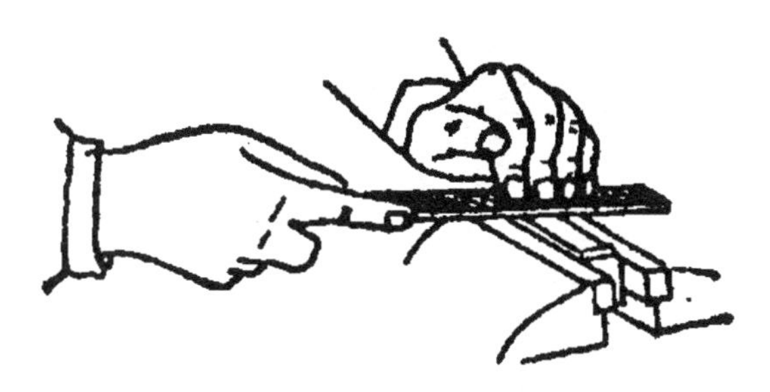

图 7-17　小锉刀的握法

### 7.4.3　锉削种类及其练习要领

**1. 交叉锉**

采用这种锉削方法时，锉刀与工件的接触面积大，初学者容易掌握锉刀在运行过程中的平稳感觉，减少因锉刀上下摆动而形成凸鼓形曲面，即中间高两头低的现象(这也是初学者最易出现的问题)。同时，又能在交叉的锉痕中判断锉削面哪部分高，哪部分低，从而有意识地协调双手的平衡度。

**2. 顺锉**

顺锉指为了使表面能均匀锉到，每次退回锉刀时向旁边移动 5～10 mm。如图 7-18 所示。顺锉的姿势、动作和要领与交叉锉基本相同，只是锉刀与工件加工表面的接触面较小，主要用来把锉纹锉顺，起到锉光的作用，如图 7-19 所示。

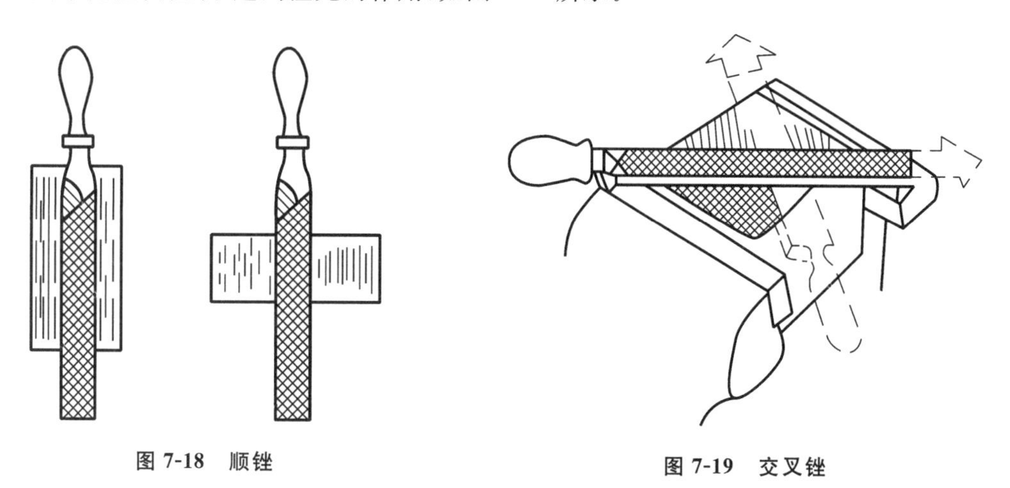

图 7-18　顺锉　　　　图 7-19　交叉锉

**3. 推锉**

推锉是双手横握锉刀往复锉削的方法。锉纹特点同顺锉。推锉一般用来锉削狭长平面或是用于基本成形工件的修整。推锉不能充分发挥手臂的力量，锋削效率低，但它的精度高，而且推出的锉纹细腻美观，表面粗糙度好(可达到 $Ra0.8\ \mu m$)。在练习推锉时，要注意两手握锉刀的位置(两手横握锉刀身，拇指接近工件，用力一致，平稳地沿工件表面来回推锉刀),两手的间距不能过大,否则不好掌握平衡,易左右摆动,从而使锉削的工件表面中间凸、两头低。为了避免工件表面擦伤和减少吃刀深度,应及时清除锉齿中的锉屑。钳工在锉削过程中应始终端平锉刀,还要求身体发力由腿部——腰部——大臂——小臂——手腕逐渐、均匀传递,协调配合,并注意身体重心的前后移动过渡。锉刀向前推出时速度稍慢,收回锉刀时则速度稍快,如图 7-20 所示。

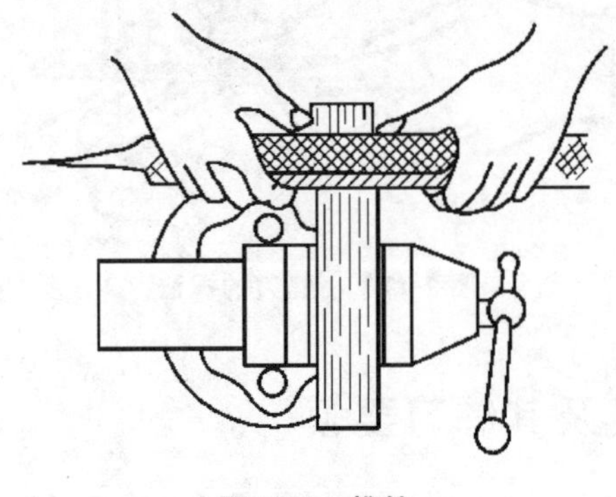

图 7-20　推锉

**4. 曲面锉削**

曲面锉削可以分为以下三种情况,如图 7-21 所示。

(1)锉削外圆弧面时,可以沿弧面横向或纵向锉削,但锉刀必须同时完成前进运动和绕工件圆弧中心摆动的复合运动。

(2)锉削内圆弧面时,锉刀应同时完成前进运动、左右摆动和绕圆弧中心转动三个运动,是一种复合运动。

(3)锉削球面时,锉刀在完成外圆弧锉削复合运动的同时还必须环绕球中心做周向摆动。

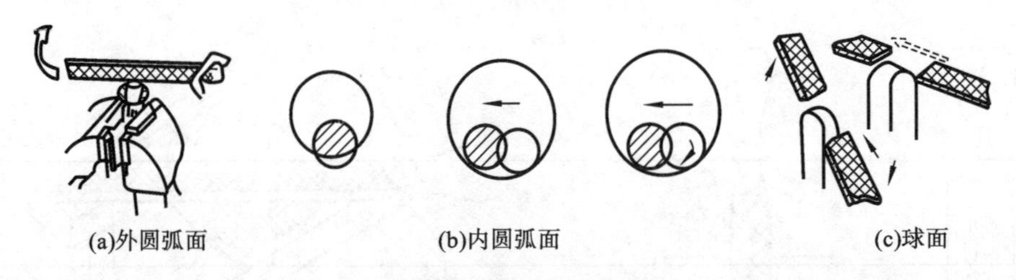

(a)外圆弧面　(b)内圆弧面　(c)球面

图 7-21　圆弧锉削示意图

## 7.4.4　锉削操作注意事项及其检验方法

**1. 操作注意事项**

(1)不准使用无柄锉刀锉削,以免被锉舌戳伤手。

(2)不准用嘴吹锉屑,以防锉屑飞入眼中。

(3)锉削时,锉刀柄不要碰撞工件,以免锉刀柄脱落伤人。

(4)放置锉刀时不要把锉刀露出钳台外面,以防锉刀落下砸伤操作者。

(5)锉削时不可用手摸被锉过的工件表面,因手有油污会使锉削时锉刀打滑而造成事故。

(6)锉刀齿面塞积切屑后,用钢丝刷顺着锉纹方向刷去锉屑。

**2. 检验**

锉削时,工件的尺寸可用钢尺和卡钳(或用卡尺)检查。工件的平直度及直角加工的准确性可用直角尺根据是否能透过光线来检查,如图7-22所示。

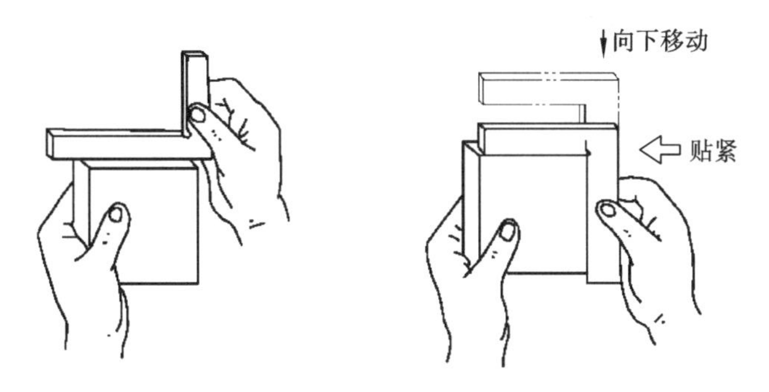


图 7-22 透光法检测

## 7.4.5 锉削时常见的缺陷分析

锉削时常见的缺陷及形成原因如表7-2所示。

表 7-2 锉削时常见的缺陷及形成原因

| 常见缺陷 | 形成原因 |
|---|---|
| 工件表面夹伤或变形 | (1)虎钳未装软钳口(应在钳口与工件间垫上铜皮或铝片);<br>(2)夹紧力过大 |
| 工件平面度超差<br>(中凸、塌边或塌角) | (1)选用锉刀不当;<br>(2)锉削时双手推力及压力在运动中未能协调;<br>(3)未及时检查平面度及采取措施;<br>(4)工件装夹不正确 |
| 工件尺寸偏小,误差超过允许值 | (1)划线不正确;<br>(2)未及时测量或测量不准确 |
| 工件表面粗糙度达不到要求 | (1)锉刀齿纹选用不当;<br>(2)锉纹中间嵌有锉屑未及时清除;<br>(3)粗、精锉削加工余量选用不合适;<br>(4)直角边锉削时未能选用光边锉刀 |

# 7.5 孔 加 工

## 7.5.1 钻孔

钻孔是用钻头在实体材料上加工孔的方法。钻孔属于粗加工,其尺寸公差等级一般为IT14～IT12,表面粗糙度 $Ra$ 值为25～12.5 μm。

**1. 钻削所用机床、工具及其选择**

钻削时所用的机床通常为钻床。台式钻床是一种小型钻床，用来钻 $\phi$13 mm 以下的孔。台钻由底座、立柱、主轴箱、主轴等组成。立式钻床的主轴只能上下移动，靠移动工件来对准钻孔中心，适宜加工中小型工件。立式钻床由主轴变速箱、立柱、进给箱、主轴、工作台、底座等组成。摇臂钻床可将工件安装在工作台或机座上，靠钻头移动来对准中心，适宜加工大型或多孔工件。摇臂钻床由机座、立柱、摇臂、主轴箱、工作台、主轴等组成。

钻孔所用的切削工具是钻头(麻花钻)，按所需加工的孔径来选用相应直径的钻头。在本书第 3 章有麻花钻的详细介绍，这里不再赘述。麻花钻在钻床上的安装如图 7-23 所示。直径 12 mm 以上的锥柄钻头直接或加接钻套后装入主锥孔内；直径 13 mm 以下的直柄钻头，须先装夹在钻夹头内，再装入主轴锥孔内。从主轴锥孔内退出时，须用楔铁敲击钻头扁尾才能退出。

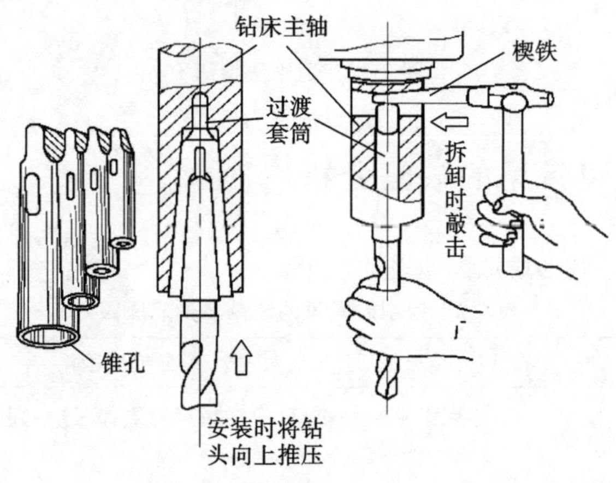


图 7-23　麻花钻的安装示意图

**2. 钻削操作要领**

钻削时工件夹紧在工作台或机座上，小工件常用机用平口虎钳夹紧，如图 7-24 所示。

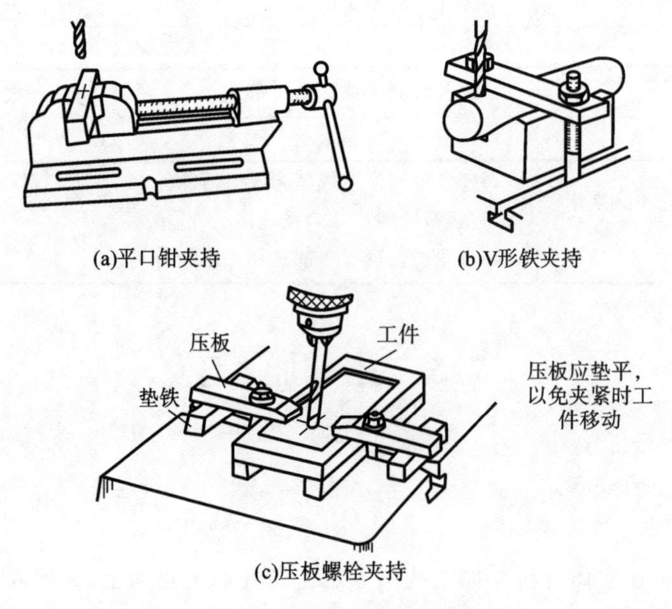


图 7-24　立钻工件的安装

调整主轴转速时，小钻头转速可快些；大钻头因切削量大，故转速放慢些。起钻时，仔细对准两孔中心，防止钻偏；将要钻通时，应减小进给量，避免钻头折断。孔较深时，应间歇地退出钻头，及时排屑。

钻削过程中，要不断地加注切削液，进行冷却、润滑。在钻削碳钢、合金结构钢时，可使用15%～20%乳化液、硫化乳化液、硫化油或活性矿物油进行润滑冷却；钻削铸铁和黄铜时一般不用切削液，有时用煤油进行润滑冷却；钻青铜时使用7%～10%乳化液或硫化液进行润滑冷却。

### 7.5.2　铰孔

前面在第3章车工中有讲到过铰孔，一般是将机用铰刀夹持在钻头夹上，插入车床尾架套筒，利用工件自转而铰刀不动来达到切削目的，如图7-25所示。钳工的铰孔是用手用铰刀对孔进行最后精加工的方法。铰孔属于精加工，尺寸公差等级可达IT9～IT7，表面粗糙度 $Ra$ 值可达1.6～0.8 μm。

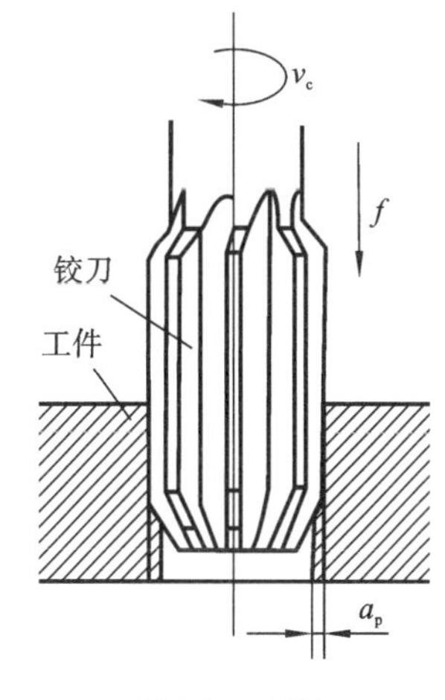

图7-25　铰孔

钳工铰削操作要点如下。

(1)手工铰削时要将工件夹持端正，对薄壁件的夹紧力不要太大，以防止变形；两手旋转铰杠，用力要均衡，速度要均匀。机动铰削时，要严格保证钻床主轴、铰刀和工件三者中心的同轴度。

(2)机动铰削高精度孔时，应用浮动装夹方式装夹铰刀。

(3)铰削盲孔时，应经常退出铰刀，清除铰刀上和孔内切屑，防止因堵屑而刮伤内壁。铰削过程中和退出铰刀时，均不允许铰刀反转。

(4)铰削圆锥孔时：对于尺寸较小的圆锥孔，可先按小头直径钻出圆柱孔，然后用圆锥铰刀铰即可；对于尺寸和深度较大的孔，铰孔前首先钻出阶梯孔，然后再用铰刀铰削。铰削过程中，要经常用相配的锥销来检查尺寸。

## 7.6　攻螺纹和套螺纹

除了车螺纹外，对直径和螺距较小的螺纹，还可以用板牙(常用板牙见图7-26)或丝锥(见图7-27)来加工。板牙和丝锥是一种成形、多刃螺纹切削工具。使用板牙、丝锥加工螺纹，操作简单，可以一次切削成形，生产效率较高。

攻螺纹、套螺纹适用于小批量的螺纹加工生产，是钳工的基本操作技能。

攻螺纹是丝锥加工内螺纹的方法，攻螺纹之前先要钻孔，这个用于攻螺纹的孔称作底孔。由于攻螺纹过程中，丝锥的刀齿对孔壁表面进行切削和挤压，逐步形成螺纹，因此底孔的直径不能过大或过小，必须事先确定底孔直径的大小。

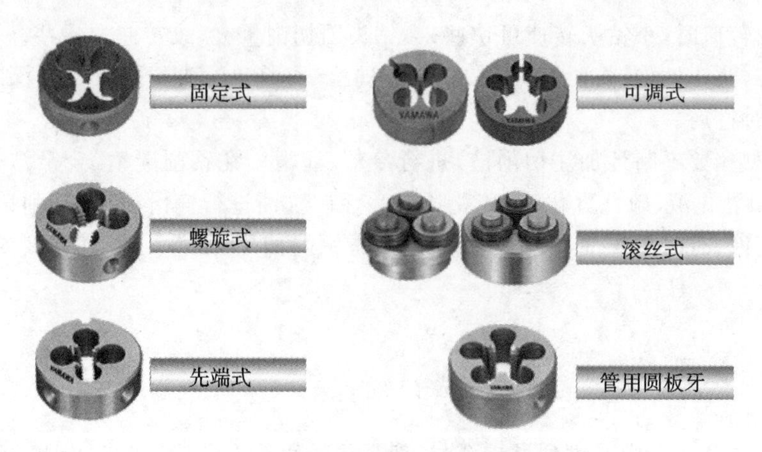


图 7-26 板牙种类

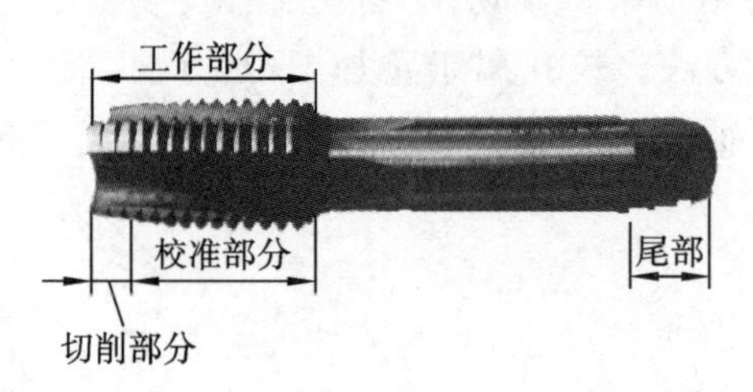


图 7-27 丝锥

## 7.6.1 套螺纹

套螺纹是用板牙加工外螺纹的方法。

套螺纹一般用于加工公称直径不大于 16 mm 或螺距小于 2 mm 的螺纹。板牙的结构和标志如图 7-28所示。

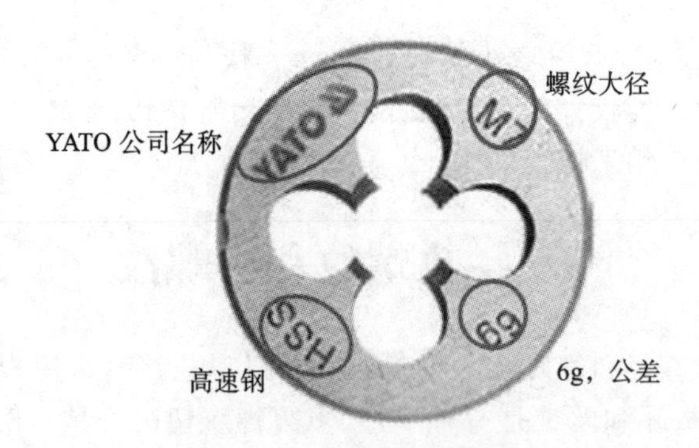


图 7-28 板牙标志及其说明

板牙上的排屑孔可以容纳和排出切屑，排屑孔的缺口与螺纹的相交处形成前角 $\gamma_p=15^\circ\sim20^\circ$的切削刃，在后面磨有 $\alpha_p=7^\circ\sim9^\circ$的后角，切削部分的 $2\kappa_r=50^\circ$。板牙两端都有切削刃，因此正反面都可以使用。为保证套螺纹时牙型正确（不乱牙），齿面光洁，套螺纹前的要求如下。

(1)螺纹大径应切削到下偏差，保证在套螺纹时省力，且板牙齿部不易崩裂。

(2)工件的前端面应倒小于 45°的角，直径小于螺纹的小径，使板牙容易切入。

(3)装夹在套螺纹工具上的板牙的两平面应与车床主轴轴线垂直。

(4)尾座套筒线与主轴轴线应同轴,水平偏移不应大于 0.055 mm。

套螺纹方法如下。

(1)机床套螺纹:先把螺纹大径车至要求倒角,把装有套螺纹工具的尾座拉向工件,不能跟工件碰撞,然后固定尾座,开动机床,转动尾座手柄,当工件进入板牙后,机床就停止转动,由工具体自动轴向进给。当板牙切削到所需要的长度尺寸时,主轴迅速倒转,使板牙退出工件,螺纹加工即完成。

套螺纹时切削速度的选择:对钢件取 2～4 m/min,对铸铁、黄铜件取 4～6 m/min。在套螺纹时,正确选择切削液,可降低螺纹齿面的表面粗糙度和提高螺纹精度:钢件一般用乳化液或硫化切削油;铸铁可使用煤油。

(2)手动套螺纹:为了防止圆杆夹持时出现偏斜和夹出痕迹,应将圆杆装夹在用硬木制成的 V 形钳口或用软金属制成的衬垫中,在加衬垫时圆杆套螺纹部分离钳口要尽量近。套螺纹时应保持板牙端面与圆杆轴线垂直,否则套出的螺纹两面深浅会不同,甚至烂牙。在开始套螺纹时,可用手掌按住板牙中心,适当施加压力并转动铰杠。当板牙切入圆杆 1～2 圈时,应目测检查和校正板牙的位置。当板牙切入圆杆 3～4 圈时,应停止施加压力。而仅平稳地转动铰杠,靠板牙螺纹自然旋进套螺纹,如图 7-29 所示。

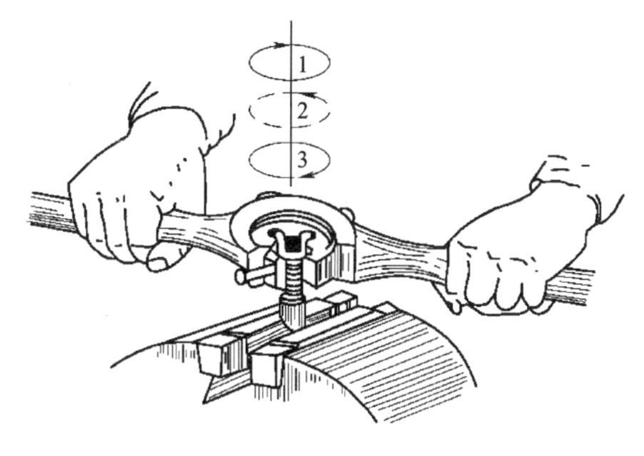


**图 7-29　套螺纹**

## 7.6.2　攻螺纹

用丝锥加工工件的内螺纹,称为攻螺纹。直径较小或螺距较小的内螺纹可用丝锥直接攻出来。

丝锥是加工内螺纹的标准刀具。常用的丝锥有手用丝锥、机用丝锥、螺纹丝锥和圆锥管螺纹丝锥等。

图 7-30 所示是常用的三角形牙型丝锥的结构形状。丝锥上面开有容屑槽,形成了丝锥的切削刃,同时也起排屑作用。它的工作部分由切削锥与校准部分组成。切削锥是切削部分,铲磨成有后角的圆锥形,它承担主要切削工作。校准部分有完整齿形,用以控制螺纹尺寸参数。

丝锥的公差带有 H1、H2、H3 和 H4 四个等级。各种公差带的丝锥所能加工的内螺纹公差带见表 7-3 。

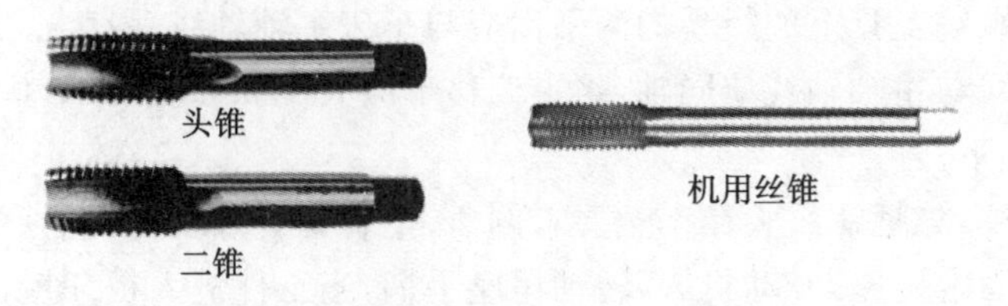


图 7-30 常用的三角形牙型丝锥的结构形状

表 7-3 丝锥所能加工的内螺纹公差带

| 分类等级 | 公差带代号 G | | | 公差带代号 H | | |
|---|---|---|---|---|---|---|
| | S | N | L | S | N | L |
| 精度 | | | | 4H | 4H<br>5H | 5H<br>6H |
| 中等 | 5G | 6G | 7G | 5H | 6H | 7H |
| 较粗 | | 7G | | | 7H | |

手用丝锥一般由两支组成一套，分为头锥和二锥。两支丝锥的外径、中径和内径均相等，只是切削部分的长短和锥角不同。头锥较长，锥角较小，约有 6 个不完整的齿，以便切入。二锥短些，锥角大些，不完整的齿约为 2 个。手用丝锥安装在丝锥架上使用，丝锥架结构如图 7-31 所示。

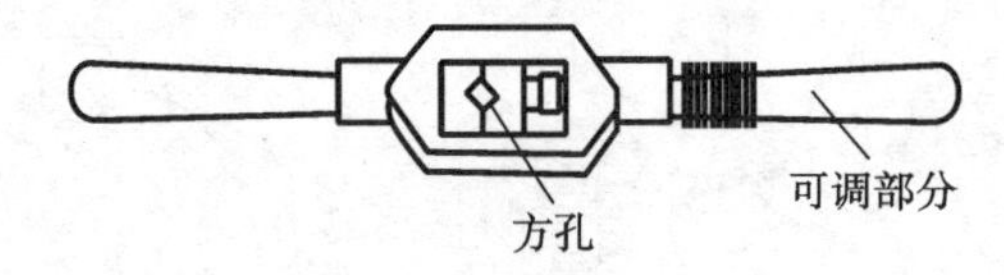


图 7-31 手用丝锥架结构

手工攻螺纹方法如下。

(1)钻孔。攻螺纹前要先钻孔，攻螺纹过程中，丝锥齿对材料不仅有切削作用，还有一定的挤压作用，所以一般钻孔直径 $D$ 略大于螺纹的内径，可查表或根据下列经验公式计算：

加工钢料及塑性金属时： $$D = d-P \tag{7-1}$$

加工铸铁及脆性金属时： $$D=d-1.1P \tag{7-2}$$

式中：$d$ 为螺纹外径(mm)；

$P$ 为螺距(mm)。

若孔为盲孔(不通孔)，由于丝锥不能攻到底，所以钻孔深度要大于螺纹长度，其大小按下式计算：

$$H=L+d \tag{7-3}$$

式中：$H$ 为孔的深度；

$L$ 为要求的螺纹长度；

$d$ 为螺纹外径。

常用普通螺纹攻螺纹前钻底孔的钻头直径见表 7-4 。非密封管螺纹攻螺纹前钻底孔的钻头直径见表 7-5 。

**表 7-4　普通螺纹攻螺纹前底孔的钻头直径**

计算公式：

$$p<1\ \text{mm}\quad d_0=d-P$$

$$p>1\ \text{mm}\quad d_0=d-(1.04\sim1.06)P$$

式中：$P$ 为螺距(mm)；

$d_0$ 为钻头直径(mm)；

$d$ 为螺纹公称直径(mm)。

攻不通孔螺纹时，钻孔深度＝所需螺孔深度＋$0.7d$

| 螺纹公称直径 $d$/mm | 螺距 $P$/mm | 钻头直径 $d_0$/mm | |
|---|---|---|---|
| | | 铸铁、青铜、黄铜 | 钢、可锻铸铁、紫铜、层压板 |
| 2 | 0.4 | 1.6 | 1.6 |
| | 0.25 | 1.75 | 1.75 |
| 2.5 | 0.45 | 2.05 | 2.05 |
| | 0.35 | 2.15 | 2.15 |
| 螺纹公称直径 $d$/mm | 螺距 $P$/mm | 钻头直径 $d_0$/mm | |
| | | 铸铁、青铜、黄铜 | 钢、可锻铸铁、紫铜、层压板 |
| 3 | 0.5 | 2.5 | 2.5 |
| | 0.35 | 2.65 | 2.65 |
| 4 | 0.7 | 3.3 | 3.3 |
| | 0.5 | 3.5 | 3.5 |
| 5 | 0.8 | 4.1 | 4.2 |
| | 0.5 | 4.5 | 4.5 |
| 6 | 1 | 4.9 | 5 |
| | 0.75 | 5.2 | 5.2 |
| 8 | 1.25 | 6.6 | 6.7 |
| | 1 | 6.9 | 7 |
| | 0.75 | 7.1 | 7.2 |
| 10 | 1.5 | 8.4 | 8.5 |
| | 1.25 | 8.6 | 8.7 |
| | 1 | 8.9 | 9. |
| | 0.75 | 9.1 | 9.2 |
| 12 | 1.75 | 10.1 | 10.2 |
| | 1.5 | 10.4 | 10.5 |
| | 1.25 | 10.6 | 10.7 |
| | 1 | 10.9 | 11 |
| 14 | 2 | 11.8 | 12 |
| | 1.5 | 12.4 | 12.5 |
| | 1 | 12.9 | 13 |

续表

| 螺纹公称直径 $d$/mm | 螺距 $P$/mm | 钻头直径 $d_0$/mm | |
|---|---|---|---|
| | | 铸铁、青铜、黄铜 | 钢、可锻铸铁、紫铜、层压板 |
| 16 | 2 | 13.8 | 14 |
| | 1.5 | 14.4 | 14.5 |
| | 1 | 14.9 | 15 |
| 18 | 2.5 | 15.3 | 15.5 |

**表 7-5　非密封管螺纹攻螺纹前钻底孔的钻头直径**

| 螺纹公称直径/(″) | 1/8 | 1/4 | 3/8 | 1/2 | 3/4 | 1 | $1\frac{1}{4}$ | $1\frac{3}{8}$ | $1\frac{1}{2}$ |
|---|---|---|---|---|---|---|---|---|---|
| 每 25.4 mm 内牙数 | 28 | 19 | 19 | 14 | 14 | 11 | 11 | 11 | 11 |
| 钻头直径/mm | 8.8 | 11.7 | 15.2 | 18.9 | 24.4 | 30.6 | 39.2 | 41.3 | 45.1 |

(2)攻螺纹时,两手握住铰杠中部,均匀用力,使铰杠保持水平转动,并在转动过程中对丝锥施加垂直压力,使丝锥切入孔内 1～2 圈。用 90°角尺检查丝锥与工件表面是否垂直。若不垂直,丝锥要重新切入,直至垂直。

(3)深入攻螺纹时,两手紧握铰杠两端,正转 1～2 转后反转 1/4 转。在攻螺纹过程中,要经常用毛刷对丝锥加注机油。在攻不通孔螺纹时,攻螺纹前要在丝锥上做好螺纹深度标记。在攻螺纹过程中,还要经常退出丝锥,清除切屑。当攻比较硬的材料时,可将头锥、二锥交替使用。

(4)将丝锥轻轻倒转,退出丝锥,注意退出丝锥时不能让丝锥掉下。手工攻螺纹的步骤如图 7-32 所示。

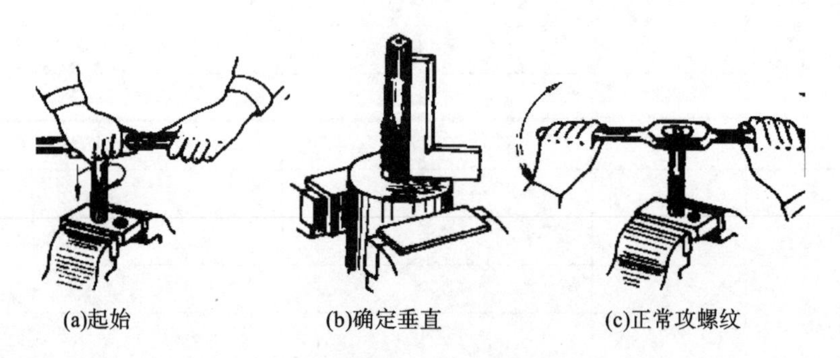

(a)起始　(b)确定垂直　(c)正常攻螺纹

**图 7-32　攻内螺纹步骤**

在车床上攻螺纹的原理和手工攻螺纹相似。在车床上攻螺纹前,查表确定钻头直径,先进行钻孔,并用 120°锪钻或麻花钻在孔口倒角,倒角直径要大于内螺纹大径尺寸。同时找正尾座套筒轴线与主轴轴线同轴。移动尾座向工件靠近,根据攻螺纹长度,在丝锥上做好长度标记。开机攻螺纹时,转动尾座手柄,使套筒跟着丝锥前进,当丝锥已攻进几牙时,停止转动,让攻螺纹工具自动跟随丝锥前进到需要尺寸,然后开倒车退出丝锥即可。

攻螺纹的操作要点如表 7-6 所示。

**表 7-6　攻螺纹操作要点总结**

| 步骤 | 示范内容 | 操作要点 |
|---|---|---|
| 装夹检查 | 将螺帽坯夹在台虎钳上 | 孔口平面与钳口面应平行，否则螺纹将发生偏斜 |
| | 将头锥装入丝锥铰杠上 | 丝锥铰杠用于夹住丝锥，以便于转动丝锥攻削。丝锥铰杠要夹在锥柄的方榫上，不要夹在光滑的锥柄上。否则攻螺纹时铰手与丝锥之间会打滑 |
| | 将夹在铰手上的头锥垂直地插入底孔 | 用目测法从纵与横两个方向交叉检查丝锥与孔口平面的垂直程度。如不垂直予以纠正 |
| 第一次攻螺纹 | 双手靠拢握住铰杠，大拇指抵住手中部向下施压。按顺时针方向，边转边压，使丝锥逐步切入孔内 | 以均等的压力集中铰杠中部，力求使丝锥垂直地切入孔内。压力要适当大些，转动铰杠要缓慢，以防止孔口滑牙 |
| | 丝锥切入孔内 1～2 齿时，检查丝锥的垂直程度，发现偏斜即予以纠正 | 用目测法交叉检查丝锥垂直程度。如果刀齿切入过多，强行纠正会损坏丝锥。纠正方法：边转动铰杠边朝偏斜的反方向缓缓地纠正 |
| | 丝锥攻入孔内 3～4 牙后，双手分开握住铰手柄，不再加压，均匀地转动铰手。每转动 1/2圈，倒旋 1/2 圈。攻削至头锥刀齿全长的一半长度伸出底孔的另一端。攻削过程中要适量地加入润滑油 | 攻入孔口 3～4 牙后，已有部分螺纹形成，只需转动铰手，不要加压，丝锥会自行向下切入，若再加压攻削，会损坏已形成的螺纹。攻削时有切屑形成，会卡阻丝锥，倒旋目的是切断切屑，减少阻力<br>加入润滑油，减少切削阻力，可降低螺纹表面粗糙度，延长丝锥使用寿命 |
| 第二次攻螺纹 | 双手扶持铰手柄，按逆时针方向均匀平稳地转动，从孔内退出头锥。清理头锥和螺孔内切屑 | 双手要均匀平稳地倒旋铰手。当头锥将从孔内全部退出时，应避免丝锥晃动，损坏螺纹 |
| | 用手将二锥直接旋入螺孔内，至旋不动为止 | 用手将二锥旋入螺孔，目的是防止二锥晃动损坏螺纹。刚旋入时要对准螺纹 |
| | 用铰手夹住二锥的方榫继续攻削修光螺纹 | 通常第二次攻削时阻力较小。如阻力大要及时倒旋断屑 |
| | 双手扶持铰手柄均匀平稳地按逆时针方向旋转，退出二锥。清理切屑 | 与第一次攻螺纹退出丝锥的要点相同 |

# 习　题

1. 锉六角

工艺过程请自行制定，要求写在空白处。

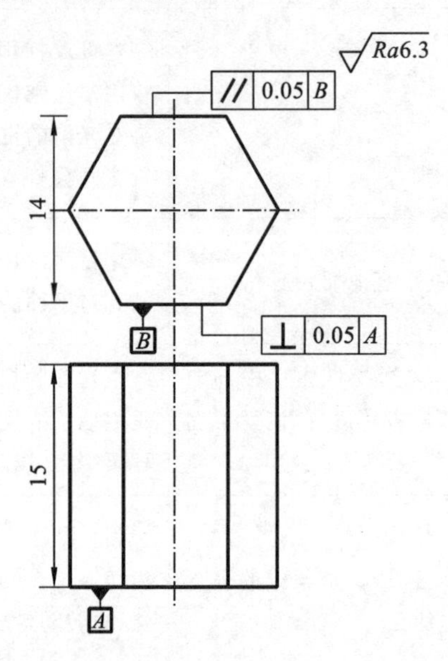


2. 按要求加工

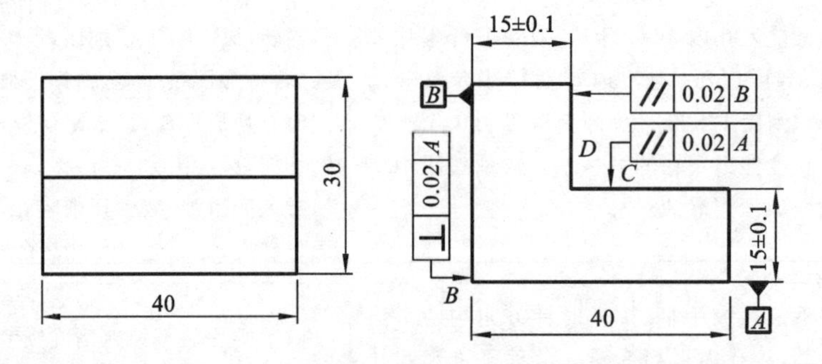


工艺过程：

(1)锉基准面 $A$，保证平面度及表面粗糙度，不达到要求不能锉其他面。

(2)锉削平面 $B$，保证各部分公差要求，同时用角尺以透光法来检查 $B$ 面与 $A$ 面的垂直度，保证公差。

(3)锉削平面 $C$，保证尺寸公差及与 $A$ 面的平行度，同时注意防止锉坏 $D$ 面。

(4)锉削 $D$ 面，保证尺寸及与 $B$ 面的平行度，防止把 $C$ 面锉坏。

(5)倒棱。

# 参考文献


[1] 李慕译，巫海平. 普通车床操作与技能训练[M]. 北京：清华大学出版社，2013.
[2] 张吉林，盖同锡，吴海霞. 普通车床装调与维修实训[M]. 北京：电子工业出版社，2015.
[3] 黄明宇，徐钟林. 金工实习[M]. 北京：机械工业出版社，2010.
[4] 王战，徐波，周广明. 车床加工技术[M]. 北京：中国人民大学出版社，2014.
[5] 崔陵，娄海滨. 普通车床加工技术[M]. 2版. 北京：高等教育出版社，2014.
[6] 杨宗斌. 普通车床加工技术练习册[M]. 北京：高等教育出版社，2011.
[7] 王瑞泉，张文健. 普通车床实训教程[M]. 北京：北京理工大学出版社，2008.
[8] 谢明. 普通车床加工技术[M]. 北京：中国劳动社会保障出版社，2008.
[9] 王永娟，张长明. 普通车床加工零件[M]. 北京：中国农业出版社，2014.
[10] 郭恒. 普通车床操作实训教程[M]. 西安：西北工业大学出版社，2009.
[11] 王彦. 谈谈车削细长轴加工方法[J]. 黑龙江科技信息，2013(11)：147.
[12] 朱阳. 普通车床加工方形曲面槽类零件的研究[J]. 现代制造工程，2009(7)：83-85，94.
[13] 徐兴文. 在普通车床上加工球形零件的方法[J]. 机械工程师，2014(6)：211.
[14] 周涛. 普通车床加工零件时振动产生原因及对策[J]. 产业与科技论坛，2014(12)：62-63.
[15] 刘文彦，张学文. 普通车床典型故障建模及模式分析[J]. 机械设计与制造，2003(02)：3-5.
[16] 张东海. 普通车床的常见故障维修及排除方法[J]. 科技与企业， 2013(8)：354-354.
[17] 王腊苗. 浅谈普通车床常见的故障诊断与维修方法[J]. 山东工业技术， 2014(22)：18-18.
[18] 许其有. 试述普通车床常见故障分析及保养举措[J]. 科技致富向导，2012(6)：156.
[19] 王正君. 车床车削表面波纹产生原因及消除对策[J]. 机床与液压，1998(2)：57-58.
[20] 俞建民. 车床在切削加工中产生波纹的主要原因和排除实例[J]. 机械工人：冷加工，2006(7)：57-58.
[21] 朱阳. 普通车床加工方形曲面槽类零件的研究[J]. 现代制造工程，2009(7)：83-85.
[22] 李闪林. 浅谈普通机床加工的曲面零件工艺[J]. 山东工业技术，2015(15)：9.
[23] 贾玉梅. 利用普通车床加工细长杆零件的工艺改进[J]. 新技术新工艺，2016(7)：4-6.
[24] 兰映红. 用普通车床加工细长孔的工艺探讨[J]. 江汉石油职工大学学报， 2006，19(4)：78-79.
[25] 王德鹏. 普通机床加工轴的工艺设计[J]. 价值工程，2015(14)：56-58.
[26] 李宗江. 浅析钳工锉削方法技术的应用[J]. 技术与市场，2018，25(07)：95-96.
[27] 张妮妮. 钳工教学的探索与实践[J]. 南方农机，2018，49(15)：111.
[28] 夏永清. 车削梯形螺纹的方法技巧[J]. 科技信息，2012(32)：133.
[29] 陈元林. 斜进法车螺纹车刀横、纵进刀量的控制[J]. 龙岩学院学报，2006(03)：50-51.

[30] 穆瑞,王晓莉.在车床上套螺纹工艺方法的改进[J].甘肃科技,2004(12):54-57.
[31] 柴彬堂,车工工艺及实训[M].西南师范大学出版社,2010.
[32] 郭永环,姜银方.工程训练[M].北京:北京大学出版社,2017.
[33] 马康毅.钳工问答420例[M].上海:上海科学技术出版社,2012.
[34] 张国军,彭磊.钳工技术及技能训练[M].北京:北京理工大学出版社,2012.
[35] 王承辉.钳工案例教程[M].北京:化学工业出版社,2015.
[36] 钟翔山.图解钳工入门与提高[M].北京:化学工业出版社,2015.
[37] 穆宝章.钳工基本技能训练[M].北京:国防工业出版社,2011.
[38] 李月明.实用钳工工艺[M].北京:清华大学出版社,2012.
[39] 朱仁盛,朱劲松.机械常识与钳工实训[M].北京:机械工业出版社,2011.
[40] 胡国强.车工钳工高效刀具应用实例[M].北京:国防工业出版社,2010.
[41] 王浩程.金工实习案例教程[M].天津:天津大学出版社,2016.
[42] 沈钰,白海清.不同截形麻花钻切削性能的研究[J].陕西理工大学学报(自然科学版),2018,34(04):7-11,22.
[43] 张富建,郭英明,叶汉辉.钳工理论与实操:入门与初级考证[M].北京:清华大学出版社,2010.
[44] 李丰红.螺纹量规失效机制[J].机床与液压,2018,46(16):137-139.
[45] 李卫民.螺纹车削时常见故障及解决措施[J].现代盐化工,2017,44(01):50,53.